永定河流域生态水量核算及保障实践探索

生态环境部海河流域北海海域生态环境监督管理局　编

U0217566

中国水利水电出版社
www.waterpub.com.cn

·北京·

内 容 提 要

永定河流域由桑干河、洋河两大支流和干流组成，流域面积为 4.6 万 km^2，涉及 5 个省（自治区、直辖市），是京津冀区域重要水源涵养区、生态屏障和生态廊道，存在水资源过度开发、河道断流、生态退化等突出问题。实施永定河综合治理与生态修复，生态水量是需要解决的首要问题。本书核算了永定河主要控制断面生态需水；构建了永定河生态水量配置和调度模型；编制了永定河生态水量调度管理方案；评估了永定河健康状况。

本书能够为有关部门开展永定河生态水量调控和监督管理提供重要支撑，也能为全国相似地区开展生态水量管理提供参考。

图书在版编目（CIP）数据

永定河流域生态水量核算及保障实践探索 / 生态环境部海河流域北海海域生态环境监督管理局编. -- 北京：
中国水利水电出版社，2020.11
ISBN 978-7-5170-9189-9

Ⅰ. ①永… Ⅱ. ①生… Ⅲ. ①永定河—流域—生态恢复—需水量—经济核算—研究②永定河—流域—生态恢复—水资源管理—研究 Ⅳ. ①X321.21

中国版本图书馆CIP数据核字(2020)第218691号

审图号：GS（2020）6309 号

书　　名	**永定河流域生态水量核算及保障实践探索** YONGDING HE LIUYU SHENGTAI SHUILIANG HESUAN JI BAOZHANG SHIJIAN TANSUO	
作　　者	生态环境部海河流域北海海域生态环境监督管理局　编	
出 版 发 行	中国水利水电出版社 （北京市海淀区玉渊潭南路 1 号 D 座　100038） 网址：www. waterpub. com. cn E - mail：sales@ waterpub. com. cn 电话：（010）68367658（营销中心）	
经　　售	北京科水图书销售中心（零售） 电话：（010）88383994、63202643、68545874 全国各地新华书店和相关出版物销售网点	
排　　版	中国水利水电出版社微机排版中心	
印　　刷	天津嘉恒印务有限公司	
规　　格	184mm×260mm　16 开本　15.5 印张　377 千字　6 插页	
版　　次	2020 年 11 月第 1 版　2020 年 11 月第 1 次印刷	
印　　数	001—600 册	
定　　价	**88.00** 元	

编　委　会

前言

河湖是山水林田湖草自然生态系统的重要组成，具有重要的生态功能和生态价值。我国水资源时空分布不均，经济社会发展布局与水资源条件不匹配，部分流域水资源供需矛盾突出，一些河湖生态水量不足，河道断流、湖泊萎缩、湿地面积减少、水生态退化等问题突出，在一定程度上制约了经济社会可持续发展。保障生态流量是严守河湖水资源消耗上限、环境质量底线、生态保护红线的基本要求。科学确定并落实河湖生态流量保障目标，规范各类水资源开发利用活动，加强水生态环境保护，推动形成保护目标科学、水量配置合理、工程调度优化、泄放设施完善、监测体系完备、管控制度健全、监督机制有力的江河湖泊生态水量监督管理体系，维护河湖健康，还河湖以宁静、和谐、美丽，不断满足人民日益增长的优美生态环境需要，是贯彻落实十九大精神以及中央关于保护生态环境一系列重大部署的重要举措。

京津冀区域是我国经济最具活力、开放程度最高、创新能力最强、吸纳人口最多的地区之一，也是我国缺水最严重的地区。2014年2月26日，中共中央总书记、国家主席、中央军委主席习近平在北京主持召开座谈会，专题听取京津冀协同发展工作汇报并作重要讲话时提出要着力扩大环境容量生态空间，加强生态环境保护合作，在已经启动大气污染防治协作机制的基础上，完善防护林建设、水资源保护、水环境治理、清洁能源使用等领域合作机制。《中华人民共和国国民经济和社会发展第十三个五年规划纲要》明确提出推动京津冀协同发展，扩大环境容量和生态空间，构建区域生态环境协调联动机制，实施生态分区管理，建设永定河等生态廊道。

生态环境部海河局在世界银行贷款中国经济改革促进与能力加强技术援助项目（TCC6）支持下，组织实施了"京津冀区域生态水量配置与调度管理机制研究——以永定河为例"子项目，围绕生态需水的核算、配置、调度、监管等内容，研究了永定河生态需水保障及管理措施。以此为北方相似流域开展生态流量管理工作提供参考。

多位专业技术人员参与了本书的编著工作，其中李文君负责第1章到第3章的编写，缪萍萍负责第4章到第6章的编写，张辉负责第7章的编写，张俊负责第8章的编写，王国宇负责书稿的汇总和校核工作。

本书编制过程中得到了王忠静、王银堂、吴炳方、孙博闻等专家学者的指导和帮助，在此一并表示感谢。

限于编者水平和编写时间，书中不足之处敬请读者批评指正。

编者

2020年8月

目录

第1章

绪 论

推动京津冀协同发展，是党中央国务院作出的一项重大战略决策。《京津冀协同发展规划纲要》明确提出，要推进永定河等"六河五湖"生态治理与修复。永定河是"六河五湖"中的重要河流之一，也是京津冀区域重要水源涵养区、生态屏障和生态廊道。近年来，永定河流域生态保护建设成效明显，但受气候变化和人类活动的影响，存在水资源过度开发、环境承载力弱、污染严重、河道断流、生态系统退化等突出问题，部分河段还存在防洪隐患，严重制约了京津冀地区经济社会的健康发展。

永定河山区水资源总量 26.61 亿 m^3，人均水资源量 276m^3，仅为全国的 9.8%。近年来，水资源量呈明显衰减趋势，2001—2014 年平均水资源总量 21.02 亿 m^3，与 1956—2010 年相比减少了 21%。同时，随着经济社会的快速发展，地表水开发利用率达到 89%，远超国际公认的 40% 合理开发利用红线。上游农业生产用水方式粗放、种植结构不尽合理，农业用水占总用水量的比例高达 66%，亟须提高农业用水效率、调整农业结构，压减农业用水量。流域生态用水被大量挤占，下游平原河道 1996 年后完全断流，平均干涸长度 140km，局部河段河床沙化，地下水位下降，地面沉降。2000 年后河口入海水量锐减，较多年平均减少了 97.5%。

2001 年，为缓解北京水资源短缺，保障首都供水安全，国务院批准实施了《21 世纪初期（2001—2005 年）首都水资源可持续利用规划》（国函〔2001〕53 号），在官厅水库上游实施了农业节水、水土流失治理、点源污染治理、工业节水和城镇污水处理厂建设等重点项目。2003 年，为缓解北京市用水紧张状况，实施了永定河流域上游水库向官厅水库调水。2007 年，为规范永定河干流用水秩序，国务院批复了《永定河干流水量分配方案》（国函〔2007〕135 号）。截至 2017 年，山西省、河北省向北京市集中输水 14 次。2016 年，按照京津冀协同发展工作要点的有关部署，国家发展改革委会同水利部、国家林业局以及北京、天津、河北、山西四省市组织编制并联合印发了《永定河综合治理与生态修复总体方案》（发改农经〔2016〕2842 号，以下简称《总体方案》）。《总体方案》研究提出了永定河综合治理与生态修复的思路与布局，为永定河成为京津冀区域协同发展在生态领域率先突破点奠定了坚实基础。

然而，永定河流域水资源可利用量和用水需求矛盾依然显著，生态水量满足程度不高、河流生态功能退化，是以永定河为代表的缺水地区河湖生态面临的主要问题。科学核定生态需水，以水资源适应性管理为基础，开展面向生态的流域水资源配置和调度，加强河湖生态流量监督管理工作，是促进江河湖泊休养生息，遏制水生态退化趋势，提升河湖生态系统功能和稳定性的重要举措；是推动经济社会发展与水生态环境相协调，构建河湖水系生态廊道，保障国家生态安全的内在要求；是推进生态文明建设，建设美丽中国，满足人民日益增长的优美生态环境需要的必然选择。本项目的开展和实施，对开展永定河综合治理与生态修复，打造绿色生态河流廊道，改善区域生态环境具有重要的引领示范作用。

第2章

海 河 流 域 概 况

2.1 基本情况

2.1.1 自然环境

2.1.1.1 地理位置

海河流域位于东经 112°～120°、北纬 35°～43°之间，西以山西高原与黄河流域接界，北以蒙古高原与内陆河流域接界，南界黄河，东临渤海。流域地跨北京、天津、河北、山西、河南、山东、内蒙古和辽宁等 8 个省（自治区、直辖市），面积 32.06 万 km²，占全国总面积的 3.3%，流域海岸线长 920km。

2.1.1.2 地形地貌

海河流域总的地势是西北高、东南低。流域的西部、北部为山地和高原，西有太行山，北有燕山，海拔高度一般在 1000m 左右，最高的五台山达 3061m，山地和高原面积 18.96 万 km²，占 59%；东部和东南部为广阔平原，平原面积 13.10 万 km²，占 41%。

太行山、燕山等山脉环抱平原，形成一道高耸的屏障。山地与平原近于直接交接，丘陵过渡区较短。流域山区分布有张（家口）宣（化）、蔚（县）阳（高）、涿（鹿）怀（来）、大同、天（镇）阳（高）、延庆、遵化、忻（州）定（襄）、长治等盆地。

平原地势自北、西、西南三个方向向渤海湾倾斜，其坡降由山前平原的 1‰～2‰渐变为东部平原的 0.1‰～0.3‰。受黄河历次改道和海河各支流冲积影响，平原内微地形复杂。

2.1.1.3 气候特征

海河流域地处温带半湿润、半干旱大陆性季风气候区。春季受大陆变性气团的影响，气温升高快，蒸发量大，多大风，降水量较少；夏季太平洋副热带高压势力加强，热带海洋气团与极地大陆气团在本流域交绥，气候湿润，降水量较多；秋季东南季风减退，极地大陆气团增强，天气秋高气爽，降水量减少；冬季受极地大陆气团控制，气候干冷，雨、雪稀少。

气温由北向南递增。年平均气温为 0～14.5℃，1 月气温最低，7 月气温最高，极端最低气温可达−35℃，极端最高气温在 40℃以上。五台山是流域最冷地区，河南省获嘉、修武是流域最暖地区。

北部大部分地区无霜期约 150～200 天，部分地区 100～150 天，平原南部及沿海地区在 200 天以上。相对湿度西部小、东南部大，全年平均为 50%～70%。

年日照时数一般为 2400～3100 小时。长城以北大部分地区及渤海沿岸年日照时数为 2800～3100 小时；燕山、太行山麓及附近平原年日照时数在 2700 小时以下。

海河流域是我国各大流域中降水量较少的地区，1956—2000 年多年平均年降水量 535mm。

1980—2000 年多年平均水面蒸发量 850～1300mm，蒸发量平原大于山区。

2.1.1.4　河流水系

海河流域包括滦河、海河和徒骇马颊河三个水系。滦河水系包括滦河及冀东沿海诸河；海河水系包括北三河（蓟运河、潮白河、北运河）、永定河、大清河、子牙河、黑龙港及运东地区（南排河、北排河）、漳卫河等河系；徒骇马颊河水系包括徒骇河、马颊河和德惠新河等平原河流。

海河流域的河流分为两种类型：一种类型是发源于太行山、燕山背风坡的河流，如漳河、滹沱河、永定河、潮白河、滦河等，这些河流源远流长，山区汇水面积大，水系集中，比较容易控制，河流泥沙较多。另一种类型是发源于太行山、燕山迎风坡的河流，如卫河、滏阳河、大清河、北运河、蓟运河、冀东沿海河流等，其支流分散，源短流急，洪峰高、历时短、突发性强，难以控制，此类河流的洪水多是经过洼淀滞蓄后下泄，泥沙较少。两种类型的河流呈相间分布，清浊分明。

1. 滦河水系

滦河上源称闪电河，发源于河北省丰宁县西北大滩镇，流经内蒙古，又折回河北，经承德到潘家口穿过长城至滦县进入冀东平原，由乐亭县南入海。主要支流有小滦河、兴州河、伊逊河、武烈河、老牛河、青龙河等。

冀东沿海诸河，在流域东北部冀东沿海一带，有若干条单独入海的河流，主要有陡河、沙河、洋河、石河等。

2. 海河水系

历史上，海河水系是一个扇形水系，集中于天津市海河干流入海。20 世纪六七十年代，为了增加下游河道泄洪入海能力，先后开挖和疏浚了潮白新河、独流减河、子牙新河、漳卫新河和永定新河，使各河系单独入海，改变了过去各河集中于天津入海的局面。海河干流起自天津市子北汇流口（子牙河与北运河汇流口），经天津市区东流至塘沽海河闸入海，全长 73km，目前只承泄大清河、永定河部分洪水，并承担天津市中心城区的排涝任务。

（1）北三河系。蓟运河、潮白河、北运河统称为北三河。

1）蓟运河主要支流有沟河、州河和还乡河，分别发源于燕山南麓河北省兴隆县、遵化市和迁西县境内。州、沟两河于天津市九王庄汇合称蓟运河，至阎庄纳还乡河，南流至北塘汇入永定新河入海。青甸洼是沟河的滞洪洼淀，盛庄洼是还乡河的滞洪洼淀。

2）潮白河上游有潮河、白河两支流，分别发源于河北省的丰宁县和沽源县，在北京市密云县汇合后称潮白河，至怀柔纳怀河后流入平原，下游河道经北京市苏庄至河北省香河吴村闸。吴村闸以下称潮白新河，至天津市宁车沽汇入永定新河入海。黄庄洼是潮白新河的滞洪洼淀，位于潮白新河和蓟运河之间。

3）北运河发源于北京市昌平区燕山南麓，通州北关闸以上称温榆河，北关闸以下始称北运河，沿途纳凉水河、凤港减河等平原河道，于屈家店枢纽与永定河交汇，至天津市子北汇流口与子牙河汇合入海河干流。运潮减河是分泄北运河洪水入潮白河的人工减河，北运河洪水至土门楼主要经青龙湾减河入潮白新河。大黄堡洼是北运河的滞洪洼淀。

（2）永定河系。永定河上游有桑干河、洋河两大支流。桑干河发源于山西高原北部宁武县管涔山，洋河发源于内蒙古高原南缘，两河于河北省怀来县朱官屯汇合称永定河，在官厅附近纳妫水河，经官厅山峡于三家店进入平原。三家店以下，两岸均靠堤防约束，卢沟桥至梁各庄段为地上河，梁各庄以下进入永定河泛区。泛区下口屈家店以下为永定新河，在大张庄以下纳北京排污河、金钟河、潮白新河和蓟运河，于北塘入海。

（3）大清河系。大清河源于太行山东侧，分南、北两支。南支为赵王河水系，包括潴龙河（支流有磁河、沙河）、瀑河、漕河、府河、唐河等，均汇入白洋淀。北支为白沟河水系，主要支流有小清河、琉璃河、拒马河、易水等。拒马河在张坊以下分为南、北拒马河，北拒马河至东茨村附近纳琉璃河、小清河后称白沟河，至白沟镇与南拒马河汇合称大清河。南支洪水由白洋淀经赵王新渠入东淀，北支洪水由新盖房分洪道入东淀。东淀以下洪水分别经独流减河和海河干流入海。河系中下游地势相对低洼，形成了小清河分洪区、兰沟洼、白洋淀、东淀、文安洼、贾口洼、团泊洼等滞洪区。

（4）子牙河系。子牙河有滹沱河、滏阳河两大支流。滹沱河发源于山西省五台山北麓，流经忻定盆地，至东冶镇以下穿行于峡谷之中，至河北省岗南附近出山峡，纳冶河经黄壁庄后入平原，至草芦进入滹滏三角地带的献县泛区。滏阳河发源于太行山南段东侧河北省磁县，支流众多，主要有洺河、南洋河、泜河、槐河等，艾辛庄以下为滏阳新河，在献县枢纽与滹沱河相汇后始称子牙河。滏阳河沿河有永年洼、大陆泽、宁晋泊等滞洪洼地。子牙河经天津市西河闸于子北汇流口入海河干流入海，1967 年从献县起辟子牙新河东行至马棚口入海。

（5）黑龙港及运东地区（南排河、北排河）。黑龙港及运东地区的河流主要有南排河和北排河。南排河上游接纳老漳河、滏东排河、索芦河、老盐河、老沙河、清凉江及江江河等支流，于赵家堡入海。北排河自滏东排河下口冯庄闸始，于兴济穿南运河至歧口入海，主要支流有黑龙港西支、中支、东支和本支等。此外，运东地区有宣惠河、大浪淀排水渠、沧浪渠、黄浪渠等。

（6）漳卫河系。漳卫河上游有漳河和卫河两大支流。漳河支流有清漳河和浊漳河，均发源于太行山的背风区，清漳河、浊漳河于合漳村汇成漳河，经岳城出太行山，讲武城以下两岸有堤防约束。大名泛区为漳河的滞洪洼淀。卫河发源于太行山南麓，由 10 余条支流汇成，较大的有淇河、汤河、安阳河等。1958 年为引黄淤灌而修建的共产主义渠，1962 年停止引黄后用于行洪。卫河两侧良相坡、白寺坡、柳围坡、长虹渠、小滩坡、任固坡、共产主义渠以西地区，以及卫河支流上的广润坡、崔家桥等坡洼为行洪滞洪区。漳、卫两河于徐万仓汇合后称卫运河，至四女寺枢纽，以下为漳卫新河和南运河。恩县洼为卫运河的滞洪区。

3. 徒骇马颊河水系

徒骇河、马颊河位于黄河与卫运河及漳卫新河之间，由西南向东北流入海，为平原防洪排涝河道。徒骇河发源于河南省清丰县，于山东省沾化县暴风站入海。马颊河发源于河南省濮阳县金堤闸，于山东省无棣县入海。马颊河与徒骇河之间开挖了一条德惠新河，德惠新河于无棣县下泊头村东 12km 处与马颊河汇合，两河共用一个河口入海。此外，区内沿海一带还有若干条独流入海的小河。海河流域主要河流河长及流域面积见表 2.1。

表 2.1　　　　　　　　　　　海河流域主要河流河长及流域面积表

水系	河系	河流名称	起　点	终　点	河长/km	流域面积/km²
滦河		滦河	丰宁县大滩镇	乐亭县南兜网铺	888	45872
		冀东沿海诸河			—	9650
		小计			—	55522
海河	北三河	潮白河	丰宁县和沽源县	宁车沽防潮闸	467	19327
		北运河	昌平区燕山南麓	子北汇流口	238	6051
		蓟运河	兴隆县、遵化市和迁西县	蓟运河防潮闸	316	11827
		小计				37205
	永定河	洋河	内蒙古高原南缘	朱官屯	278	16440
		桑干河	宁武县管涔山	朱官屯	437	26248
		永定河	朱官屯	北塘	369	3544*
		小计			—	46232
	大清河	北支	涞源县涞山	新盖房枢纽	303	12918
		南支	灵丘县太白山	枣林庄枢纽	336	27308
		大清河	新盖房、枣林庄	独流减河防潮闸	215	2746*
		小计			—	42972
	子牙河	滹沱河	五台山北麓	献县枢纽	605	31696**
		滏阳河	磁县西北釜山	献县枢纽	413	14632
		子牙新河	献县枢纽	马棚口	143	0*
		小计			—	46328
	黑龙港及运东地区（南、北排河）	南排河	乔官屯	赵家堡	99	13730
		北排河	冯庄闸	歧口闸	162	1328
		其余河道			—	7386
		小计			—	22444
	漳卫河	漳河	沁县漳源村	徐万仓	466	18284
		卫河	陵川县夺火镇南岭	徐万仓	388	16578
		卫运河	徐万仓	四女寺枢纽	157	413*
		漳卫新河	四女寺枢纽	大口河	257	2668
		南运河	四女寺枢纽	十一堡	309	0*
		小计			—	37943
	海河干流	海河干流	子北汇流口	海河防潮闸	73	2066

水系	河系	河流名称	起点	终点	河长 /km	流域面积 /km²
徒骇马颊河		马颊河	濮阳县金堤闸	无棣县埕口	428	8338
		德惠新河	平原县王凤楼	无棣县下泊头	173	3252
		徒骇河	清丰县	沾化县暴风站	417	13884
		滨海小河			—	4460
		小计				29934
流域合计						320646

注　*表示区间汇流面积，**表示含漳滏区间面积6643km²。

2.1.1.5　土壤植被

海河流域内土壤主要有栗钙土、灰褐土、棕壤和潮土等种类。太行山背风区黄土分布较广，土壤以栗钙土和灰褐土为主。太行山迎风区广泛分布山地棕壤和褐土。山间盆地以半水成型的草甸土、盐成型的盐渍土以及岩成型的风沙土为主。

沿太行山及燕山山麓台地和冲积扇地区，地势较高，大部为褐土。冲积扇中下部地势较平缓，多为潮土。

广大平原冲积地区，主要为潮土，间有褐土化潮土和盐化潮土。褐土化潮土主要分布在冲积平原上的古黄河滩高地，古河道缓岗坡地等地势相对高起的部位以及浅井灌溉所形成的潜水位降落区。潮土一般分布在土壤接受地下水补充而又未发生盐化的地区，或是在相对地势稍高、潜水不致强烈蒸发的地区。当潜水位长时间在临界水位上下时，土壤受潜水的强烈影响，加上潜水具有不同程度的矿质化，便逐渐形成盐化潮土甚至盐渍化。滨海地区则为氯化物盐渍土。

海河流域植被划分为内蒙古高原温带草原区、华北山地暖温带落叶阔叶林区、平原暖温带落叶阔叶林栽培作物区三个区。流域天然植被大都遭到人为砍伐破坏，只有山区有少量自然植被分布。天然次生林主要分布在海拔1000m以上的山峰和山脉。燕山、太行山迎风坡存在一条年降水量600mm以上的弧形多雨带，植被生长良好，形成了一道绿色屏障。燕山、太行山背风坡受到山脉阻隔，降水量只有400mm左右，植被稀疏，生态脆弱。

2.1.1.6　矿产资源

海河流域矿产资源丰富，种类繁多，煤、石油、天然气、铁、铝、石膏、石墨、海盐等蕴藏量在全国均名列前茅，是我国矿产资源种类较为齐全的地区。特别是煤蕴藏量丰富，据不完全统计，本流域内煤蕴藏量达2026亿t，约占全国的30%，年开发量2.8亿t，约占全国的20%。流域内拥有华北、大港油田和胜利、中原油田的一部分，石油蕴藏量约15亿t，年开采量3600万t。

2.1.2　社会经济

2.1.2.1　行政区

海河流域地跨北京、天津、河北、山西、河南、山东、内蒙古和辽宁等8个省（自治区、直辖市）。北京、天津两直辖市全部属于海河流域，面积分别为1.64万km²和1.19

万 km²；河北省 91%属于海河流域，面积 17.16 万 km²，占流域面积的 53.5%；山西省 38%属于海河流域，面积 5.91 万 km²，占流域面积的 18.4%；河南省 9.2%属于海河流域，面积 1.53 万 km²；山东省 20%属于海河流域，面积 3.09 万 km²；内蒙古自治区的 1.36 万 km² 属于海河流域；辽宁省的 0.17 万 km² 属于海河流域。

现状水平年，全流域共有建制市 57 个，其中包括 26 个地级以上建制市，以及 31 个县级建制市。海河流域行政区面积见表 2.2。

表 2.2　　　　　　　　　　　　　　　海河流域行政区面积表

省级行政区	地级行政区	面积/km²	省级行政区	地级行政区	面积/km²	省级行政区	地级行政区	面积/km²
北京		16410		大同	14017	山东（5）	东营*	2738
天津		11920		阳泉	4503		德州	10270
河北（11）	石家庄	14077		长治	11103		聊城	8467
	唐山	13385	山西（8）	晋城*	1063		滨州	7067
	秦皇岛	7750		朔州	7659		小计	30945
	邯郸	12047		晋中*	7158	内蒙古（3）	锡林郭勒*	6950
	邢台	12456		忻州	13005		乌兰察布*	5626
	保定	22112		小计	59133		赤峰*	992
	张家口	25309		安阳	5662		小计	13568
	承德	35188		鹤壁	2137	辽宁（2）	朝阳*	1478
	沧州	14056	河南（5）	新乡	3718		葫芦岛*	232
	廊坊	6429		焦作	1901		小计	1710
	衡水	8815		濮阳	1918	流域合计		320646
	小计	171624		小计	15336			
山西（8）	太原*	625	山东（5）	济南*	2403			

注　* 表示市区或首府不在海河流域内。

2.1.2.2　人口

现状水平年海河流域总人口 1.37 亿，占全国的 10.4%，其中城镇人口 6515 万，城镇化率 47.6%；农村人口 7178 万，占 52.4%。流域平均人口密度 427 人/km²。流域人口主要集中在京津平原地区和水资源条件相对较好的山前平原，这些区域的人口占流域总人口的一半左右。

20 世纪 80 年代以来，流域人口一直保持着持续增长趋势。1980—2007 年，流域总人口从 9721 万增加到 1.37 亿，增长了 40.9%。人口增长率呈降低的趋势，20 世纪 80 年代为 14‰～20‰，20 世纪 90 年代降低到 9‰～10‰，平均年增长率 13‰。随着经济发展、城市化进程加快，大量的农村人口向城市转移。城镇人口由 1980 年的 2289 万增加到现状水平年的 6515 万，增长了近 2 倍。海河流域现状水平年人口统计见表 2.3。

2.1.2.3　经济

海河流域现状水平年国内生产总值（GDP）达到 3.56 万亿元，占全国的 12.9%。

GDP 中第一、二、三产业比例分别为 8%、48%、44%。人均 GDP 达到 2.60 万元，是全国平均的 1.25 倍。

表 2.3 海河流域现状水平年人口统计表

省级行政区	总人口/万人	城镇人口/万人	城镇化率	人口密度/(人/km²)
北京	1633	1380	84.5%	995
天津	1115	851	76.3%	935
河北	6898	2776	40.2%	402
山西	1181	523	44.3%	200
河南	1226	549	44.8%	799
山东	1543	404	26.2%	499
内蒙古	73	29	39.4%	54
辽宁	24	3	12.9%	141
流域合计	13693	6515	47.6%	427

海河流域属于经济较发达地区之一，20 世纪 80 年代以来，流域的经济呈快速增长趋势。流域 GDP 从 1980 年的 1592 亿元增加到现状水平年的 3.56 万亿元，增长了 20 倍以上，年均增长率达到 12.2%。经济发展的同时，产业结构也发生着深刻变化，第一产业（农业）的比重不断下降，第三产业（服务业）的比重不断上升。第一、二、三产业的比例从 1980 年的 26%：45%：29% 改变为现状水平年的 8%：48%：44%。经济增长方式从扩大生产规模、增加原材料消耗为主的外延型，逐步转变为依靠科技进步、提高管理水平和资源使用效率为主的内涵型，传统产业逐步向高新技术产业过渡。

1. 工业和交通

海河流域是我国重要的工业基地和高新技术产业基地，在国家经济发展中具有重要的战略地位，现状水平年工业增加值达到 1.52 万亿元。主要行业有冶金、电力、化工、机械、电子、煤炭等。以航空航天、装备制造、电子信息、生物技术、新能源、新材料为代表的高新技术产业发展迅速，已在流域经济中占有重要地位。

经过多年发展，海河流域工业形成了以京津唐、环渤海湾以及京广、京沪铁路沿线城市为中心的工业生产布局。北京市作为全国政治、文化中心，依靠科技、人才、信息优势，加快发展高端产业功能区和现代服务业，加快首钢压产和高污染企业退出。天津市重点发展以电子、冶金、汽车、石化、医药、新能源、新材料等为主的优势产业，加快轻纺等传统产业升级改造。河北省在发展煤炭、冶金、医药、化工、食品加工等行业的同时，优化工业结构，提高钢铁产业集中度。山西省改造提升煤炭、焦炭、冶金、电力等传统产业，发展新型装备制造、现代煤化工、新型材料和特色食品等新兴产业，淘汰关闭落后产能。

天津滨海新区和河北曹妃甸循环经济示范区是流域内两个重要的经济增长点。天津滨海新区现状水平年 GDP 达 2364 亿元，已占天津全市 GDP 的 47%，东疆保税港区、国际贸易与航运服务区、滨海高新区、开发区西区、空港物流加工区、100 万 t 乙烯炼化、空客 A320 飞机总装线、新一代运载火箭产业化基地、中新生态城等项目建设进展顺利。河北曹妃甸循环经济示范区的曹妃甸煤码头、铁矿石码头、唐山至曹妃甸高速公路、首钢京唐公司钢铁厂等一批大项目进展顺利。

海河流域陆海空交通便利。北京是全国的铁路和航空交通中枢,天津、秦皇岛、唐山、黄骅是重要的海运港口,已建成以京津、京沪、京港澳、京沈、石太等高速公路为骨干的公路网,建成以京广、京沪、京山、京九等铁路为骨干的铁路网,于 2008 年和 2011 年分别建成京津城际、京沪高速铁路,京石、津秦等一批高速铁路正在建设之中。

2. 现代服务业

现代服务业是指依托高新技术发展的网络服务、移动通信、信息服务、现代物流等新兴行业,以及电信、金融、中介服务、房地产等传统服务业的技术改造和升级。

海河流域现代服务业以北京、天津两大城市发展最为迅速,现状水平年两城市现代服务业产值分别占到各自 GDP 的 48% 和 24%。随着城市化进程的加快,这一比例还将不断增加。

3. 农业

海河流域土地、光热资源丰富,适于农作物生长,是我国粮食主产区之一,为保障我国的粮食安全发挥着重要作用。现状水平年全流域耕地面积 1.54 亿亩,其中有效灌溉面积 1.12 亿亩。主要粮食作物有小麦、大麦、玉米、高粱、水稻、豆类等,经济作物以棉花、油料、麻类、烟叶为主。现状水平年粮食总产量 5320 万 t,占全国的 10.6%,平均亩产 346kg。

河北、河南太行山山前平原和山东徒骇马颊河平原是流域内粮食主产区,耕地面积占全流域的 36%,而粮食产量占 50% 以上。沿海地区具有发展渔业生产和滩涂养殖的有利条件。农业生产结构中,油料、果品、水产品、肉、禽蛋、鲜奶等林牧渔业产品产量近年来增长幅度较大,大中城市周边转向为城市服务的高附加值农业。海河流域现状水平年 (2008 年) 主要经济指标见表 2.4。

表 2.4　　　　　　　　　海河流域 2008 年主要经济指标表

省级行政区	GDP /亿元	人均 GDP /元	工业增加值 /亿元	耕地面积 /万亩	粮食产量 /万 t	粮食亩产 /kg
北京	9353	57277	2083	348	102	293
天津	5050	45295	2662	611	147	241
河北	13637	19770	6431	8363	2762	330
山西	1961	16614	936	2069	406	196
河南	2501	20406	1440	1169	585	500
山东	3019	19562	1620	2342	1287	549
内蒙古	90	12351	47	445	20	45
辽宁	19	8037	10	26	11	423
流域合计	35632	26023	15229	15373	5320	346

2.1.3　水资源

海河流域 1956—2016 年平均水资源总量为 327.41 亿 m³,折合成面平均产水深为

102.5mm；最大为 1964 年的 691.30 亿 m³，次大为 1956 年的 667.60 亿 m³；最小为 2002 年的 168.43 亿 m³，次小为 1999 年的 168.43 亿 m³。频率分析计算成果，偏丰年（$P=20\%$）水资源总量为 413.4 亿 m³，平水年（$P=50\%$）水资源总量为 307.9 亿 m³，偏枯年（$P=75\%$）水资源总量为 243.2 亿 m³，枯水年（$P=95\%$）水资源总量为 178.4 亿 m³。在水资源总量中，地表水资源量 171.41 亿 m³，占 52%；地下水与地表水不重复量 156.01 亿 m³，占 48%。

海河流域水资源总量年际间变化较大，总体呈减少趋势。1956—1979 年平均水资源总量为 393.9 亿 m³，1980—2000 年平均值为 293.5 亿 m³，比 1956—1979 年均值衰减 25.5%，2001—2016 年平均值为 272.2 亿 m³，比 1980—2000 年均值衰减 7.3%。海河流域水资源总量年际变化如图 2.1 所示。

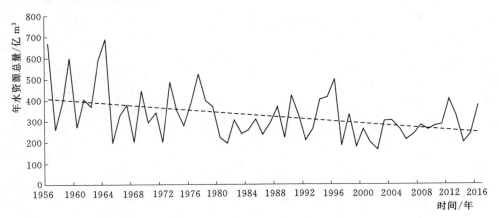

图 2.1　海河流域水资源总量年际变化图

海河流域多年平均水资源可利用总量为 208.04 亿 m³，可利用率为 69.9%，4 个水资源二级区的可利用率为 56.6%～75.3%。海河流域水资源二级区和重点流域多年平均水资源可利用总量见表 2.5。

表 2.5　　海河流域水资源二级区和重点流域多年平均水资源可利用总量

水资源分区	地表水资源可利用量/亿 m³	平原区地下水资源可开采量/亿 m³	山丘区地下水开采净消耗/亿 m³	重复量/亿 m³	水资源可利用总量/亿 m³	水资源总量可利用率/%
滦河及冀东沿海	14.90	9.12	5.83	0.61	26.10	56.6
海河北系	15.79	32.96	3.94	2.11	48.82	75.3
海河南系	32.76	67.04	12.65	3.91	102.39	71.9
徒骇马颊河	5.40	26.50	0.00	1.17	30.73	69.8
海河流域	68.85	135.62	22.42	7.81	208.04	69.9

2.1.4　水生态

依据海河流域主要河流主要控制节点和断面于 1956—2016 年和 1980—2016 年两个系列的生态基流，计算其全年基本生态水量。1980—2016 年水文系列多年平均天然径流量较1956—2016年水文系列的变化幅度超过10%的控制节点和断面，取1980—2016年系列值为最终成果，否则取1956—2016年系列值为最终成果。计算的海河流域32条河流的40个控制节点和断面生态流量（水量）成果见表2.6。

表2.6 海河流域主要河流控制节点和断面生态流量（水量）成果

河湖名称	控制断面	生态基流/(m³/s)	基本生态水量/亿 m³	河湖名称	控制断面	生态基流/(m³/s)	基本生态水量/亿 m³
滦河	潘家口水库	0.65	1.52	永定新河	永定新河防潮闸	—	1.1
	大黑汀水库	2.27	1.76	拒马河	张坊	—	0.45
	滦县	8.59	2.76		紫荆关	—	0.16
伊逊河	韩家营	—	0.25	大石河	漫水河	—	0.04
瀑河	宽城	—	0.13	中易水	安各庄水库	—	0.04
武烈河	承德	—	0.17	白沟河	东茨村	—	0.04
青龙河	桃林口水库	0.62	0.54	南拒马河	北河店	—	0.16
白河	张家坟	—	0.45	沙河	王快水库	—	0.38
潮河	古北口	—	0.2		水平口	—	0.13
潮白河	密云水库	—	0.85	唐河	西大洋水库	—	0.29
	苏庄	—	1.01	磁河	横山岭水库	—	0.06
北运河	通县	—	0.35	滹沱河	南庄	—	0.69
蓟运河	九王庄	—	0.88	滏阳河	东武仕水库	—	0.14
二道河	兴和	—	0.05	泜河	临城水库	—	0.03
桑干河	册田水库	—	0.63	浊漳河	侯壁	—	1.11
	石匣里	—	0.57	清漳河	刘家庄	—	0.2
洋河	响水堡	—	0.34	漳河	观台	—	1.03
永定河	官厅水库	—	2.44	卫河	元村集	—	1.49
	三家店	—	2.6	徒骇河	聊城	—	1.9
	屈家店枢纽	—	1.43	马颊河	南乐	—	0.03

2007—2016年的实测资料表明，采用上述已经确定的生态基流计算成果，31条河流39个主要控制断面中，韩家营、承德等25个断面基本生态水量满足程度为100%，占全部断面的64.1%。

滦县、古北口、张家坟、通县、东武仕水库、观台、元村集、南乐等控制断面生态水量基本满足，密云水库、苏庄、册田水库、官厅水库、三家店、九王庄、张坊等断面生态水量满足程度较差，部分控制断面基本生态水量满足程度甚至为0。

海河流域主要河流控制断面生态水量满足程度比例不高，一是由于海河流域水资源禀赋条件差；二是由于海河流域水资源开发利用程度高，现状海河流域各水系开发利用率均大于50%，大多数河流远远超过了国际公认的40%的合理上限；三是重要河流控制断面上游水利工程控制导致下泄水量不足。从而导致河湖干枯断流萎缩、生态水文过程改变、水生生物栖息地破坏等一系列对流域水生态环境的影响。海河流域主要河流控制断面生态基流和基本生态水量保障情况见表2.7。

表 2.7 海河流域主要河流控制断面生态基流和基本生态水量保障情况

河湖名称	控制断面	生态基流满足度	基本生态水量满足度	河湖名称	控制断面	生态基流满足度	基本生态水量满足度
滦河	潘家口水库	80%	100%	永定新河	永定新河防潮闸	—	0
滦河	大黑汀水库	75.8%	100%	拒马河	张坊	—	50%
滦河	滦县	76.7%	100%	拒马河	紫荆关	—	100%
伊逊河	韩家营	—	100%	大石河	漫水河	—	40%
武烈河	承德	—	100%	中易水	安各庄水库	—	100%
瀑河	宽城	—	100%	白沟河	东茨村	—	100%
青龙河	桃林口水库	59.2%	100%	南拒马河	北河店	—	30%
白河	张家坟	—	100%	沙河	王快水库	—	90%
潮河	古北口	—	100%	沙河	水平口	—	100%
潮白河	密云水库	—	0	唐河	西大洋水库	—	100%
潮白河	苏庄	—	0	磁河	横山岭水库	—	100%
北运河	通县	—	100%	滹沱河	南庄	—	100%
蓟运河	九王庄	—	20%	滏阳河	东武仕水库	—	100%
二道河	兴和	—	100%	泜河	临城水库	—	60%
桑干河	册田水库	—	0	浊漳河	侯壁	—	100%
桑干河	石匣里	—	70%	清漳河	刘家庄	—	100%
洋河	响水堡	—	100%	漳河	观台	—	100%
永定河	官厅水库	—	0	卫河	元村集	—	100%
永定河	三家店	—	0	马颊河	南乐	—	100%
永定河	屈家店枢纽						

2.1.5 水环境

按河长评价，在流域 19570.4km 的评价河长中，全年期评价水质为 Ⅰ～Ⅲ 类的河长 7157.6km，占总评价河长的 36.6%；Ⅳ～Ⅴ 类河长 3534.7km，占 18.1%；劣 Ⅴ 类河长 8878.1km，占 45.4%。水质劣于 Ⅲ 类的受污染河长占到 63.4%，主要污染项目为氨氮、总磷、COD、高锰酸盐指数、五日生化需氧量等。汛期和非汛期劣于 Ⅲ 类水质的河长比例分别为 64.9% 和 65.3%，水污染程度相差不大。

4 个水资源二级区中，滦河及冀东沿海水质较好，Ⅰ～Ⅲ 类河长占比 58.3%；海河北系水质状况次之，Ⅰ～Ⅲ 类河长占比 44.0%；海河南系水质较差，Ⅰ～Ⅲ 类河长占比 30.9%；徒骇马颊河水质最差，Ⅰ～Ⅲ 类河长占比 15.9%。8 个省级行政区中，辽宁和内蒙古水质较好，Ⅰ～Ⅲ 类河长占比 76.2% 和 67.4%；其次是北京市和山西省，Ⅰ～Ⅲ 类河长占比 53.9% 和 53.0%；河北和河南水质较差，Ⅰ～Ⅲ 类河长占比 35.4% 和 26.4%；山东和天津水质最差，Ⅰ～Ⅲ 类河长占比 17.3% 和 9.2%。

按水功能区评价，参评的流域水功能区 574 个，达标 182 个，个数达标率 31.7%；

评价河长 19723.9km，达标河长 6606.4km，河长达标率 33.5％；湖泊评价面积 445.9km²，达标面积 8.1km²，面积达标率 1.8％；水库评价蓄水量 72.3 亿 m³，达标蓄水量 28.3 亿 m³，蓄水量达标率 39.14％。

从水资源二级区看，徒骇马颊河水功能区达标率较高，个数达标率为 40.9％；其次是海河北系，达标率 36.9％；滦河及冀东沿海和海河南系达标率较低，不足 30％。从省级行政区来看，北京、山西、山东水功能区达标率较高，达到 45％左右；其次是河北和内蒙古，为 30％左右；河南、天津达标率较低，仅为 10％左右；辽宁达标率最低，为 0。

2.2　目前治理成就

通过多年的开发治理，海河流域已建成大、中、小型水库 1879 座，总库容 321 亿 m³。其中，大型水库 36 座（山区 33 座、平原 3 座），总库容 272.5 亿 m³，调洪库容 147 亿 m³，兴利库容 125 亿 m³；中型水库 136 座，小型水库 1707 座，中小型水库总库容为 48.5 亿 m³。全流域建成蓄水塘坝 17505 座，引水工程 6170 处，提水工程 13081 处，大中型引黄调水工程 27 处，井深小于 120m 的浅水井 122 万眼，井深大于 120m 的深水井 14 万眼。

全流域修筑主要河道堤防 9000km，开挖疏浚行洪河道 50 余条，包括潮白新河、永定新河、独流减河、子牙新河、卫河、卫运河、漳卫新河等骨干行洪河道，修建了海河防潮闸、独流减河防潮闸等一批防潮枢纽工程，安排了永定河泛区、东淀、文安洼、贾口洼、献县泛区、恩县洼等 28 个蓄滞洪区，蓄滞洪容积 198 亿 m³。

水利工程的建设，极大地提高了流域的供水、防洪能力，为流域经济社会发展和人民生活水平的提高起到了巨大的支撑和保障作用。

2.2.1　流域城乡供水体系初步构建

海河流域初步构建了地表水、地下水、引黄水和非常规水源相结合的供水工程体系。全流域现状年总供水能力达到 492 亿 m³，其中当地地表水工程供水能力 139 亿 m³，地下水供水能力 285 亿 m³，引黄工程供水能力 58 亿 m³，非常规水源供水能力 10 亿 m³。南水北调东线、中线的骨干及配套工程和万家寨引黄北干线工程正在加紧建设。1980—2007年，流域各种工程年均供水量约 400 亿 m³，有效地保障了流域经济社会发展对水的需求。

2.2.2　流域防洪减灾体系基本形成

经过不同时期水利建设，海河流域逐步改变了各河集中在天津入海的不利局面，基本形成了"分区防守、分流入海"的流域防洪格局，由水库、河道（堤防）、蓄滞洪区组成的防洪工程体系框架基本建成。流域内平原除涝工程已初具规模，骨干排涝河道的出路已经打通，排涝系统已基本形成。防洪非工程体系建设取得进展，全面启动了海河流域防汛抗旱指挥系统，初步建成水情采集网点，形成了中央、流域机构和省区市三级报汛体系。流域防洪体系的基本建立，使流域防洪能力得到提高，主要河道防洪标准得到改善，北京、天津等重要城市基本达到国家规定的防洪标准，为流域经济社会发展提供了防洪安全保障。

2.2.3 流域水生态环境建设开始起步

水资源保护取得进展。已有19个城市地表水源地和46个地下水源地划定了保护区。城市河湖整治力度加大，北京、天津、石家庄等城市水环境得到明显改善。截至2007年，全流域建成污水处理厂121座，处理能力37.81亿t/a。与2003年调查数据相比，现状水平年入河污染物量下降了30%。

开展了向重要生态目标的应急供水。2004年以来，海河流域先后实施了引岳济淀、引岳济港、引岳济衡、引黄济淀等生态调水措施，挽救了濒临干涸的华北明珠白洋淀、南大港和衡水湖。

加强了水土流失治理。中华人民共和国成立以来，海河流域已综合治理水土流失面积累计达9.55万km²，改善了官厅、密云、潘家口水库等重要水源地上游和太行山区的生态环境。

第3章

永定河流域概况

3.1 基本情况

3.1.1 自然环境

3.1.1.1 地理位置

永定河流域位于海河流域西北部（东经112°～117°45′、北纬39°～41°20′），发源于内蒙古高原的南缘和山西高原的北部，东邻潮白、北运河系，西临黄河流域，南为大清河系，北为内陆河。流域地跨内蒙古、山西、河北、北京、天津等5个省（自治区、直辖市），面积4.70万 km²，占海河流域总面积32.06万 km² 的14.7%。永定河流域行政区划情况见表3.1。研究区域地理位置示意如图3.1所示。

表 3.1   永定河流域行政区划表

省级行政区	地市级行政区	涉 及 区 县 名 称	个数	流域面积/km²
北京	—	延庆区、门头沟区、石景山区、房山区、丰台区、大兴区	6	3246
天津	—	北辰区、武清区、东丽区、宁河区、滨海新区	5	334
河北	张家口	桥东区、桥西区、下花园区、万全区、宣化区、崇礼区、尚义县、蔚县、阳原县、怀安县、怀来县、涿鹿县	12	19136
	廊坊	安次区、广阳区、固安县、永清县	4	
	保定	涿州市	1	
山西	大同	大同县、广灵县、浑源县、南郊区、天镇县、新荣区、阳高县、左云县、灵丘县	9	18635
	朔州	朔城区、平鲁区、山阴县、应县、右玉县、怀仁县	6	
	忻州	代县、宁武县、神池县、原平县	4	
内蒙古	乌兰察布	凉城县、察哈尔右翼前旗、丰镇市、兴和县	4	5666
合　计			51	47017

3.1.1.2 地形地貌

永定河流域上游是阴山和太行山支脉恒山所包围的高原，北部为蒙古高原，东南部为恒山及八达岭高原。永定河承接上源西南部桑干河、西北部洋河后，从官厅水库起穿越八达岭高原形成了官厅山峡，至三家店流入华北平原。三家店为永定河流域山区、平原分界，其中山区流域面积4.51万 km²，占95.8%，平原流域面积1953km²，占4.2%。

图 3.1 研究区域地理位置示意图

永定河流域上游西南部的桑干河区域，西邻管涔山和洪涛山，南屏海拔 2000m 以上的恒山和太行山，平均高程约 1000m，分布有大同盆地、阳原-蔚县盆地，其中大同盆地面积 5100km²，是山西面积最大的盆地。西北部的洋河区域，北接坝上高原内陆河流域，地势西北高东南低，在尚义区、张北县一带是坝上高原和坝下盆地的分界线，坝下山峦起伏，群山之间多串珠状山间盆地，较大的有柴沟堡-宣化盆地、涿鹿-怀来盆地。

3.1.1.3 水文气象

永定河流域属温带大陆性季风气候，为半湿润、半干旱型气候过渡区。春季干旱，多风沙；夏季炎热，多暴雨；秋季凉爽，少降雨；冬季寒冷，较干燥。多年平均气温 6.9℃，最高 39℃，最低 −35℃。无霜期盆地区域 120～170 天、山区 100 天左右，封冻期达 4 个月以上。

永定河主要控制站水文特征值见表 3.2。

表 3.2 永定河主要控制站水文特征值表 单位：亿 m³

控制站	天然径流量				
	多年平均	25%	50%	75%	95%
册田水库	5.23	5.98	4.89	4.09	3.42
石匣里	7.37	8.54	6.93	5.42	4.15
响水堡	4.93	6.09	4.43	3.43	2.00
官厅水库	13.57	16.05	12.63	9.53	7.04
三家店	14.43	17.11	13.11	10.00	7.81

3.1.1.4 河流水系

永定河上游有桑干河、洋河两大支流，于河北省怀来县朱官屯汇合后称永定河，在官厅水库纳妫水河，经官厅山峡于三家店进入平原。三家店以下，两岸均靠堤防约束，卢沟桥至梁各庄段为地上河，梁各庄以下进入永定河泛区。永定河泛区下口屈家店以下为永定新河，在大张庄以下纳北京龙凤河、金钟河、潮白新河和蓟运河，于北塘入海。

1. 桑干河

桑干河是永定河主源，全长390km，流域面积2.48万km²，上源有恢河、源子河，两河在山西省朔州市马邑镇汇流后始称桑干河。桑干河流经山西省山阴、应县、大同、阳高以及河北省阳原、涿鹿等市县，沿线有口泉河、御河、壶流河等河流汇入。桑干河上建有东榆林水库、册田水库。

2. 洋河

洋河全长118km，流域面积约1.55万km²，上源有东洋河、西洋河、南洋河等河流，在河北省怀安县柴沟堡附近汇合后称为洋河。洋河流经河北省张家口市怀安、万全、宣化、下花园、怀来等区县，沿线有清水河、盘肠河、龙洋河等河流汇入。东洋河上建有友谊水库，如图3.2所示。

图3.2 友谊水库

3. 永定河

永定河自张家口怀来县朱官屯至天津市屈家店，长307km。永定河自朱官屯下行17km入官厅水库，库区纳妫水河，官厅水库至三家店为山峡段，长109km，两岸有清水河、大西沟、湫河等十几条支流汇入。自三家店进入平原，以下两岸均靠堤防约束，流经北京市、河北省廊坊市，至天津市屈家店，长146km，其中梁各庄至屈家店为永定河泛区段，长67km。泛区段有天堂河、龙河汇入。

4. 永定新河

永定新河自屈家店下至入海口，全长62km。沿线有北京龙凤河、金钟河、北塘排水河、潮白新河、蓟运河等河流汇入，在北塘经防潮闸入渤海。

永定河流域河系分布情况示意图如图3.3所示。

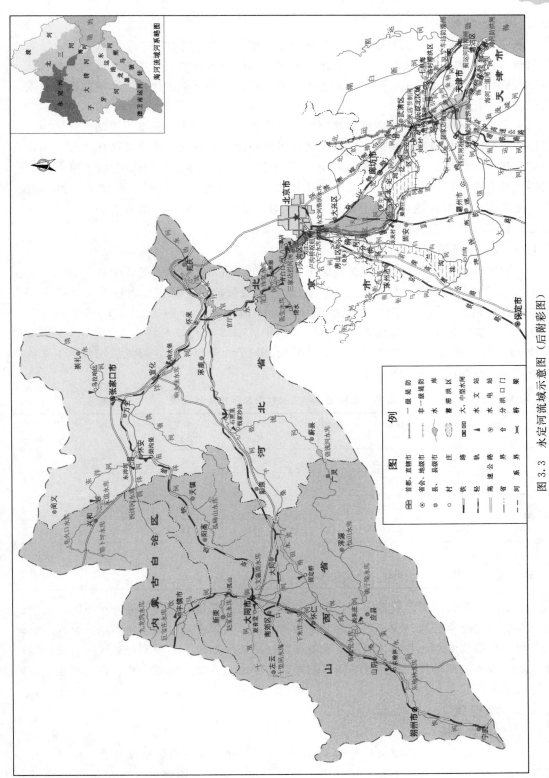

图 3.3 永定河流域示意图（后附彩图）

3.1.1.5　土壤植被

永定河流域内土壤主要有栗钙土、灰褐土、棕壤和潮土等种类。上游高原和山区黄土分布较广，土壤以栗钙土和灰褐土为主。山间盆地以半水成型的草甸土、盐成型的盐渍土以及岩成型的风沙土为主。平原冲积地区主要为潮土，间有褐土化潮土和盐化潮土。滨海地区则为氯化物盐渍土。

永定河流域植被划分为内蒙古高原温带草原区、华北山地暖温带落叶阔叶林区、平原暖温带落叶阔叶林栽培作物区三个区。流域天然植被大都遭到人为砍伐破坏，只有山区有少量自然植被分布。天然次生林主要分布在海拔 1000m 以上的山峰和山脉。燕山、太行山迎风坡存在年降水量 600mm 以上的弧形多雨带，植被生长良好，形成了一道绿色屏障。上游高原和山区地处燕山、太行山背风坡，受到山脉阻隔，降水量只有 400mm 左右，植被稀疏，生态脆弱。

3.1.2　社会经济

永定河流域行政区划上分属北京、天津、河北、山西、内蒙古等 5 个省（自治区、直辖市），共涉及 51 个市（县、区），其中河北省涉及张家口、保定、廊坊 3 个地级市，山西省涉及忻州、朔州、大同 3 个地级市。2014 年流域总人口约 1382 万，其中城镇人口 837 万，城镇化率为 61%，国内生产总值（GDP）7332 亿元，人均 5.31 万元，工业增加值 2086 亿元，耕地面积 2242 万亩，有效灌溉面积 741 万亩。永定河流域现状年主要社会经济指标统计情况见表 3.3。

表 3.3　　　　　　　　永定河流域现状年主要社会经济指标统计表

行政区	总人口/万人	城镇人口/万人	城镇化率/%	GDP/亿元	工业增加值/亿元	耕地面积/万亩	有效灌溉面积/万亩
北京	360	293	81	2639	444	30	23
天津	60	49	83	1104	295	55	42
河北	399	182	45	1387	505	970	271
山西	494	284	57	1953	728	989	365
内蒙古	69	30	43	249	114	197	40
合计	1382	837	61	7332	2086	2242	741

永定河上游山区矿产资源丰富，是我国重要的能源基地和可再生能源示范区，也是区域重要粮食和蔬菜产地；中部是首都北京西南门户，人口密集，城镇化率高，是未来高端服务业、高端技术产业和现代制造业发展聚集区；滨海地区的天津滨海新区拥有先进制造业、现代服务业和科技创新与技术研发基地，是未来北方航运物流中心和京津冀地区重要经济发展带。

3.1.3　水资源

3.1.3.1　水资源量

永定河流域多年平均降水量为 360~650mm，不同地区降水量差异颇大，多雨区和少雨区相差将近 1 倍。多雨中心沿军都山、西山分布，多年平均降水量为 650mm；阳原盆地和大同盆地降水量最少,多年平均降水量仅为 360mm。官厅以下到三家店间的多年平均降水量从 400mm 递增至 650mm。北京、天津两市及河北省平原区约 600mm。降水量年际变化大,少雨年和多雨年相差 2～3 倍,汛期(6—9 月)降水量占全年的 70%～80%。

永定河山区多年平均径流量 14.43 亿 m³,径流年内分布不均,年际间变化大。最大为 31.4 亿 m³(1956 年)、最小为 6.72 亿 m³(2007 年),最大年和最小年径流量的比值为 4.67。

永定河流域涉及册田水库以上、册田水库至三家店区间和北四河下游平原三个水资源三级区。其中:三家店为永定河山区地表径流的主要控制站,上游山区主要有册田、石匣里、响水堡、官厅等径流控制站;三家店以下为永定河平原区,由于下垫面变化,近年来由降雨产生的径流较少,且在平原区与北三河系河道相互沟通,在以往的水资源评价工作中,一般将北四河平原作为整体,永定河平原未单独进行过评价。

1. 地表水资源

依据 1956—2010 年长系列资料分析,永定河流域多年平均降水量 409mm,地表天然径流量 14.43 亿 m³,其中桑干河石匣里站 7.37 亿 m³,占 51%,洋河响水堡站 4.93 亿 m³,占 34%。永定河主要控制站天然径流量见表 3.4。

表 3.4　　　　　　　　永定河主要控制站天然径流量　　　　　　　单位:亿 m³

类别	三级区	省份	天然年径流量			
			均值	50%	75%	95%
分区	册田水库以上	山西	5.21	4.92	3.95	3.25
		内蒙古	0.74	0.64	0.56	0.38
	册三区间	北京	1.56	1.35	0.79	0.41
		河北	5.14	5.08	3.25	2.39
		山西	0.82	0.72	0.56	0.34
		内蒙古	0.96	0.84	0.58	0.45
	合计		14.43	13.55	9.69	7.22
控制站	册田水库		5.23	4.89	4.09	3.42
	响水堡		4.93	4.43	3.43	1.87
	石匣里		7.37	6.93	5.42	4.32
	官厅水库		13.57	12.63	9.53	6.89
	三家店		14.43	13.11	10.00	7.60

永定河三家店 1956—2010 年系列的天然径流量与第一次水资源评价(1956—1979 年系列)以及第二次水资源评价(1956—2000 年系列)相比,多年地表水资源量分别减少了 3.74 亿 m³ 和 1.41 亿 m³,减少比例分别为 21% 和 9%。

2. 地下水资源量

永定河流域 1980—2010 年多年平均地下水资源量(矿化度小于 2g/L 淡水)为 20.02 亿 m³,其中册田水库以上为 9.47 亿 m³,占 47%,册田水库至三家店区间为 10.55 亿

m³，占53%。与1980—2000年系列地下水资源量20.66亿 m³ 比较，地下水资源量变化不大。永定河流域1980—2000年地下水资源量见表3.5。

表3.5 永定河流域1980—2000年地下水资源量 单位：亿 m³

三级区	省级行政区	地市级行政区	山　区			平原区	重复计算量	计算分区地下水资源量
			一般山丘区	岩溶区	地下水资源量			
永定河册田水库以上	山西	大同	2.38	0	2.38	2.25	1.16	3.47
		朔州	1.71	1.88	3.59	3.21	1.69	5.11
		忻州	0.27	0.31	0.58	0	0	0.58
		小计	4.36	2.19	6.55	5.46	2.85	9.16
	内蒙古	乌兰察布	0.74	0	0.74	0	0	0.74
	小计		5.10	2.19	7.29	5.46	2.85	9.90
永定河册田水库至三家店区间	北京	北京	0.62	0.49	1.11	1.34	0.60	1.85
	河北	张家口	2.32	1.15	3.47	5.29	1.71	7.05
	山西	大同	0.72	0	0.72	1.05	0.49	1.28
	内蒙古	乌兰察布	0.58	0	0.58	0	0	0.58
	小计		4.24	1.64	5.88	7.68	2.80	10.76
合　计			9.34	3.83	13.17	13.14	5.65	20.66

3. 水资源量总量

永定河流域（三家店以上）水资源总量为26.61亿 m³（1956—2010年），其中地表水资源量为14.43亿 m³，地下水资源量为20.02亿 m³ 与地表水资源的重复量为7.84亿 m³。永定河流域1956—2010年水资源总量见表3.6。

表3.6 永定河流域1956—2010年水资源总量 单位：亿 m³

三级区	行政区	地表水	地下水	总量
册田水库以上	山　西	5.21	8.76	10.45
	内蒙古	0.74	0.71	1.12
	小　计	5.95	9.47	11.57
册三区间	北　京	1.56	1.71	2.58
	河　北	5.14	6.99	9.49
	山　西	0.82	1.25	1.86
	内蒙古	0.96	0.60	1.11
	小　计	8.48	10.55	15.04
合　计		14.43	20.02	26.61

与1956—2000年系列水资源总量27.89亿 m³ 比较，水资源总量衰减4.6%。2001—2010年系列地表水资源量为8.06亿 m³，水资源总量为20.83亿 m³，二者仅为1956—2010年系列的56%和78%。

3.1.3.2 开发利用现状

1. 现状供用水

2014年，永定河山区总供水量20.60亿 m³。其中，地表水供水量7.4亿 m³（含万家寨引黄0.70亿 m³）、地下水供水量12.41亿 m³、非常规水供水量0.79亿 m³，分别占总供水量的36%、60%、4%。永定河山区现状年供水情况见表3.7。

表3.7　　　　　　　　　永定河山区现状年供水统计表　　　　　　　单位：亿 m³

水资源三级区	省级行政区	地市级行政区	地表水		地下水	非常规水源	合计
			小计	引黄水			
册田水库以上	山西	大同	1.22	0.43	2.76	0.49	4.9
		朔州	1.99	0.25	2.70	0.13	5.07
		忻州	0.10	0.02	0.02	0.00	0.14
	内蒙古	乌兰察布	0.02	0.00	0.43	0.00	0.45
	小计		3.33	0.70	5.91	0.62	10.56
册田水库至三家店区间	北京	北京	0.24	0.00	0.07	0.05	0.36
	河北	张家口	2.39	0.00	4.78	0.12	7.29
	山西	大同	0.62	0.00	0.97	0.00	1.59
	内蒙古	乌兰察布	0.12	0.00	0.68	0.00	0.80
	小计		3.37	0.00	6.50	0.17	10.04
合计			6.70	0.70	12.41	0.79	20.60

永定河山区总用水量19.93亿 m³。其中，生活用水量2.77亿 m³、工业用水量3.36亿 m³、农业用水量（含林牧渔畜）13.08亿 m³、生态环境用水量0.72亿 m³，分别占总用水量的14%、17%、66%和3%（各项占比之和为100%）。永定河山区现状年用水情况见表3.8，供用水结构情况如图3.4所示。

表3.8　　　　　　　　　永定河山区现状年用水统计表　　　　　　　单位：亿 m³

水资源三级区	省级行政区	地市级行政区	城镇生活		农村生活	工业	农业		生态环境		合计
			小计	其中居民			小计	其中灌溉	小计	其中城镇	
册田水库以上	山西	大同	0.68	0.60	0.15	1.42	1.85	1.78	0.37	0.29	4.47
		朔州	0.34	0.28	0.15	0.77	3.40	3.23	0.17	0.08	4.83
		忻州	0.02	0.01	0.01	0.02	0.05	0.03	0.03	0.00	0.13
	内蒙古	乌兰察布	0.05	0.05	0.04	0.08	0.28	0.22	0.00	0.00	0.45
	小计		1.09	0.94	0.35	2.29	5.58	5.26	0.57	0.37	9.88
册田水库至三家店区间	北京	北京	0.19	0.02	0.02	0.02	0.05	0.01	0.07	0.07	0.35
	河北	张家口	0.55	0.39	0.36	0.94	5.39	4.99	0.06	0.05	7.30
	山西	大同	0.05	0.04	0.08	0.06	1.39	1.33	0.02	0.01	1.60
	内蒙古	乌兰察布	0.04	0.04	0.04	0.05	0.67	0.64	0.00	0.00	0.80
	小计		0.83	0.49	0.50	1.07	7.50	6.97	0.15	0.13	10.05
合计			1.92	1.43	0.85	3.36	13.08	12.23	0.72	0.5	19.93

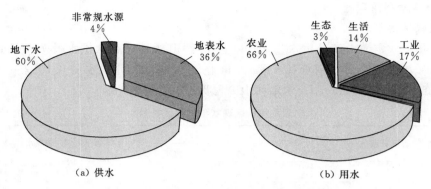

（a）供水　　　　　　　　　　　（b）用水

图3.4　永定河流域山区现状供用水结构图

2. 供用水变化

2001—2014 年，永定河山区的供水量维持在 20.0 亿 m³ 左右，供水量最小为 2009 年的 18.05 亿 m³，最大为 2003 年的 21.62 亿 m³。其中，地表水供水量在 5.63 亿～8.19 亿 m³ 之间变化，地下水供水量在 11.76 亿～13.84 亿 m³ 之间变化，非常规水利用量逐年增加，从 0.06 亿 m³ 增加到 0.80 亿 m³。

2001—2014 年，永定河山区总用水量基本维持在 20.0 亿 m³ 左右。工农业用水总体上呈逐渐减少趋势，农业用水从 14.38 亿 m³ 减少到 13.07 亿 m³，工业用水从 3.90 亿 m³ 减少到 3.36 亿 m³；生活及生态环境用水呈逐渐增加趋势，生活用水从 2.1 亿 m³ 增加到 2.77 亿 m³，生态环境用水从 0.02 亿 m³ 增加到 0.72 亿 m³。永定河山区 2001—2014 年供用水变化情况见表 3.9。

表 3.9　　　　　　　　永定河山区 2001—2014 年供用水变化情况统计表　　　　　单位：亿 m³

年份	供　水　量				用　水　量				
	合计	地表水		地下水	非常规水	合计	生活	工业	农业	生态环境
		小计	其中引黄							
2001	20.40	8.19		12.15	0.06	20.40	2.10	3.90	14.38	0.02
2002	20.40	7.71		12.63	0.06	20.40	1.96	3.99	14.43	0.02
2003	21.62	7.90		13.61	0.11	21.62	1.99	3.86	15.72	0.05
2004	20.80	7.34		13.37	0.09	20.79	2.04	3.79	14.89	0.07
2005	19.93	7.93		11.76	0.24	19.93	2.17	4.12	13.54	0.10
2006	19.76	6.95		12.62	0.19	19.75	2.10	4.22	13.34	0.09
2007	19.93	6.68		13.03	0.22	19.93	2.01	4.02	13.8	0.10
2008	19.49	6.34		12.9	0.25	19.49	2.12	3.37	13.84	0.16
2009	18.05	5.63		12.15	0.27	18.06	2.21	3.18	12.55	0.12
2010	20.11	5.87		13.84	0.40	20.10	2.25	3.71	13.77	0.37
2011	20.75	6.71	0.24	13.46	0.58	20.75	2.41	3.41	14.58	0.35

年份	供水量					用水量				
	合计	地表水		地下水	非常规水	合计	生活	工业	农业	生态环境
		小计	其中引黄							
2012	20.66	6.33	0.65	13.49	0.84	20.66	2.66	3.85	13.69	0.46
2013	20.26	6.45	0.41	12.42	1.39	20.25	2.79	3.66	13.21	0.59
2014	19.92	6.71	0.70	12.41	0.80	19.92	2.77	3.36	13.07	0.72
平均	20.15	6.91	0.14	12.85	0.39	20.15	2.26	3.75	13.92	0.23

3. 水资源开发利用程度

永定河山区 2001—2014 年平均水资源总量 21.02 亿 m³，供水总量 20.32 亿 m³（含官厅水库向北京市供水量），水资源开发利用率高达 97%。其中，地表水资源量 8.39 亿 m³，供水量 7.47 亿 m³，地表水开发利用率高达 89%；浅层地下水可开采量 13.70 亿 m³，实际开采量 12.85 亿 m³，占可开采量的 94%。

3.1.4 水生态

2005—2014 年的 10 年间，永定河主要河段年均干涸 145 天，年均断流 316 天。其中，三家店至卢沟桥段基本处于长期断流状态；卢沟桥至屈家店段基本全年干涸，河流生态严重退化；永定新河屈家店至防潮闸段受闸坝控制，常年蓄水。永定河干流主要河段干涸及断流情况见表 3.10。

表 3.10　　　　　　　　　永定河干流主要河段干涸及断流情况表

河流	范围		2005—2014 年平均	
	起始断面	终止断面	干涸天数	断流天数
永定河	官厅水库	三家店	0	120
	三家店	卢沟桥	0	365
	卢沟桥	梁各庄	360	365
	梁各庄	屈家店	365	365
永定新河	屈家店	防潮闸	0	365
平均			145	316

近年来，永定河京津晋冀四省市积极开展了生态建设实践，重点河段生态环境得到显著改善。北京市开展了永定河城市段生态治理，构筑了卢沟晓月、园博园等"五湖一线"滨河亲水生态景观，恢复河道水面面积 430hm²，建成绿地 352hm²。天津市沿河启动建设了北辰郊野公园、永定新河郊野公园，极大地改善了河道生态环境。河北张家口市实施了清水河综合治理工程，治理城区段河道 23.5km，建成绿地 83.5hm²，形成生态水面 2.5hm²；廊坊市沿永定河建设了南通园、西昌园等郊野公园。山西大同市启动了御河综合治理，目前已实现了清污分流，污水集中收集处理，增加再生水供水量 200 万 m³，形成生态水面 66hm²。

永定河流域河湖、湿地类型丰富，分布有河流、湖泊、近海与海岸湿地、沼泽湿地、人工湿地，总面积共计 8.30 万 hm²。永定河京津冀晋四省市河湖、湿地分布情况见表 3.11。

表 3.11　　　　　　　　　永定河京津冀晋四省市河湖、湿地分布情况表　　　　　　　单位：万 hm²

省级行政区	小计	河流	湖泊	近海与海地	沼泽湿地	人工湿地
北京	1.30	0.85	—	—	0.10	0.35
天津	0.66	0.28	—	0.14	—	0.24
河北	4.46	2.99	0.04	—	0.68	0.75
山西	1.88	1.12	—	—	0.25	0.51
合计	8.30	5.24	0.04	0.14	1.03	1.85

随着湿地保护工程的实施，京津冀晋四省市湿地资源得到了较好的恢复与保护，湿地生态功能也得到稳定的发挥，但仍然存在泥沙淤积、土地沙化、生活生产垃圾、围垦等问题，威胁着湿地生态系统，亟须保护和恢复。

3.1.5　水环境

3.1.5.1　废污水及主要污染物入河量

永定河京津冀晋四省市范围内现有入河排污口 116 个，废污水年入河量 3.19 亿 t，主要污染物 COD、氨氮年入河量分别为 3.58 万 t、0.55 万 t。永定河京津冀晋四省市现状年废污水及污染物入河量统计情况见表 3.12。

表 3.12　　　　　　永定河京津冀晋四省市现状年废污水及污染物入河量统计表

省级行政区	地级行政区	废污水入河量/(亿 t/a)	排污口数量/个	污染物入河量/(万 t/a)	
				COD	氨氮
北京	—	0.15	18	0.08	0.00
天津	—	0.21	6	0.72	0.06
河北	张家口	1.18	14	0.66	0.05
	廊坊	0.21	1	0.03	0.04
	小计	1.39	15	0.69	0.09
山西	大同	0.76	49	1.10	0.19
	朔州	0.68	28	0.99	0.21
	小计	1.44	77	2.09	0.40
合计		3.19	116	3.58	0.55

永定河京津冀晋四省市水功能区主要污染物 COD 和氨氮现状纳污能力分别为 1.43 万 t 和 0.06 万 t，入河污染物量分别超过纳污能力 1.5 倍和 7.6 倍。其中浑河、御河和永定新河 COD 入河量超过纳污能力 4 倍以上，浑河的氨氮入河量超过纳污能力 30 倍以上。永定河京津冀晋四省市主要污染物入河量及超载状况见表 3.13。

2000 年以来，永定河流域开展了多次入河排污口情况调查，京津冀晋四省市废污水、COD 和氨氮入河量总体呈下降趋势。2014 年废污水、COD 和氨氮入河量分别减少了 35%、84% 和 56%，水污染防治工作取得了一定的成效。

表 3.13 永定河京津冀晋四省市主要污染物入河量及超载状况

省级 行政区	废污水入河量 /(万 t/a)	COD			氨 氮		
		入河量 /(t/a)	纳污能力 /(t/a)	超载倍数	入河量 /(t/a)	纳污能力 /(t/a)	超载倍数
北京	1532.8	805.5	124.1	5.5	36.7	2.9	11.7
天津	2074.5	7205.5	673.5	9.7	607.6	33.7	17.0
河北	13885.7	6894.2	8144.6	0	943.0	384.6	1.5
山西	14436.2	20833	5386.6	2.9	4004.3	233.1	16.2
合计	31929.2	35738.2	14328.8	1.5	5591.6	654.3	7.6

3.1.5.2 水质现状

1. 河流水质

桑干河、洋河、永定（新）河及主要支流现状年水质达到Ⅲ类及以上河长 565.1km，占评价河长的 34%；Ⅳ类水质河长 56.8km，占评价河长的 3%；Ⅴ类水质河长 206.7km，占评价河长的 12%；劣Ⅴ类水质河长 659.1km，占评价河长的 40%；全年河干的河段长 166km，占评价河长的 10%。永定河京津冀晋四省市主要河流水质状况见表 3.14。

表 3.14 永定河京津冀晋四省市主要河流水质状况 单位：km

河流/省市	评价河长	水 质 类 别					
		Ⅱ类	Ⅲ类	Ⅳ类	Ⅴ类	劣Ⅴ类	河干
桑干河	938.8	240	79	26	117.7	397.1	79
洋河	367.5	46	50.5	0	89	161	21
永定河	285.4	92	57.6	30.8	0	39	66
永定新河	62	0	0	0	0	62	0
合计	1653.7	378	187.1	56.8	206.7	659.1	166
北京	246.4	92	57.6	30.8	0	0	66
天津	84	0	0	0	0	84	0
河北	475.5	176	129.5	0	54	95	21
山西	847.8	110	0	26	152.7	480.1	79

注 表中统计河长包括其主要支流。

2. 水功能区达标情况

根据《海河流域水功能区划》，永定河京津冀晋四省市共划分 41 个水功能区，涉及河长 1653.7km，涉及水库水域面积 175.5km²。现状年水质达标的水功能区有 11 个，达标率 26.8%，达标水功能区主要分布在山区河流；26 个水功能区不达标，占全部水功能区的 63.2%，主要超标因子为高锰酸盐指数、氨氮、总磷等。从污染来源看，污染物主要来自城镇生活污水和工业废水的直接和间接排放。

3. 河流水质变化趋势

根据 2006—2015 年水质监测资料，从洋河响水堡、桑干河石匣里、永定河三家店和永定新河大张庄等代表断面的高锰酸盐指数浓度来看，响水堡、石匣里和三家店高锰酸盐指数浓度相对较低，满足地表水Ⅲ类水质标准，三家店浓度相对变化不大，响水堡和石匣里 2013 年后呈上升趋势；大张庄站在 10mg/L 上下波动，最高点出现在 2011 年，为 15.8mg/L。从氨氮浓度来看，石匣里、三家店氨氮浓度相对较低，基本满足地表水Ⅲ类水质标准；响水堡氨氮浓度在 2007 年明显下降后，基本维持在 0.51mg/L 以下；大张庄氨氮浓度均劣于Ⅴ类。永定河代表断面高锰酸盐指数、氨氮浓度年际变化趋势分别如图 3.5 和图 3.6 所示。

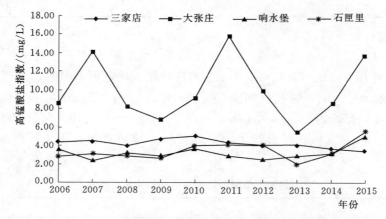

图 3.5　永定河代表断面高锰酸盐指数浓度年际变化趋势

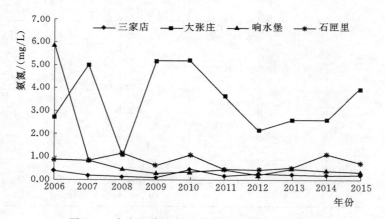

图 3.6　永定河代表断面氨氮浓度年际变化趋势

3.1.5.3　水库水质及富营养化

官厅、册田、友谊 3 座大型水库中，现状年官厅水库水质为Ⅳ类，册田水库为劣Ⅴ类，友谊水库为Ⅲ类。官厅水库和册田水库主要超标因子为高锰酸盐指数和总磷。册田水库处于中度富营养状态，官厅水库和友谊水库为轻度富营养状态。永定河大型水库水质及富营养化状况见表 3.15。

序号	水库名称	水质类别	营养状态指数	营养状态
表 3.15		永定河大型水库水质及富营养化状况		
1	官厅水库	Ⅳ	53.5	轻度富营养
2	册田水库	劣Ⅴ	73.6	中度富营养
3	友谊水库	Ⅲ	57.7	轻度富营养

2006—2015 年资料表明，近 10 年官厅水库和友谊水库的总磷平均浓度分别为 0.06mg/L 和 0.03mg/L，年际基本保持稳定；册田水库总磷平均浓度为 0.64mg/L，呈下降趋势。官厅水库和友谊水库的总氮浓度分别为 1.20mg/L 和 2.00mg/L，呈下降趋势；册田水库总氮平均浓度为 3.90mg/L，年际波动较大。永定河大型水库总磷、总氮变化趋势分别如图 3.7 和图 3.8 所示。

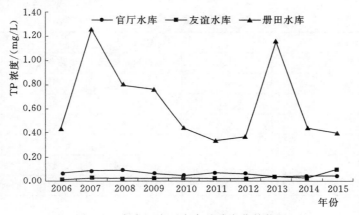

图 3.7　永定河大型水库总磷变化趋势图

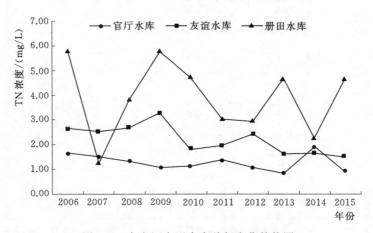

图 3.8　永定河大型水库总氮变化趋势图

3.2　永定河补水情况及生态水量现状

3.2.1　水生态历年调水情况

2003—2018 年期间，在水利部海河水利委员会的组织协调以及相关省市的积极配合下，依据集中输水实施方案，官厅水库上游山西、河北向北京市集中输水工作持续开展，有力缓解了下游水资源紧张局面，河道生态环境用水也得到极大补充。

2003—2018 年，山西、河北两省共计向官厅水库集中输水 73986 万 m³，北京市累计收水 47136 万 m³，收水率为 63.7%，两省年均输水量为 4624 万 m³，北京市年均收水量为 2946 万 m³。其中山西省累计向北京市输水 52174 万 m³，年均输水 3261 万 m³，最大输水量为 2018 年的 11794 万 m³，最小输水量为 2008 年的 1508 万 m³，2009 年、2011 年和 2012 年山西省未向北京市输水；河北省累计向北京市输水量 23425 万 m³，年均输水 1464 万 m³，最大输水量为 2005 年的 5020 万 m³，最小输水量为 2007 年的 500 万 m³，2003 年、2009 年、2011 年、2012 年和 2014 年河北省未向北京市输水。山西、河北两省向北京市（官厅水库）集中输水统计情况见表 3.16。

表 3.16　　　　　　　　永定河山西、河北向官厅水库集中输水统计表　　　　　　单位：万 m³

年份	总 输 水 情 况				
	山西	河北	实际输水量	实际总收水量	总收水率
2003	5010	0	5010	3326	66.4%
2004	7140	2250	9390	6090	64.9%
2005	6700	5020	11720	7549	64.4%
2006	1579	3121	4700	3030	64.5%
2007	2600	500	3100	1847	59.6%
2008	1508	501	2009	1118	55.6%
2009	0	0	0	0	—
2010	1531	1034	2565	1413	55.1%
2011	0	0	0	0	—
2012	0	0	0	0	—
2013	3002	2587	5589	3464	62.0%
2014	3519	0	3519	2235	63.5%
2015	2018	2003	4021	2606	64.8%
2016	2293	2780	5073	3336	65.8%
2017	3480	1201	4681	2798	59.8%
2018	11794	2428	12609	8324	66.0%
平均	3261	1464	4624	2946	63.7%
合计	52174	23425	73986	47136	

注　山西 2009 年、2011 年、2012 年未实施集中输水；河北 2003 年、2009 年、2011 年、2012 年、2014 年未实施集中输水。

3.2.2　调水实施情况总结

《21 世纪初期（2001—2005 年）首都水资源可持续利用规划》实施以来，上游山西省和河北省节水工作取得了明显的效果，通过工程和非工程措施的实施和落实，集中输水工作顺利开展。在水资源管理方面，两省通过加强用水计划管理和取水管理以及提高农业水价，取得一定节水效果。在工程措施方面，通过对灌区实施节水改造，渠系水利用系数明显提高。

为落实《21世纪初期（2001—2005年）首都水资源可持续利用规划》《永定河干流水量分配方案》相关规定和目标，在海河水利委员会的组织协调以及山西省、河北省和北京市的积极配合下，2006—2018年，相关单位编制了永定河上游年度水量调度及实施方案，在此方案的指导下，官厅水库上游山西、河北向北京市集中输水工作有条不紊进行，历年集中输水实施方案制定合理、完成情况良好。

输水过程中，各省市之间建立了灵活的输水补偿机制，主要水库下泄水量和下泄时间合理，水量、水质监测工作到位，水量、水质均达到要求。

历年官厅水库收水情况与当年度流域降水情况和用水情况是相匹配的，上游地区工程运用合规，集中输水过程中调度管理成绩显著，输水率能够达到目标要求。

在满足上游相关省市自身常规用水的情况下，截至2018年年底，山西省累计向北京市输水5.22亿 m³，河北省累计向北京市输水2.34亿 m³，有效地改善了北京市供水状况，为保障北京市供水安全、促进经济社会发展发挥了重要作用。

3.2.3 河流生态供水形势分析

3.2.3.1 河流基本生态需水量

按照《总体方案》，永定河上游山区段以保障河道基流为主要目标，采用 Tennant 法计算桑干河册田水库、石匣里，洋河响水堡，永定河官厅水库、三家店控制站生态环境需水量，各控制站基本生态需水量分别为 0.79亿 m³、1.33亿 m³、0.89亿 m³、2.44亿 m³、2.60亿 m³。山区段生态环境需水量见表3.17。

表3.17　　　　　　　　　　　　　山区段生态环境需水量　　　　　　　　　　　　单位：亿 m³

河流	控制站	基本生态环境需水量		
		丰水时段	枯水时段	全年
桑干河	册田水库	0.51	0.28	0.79
	石匣里	0.92	0.41	1.33
洋河	响水堡	0.65	0.24	0.89
永定河	官厅水库	1.75	0.69	2.44
	三家店	1.86	0.74	2.60

平原段以保障一定河道内生态水面为主要目标，采用生态环境功能需水法，计算维持贯穿溪流及河道内湿地水面的生态环境需水量，平原城市段、郊野段基本生态需水量分别为 0.8亿 m³、0.13亿 m³。平原段基本生态环境需水量见表3.18。

3.2.3.2 河流生态需水满足情况

根据 2001—2015 年各生态控制断面实测径流资料，各断面多年实测径流量均不满足基本生态环境需水量。洋河响水堡断面满足程度较高，满足率达86%；桑干河石匣里断面生态水量满足程度为51%；桑干河册田水库、永定河官厅水库、三家店断面满足程度分别为47%、32%、7%，均小于50%，三家店断面生态水量亏缺最为严重。洋河生态水量满足程度最高，其次为桑干河，永定河生态水量满足程度最低。各断面年基本生态环境需水量满足程度见表 3.19。

表 3.18　　　　　　　　　　平原段基本生态环境需水量

河　段	恢　复　情　景				水体连通功能			自净功能
	河长 /km	水面宽度 /m	河道内湿地面积 /万 m²	合计水面面积 /万 m²	蒸发量 /亿 m³	渗漏量 /亿 m³	合计 /亿 m³	需水量 /亿 m³
三家店—梁各庄	79	30	399	633	0.08	0.46	0.54	0.26
梁各庄—屈家店	67	10	—	67	0.01	0.12	0.13	—
合计	—	—	—	700	0.09	0.58	0.67	0.26

表 3.19　　　　　　　　　　年基本生态环境需水量满足程度表

断　面	生态环境需水量 /亿 m³	多年平均实测径流量 /亿 m³	满足程度 /%
册田水库（出库）	0.79	0.37	47
石匣里	1.33	0.68	51
响水堡	0.89	0.76	85
官厅水库（出库）	2.44	0.78	32
三家店	2.60	0.18	7

由于永定河三家店下泄水量较少，且区间涝水较少，三家店至屈家店段基本处于长期断流状态，河流生态严重退化。

第 4 章

生态水量精细化核算

4.1 生态水量核算研究进展

4.1.1 生态水文学内涵

生态水文学是发展中新兴学科。广泛采用的许多术语还没有统一的认识。刘昌明院士追踪水循环过程的研究，提出以下主要术语的定性描述，作为商榷。

（1）生态用水。在现状和未来特定目标下，维系给定生态环境功能的实际发生的用水（引水和提水）量。

（2）生态需水。在现状和未来特定目标下，维系给定生态、环境功能所需的水量。

（3）生态耗水。对水资源而言，是在维系现状和未来特定目标生态功能用水过程中散失的水量。

（4）蓝水-绿水及其转化。蓝水是液/固态水，雨雪、地表与地下水及土壤水受重力及其水平分力驱动的水；绿水呈分子态于大气与土壤中，受分子力、热力作用。绿水主要是由蓝水转化而来的气态水，蓝水-绿水转化过程所遵循的基本物理定律是质量守恒；前者包括河湖、海洋中的液态水，密切关系到水生生物用水，后者则包括陆生生态系统及其用水，如林草、湿地陆生动物的用水等。

（5）生态需水量水质标准。不危害水生态系统健康发育所给定的水质类型。

（6）生态供水与补水。提供维系现状和未来特定目标生态功能的降水性和径流性（包括地下径流与土壤水）的水量与补充水量。

（7）最小生态需水量。"三生（生活、生产与生态）"用水竞争条件下，保护生态系统服务基本功能的需水阈值，或者说，生态用水量是维系给定生态系统环境功能的一种必要水量或最小阈值。

（8）生态基流。生态基流是由稳定地下水源补给河流的基本流量，保持枯水期或无雨时河道的水流，用于维持水生物生存与水道及岸带的生境。

（9）最大流量与生态洪水。最大流量与生态洪水指靠汛期河流泛滥繁衍的河岸与洪泛区的生态系统用水以冲刷河床的挟沙水量。包括调水调沙、人造洪峰，维持水道健康，可谓之"生态洪水"。

（10）生态系统的总用水量。生态系统的总用水量主要包括生态系统耗散水量、生态系统蓄水量与生态系统退水量。

（11）生态耗散水量、生态蓄水量与生态退水量关系。基于水循环水平衡方程，生态水蓄变量等于生态用水量减生态耗散水量和生态退水量，既要"盘活存量"，又要"用好增量"。

另外，在 2017 年 International Hydrological Programme（IHP）发布的重要技术文件中提出：生态水文学是"由分子尺度到流域尺度的整体科学"，而河流生态系统是"由水文过程调控的超有机体"等，这些新的定义也尚待认知与商榷。

4.1.2　国内外研究进展

4.1.2.1　国外研究进展

国外从 20 世纪 40 年代就开始注意生态环境需水量问题，此后相继研究并提出了各种生态需水计算方法。国外对生态需水的研究可粗略划分为三个阶段：初步认识期、探索期、蓬勃发展期。

1. 初步认识期

从 20 世纪 40 年代开始，随着水库建设和水资源开发利用程度的提高，美国开始研究鱼类生长繁殖及其产量与河流流量之间的关系，此后，相继出现了关于鲑鱼、水生植物和底栖无脊椎生物等的生态流量研究工作，建立了流量与相关生物量的定量关系，这一时期学者们还没有明确提出生态需水量的概念，可称为生态需水研究的萌芽时期。

2. 探索期

到 20 世纪 60 年代，河流生态环境需水理论开始被提出，陆续出现河道内流量、最小可接受流量以及环境流量等相关概念，生态流量研究受到了管理部门和学术领域的普遍关注。20 世纪 70 年代后期，欧洲、北美和澳大利亚等生态专家开始从不同角度研究河流生态流量的计算方法。该时期应用最多的是基于天然径流过程的水文学方法，以及根据河道控制断面参数确定最小生态流量的水力学方法。上述两类方法较少考虑到水生生物生境及生命史需求，单纯基于水文分析和水力学计算的研究理论缺乏足够的生态学基础。随后，河道内流量增加法（IFIM）逐步得到广泛应用，该方法通过评价指示物种各生命阶段的适宜栖息地条件（如流速、水深、水温、底质等物理栖息地因子），建立流量和生物栖息地面积的关系。1964—1974 年间 D. L. Tennant 等对美国西部蒙大拿、怀俄明和内布拉斯加州的 11 条河流实施了详细的野外调查和实验，根据河流流量与生物的关系于 1976 年提出了基于水文学的蒙大拿估算方法，奠定了河流生态需水的理论基础，为后来的研究起了很大的促进作用。此后其他学者也相继提出了基于水文学和水力学原理，并包含生境分析的方法如 R2 - Cross 等。

这个时期学术界不仅提出了许多经典的计算方法，而且将生态需水的相关原理和概念广泛应用在水资源规划、流域管理等方面，为后来的生态需水研究奠定了坚实的基础。

3. 蓬勃发展期

进入 20 世纪 90 年代以后，随着全球生态环境问题的日益严重，水资源与生态相关性的研究特别是生态系统需水研究成为全球关注的焦点。T. D. Prowse 等[1]出于对世界上最大的淡水三角洲的北方水生系统的健康状况的关注，对其进行了两次主要的生态系统评估，强调了水对恢复和维持生物生产力和生物多样性的重要性；Shokoohi 等[2]使用了确定环境流量需求的水文方法（Tennant 和 Q_{95}）和水力方法区分了伊朗里海南部一条河流的重要物种，并计算了在关键月份维持小生境（深度和速度）的排水量，并且在利用水力方法的关键月份流量和 Tennant 方法的建议基础上，开发了一种在保护环境和考虑河流消费者的水权之间折中的用于干旱地区的新方法。

在各国专家的共同努力下，河道生态环境需水理论开始完善，原有的研究方法不断得到改进以获得更大的适用性，同时又有许多新方法不断涌现。其中比较突出的是南非的 BBM 法和澳大利亚的整体法，其特点是注重对河流生态系统的整体考虑，提出要把整个流域的生态需水与河流流量的变化特征相联系，同时要反映河流的连续性和统一性。在这些概念的启发下，河道生态需水研究进入了一个高速发展的时期，而且目前仍在蓬勃发展。

4.1.2.2 国内研究进展

相比于国外，我国对生态需水的相关研究起步较晚，但发展很快。从 20 世纪 70 年代至今，我国河道生态需水研究发展阶段大致可分为四个阶段：认识阶段、探索阶段、高速发展阶段、理论与实际结合阶段。

1. 认识阶段

国内对于生态用水研究始于 20 世纪的 70 年代末期，大量相关概念被提出。国内对生态用水的研究始于河流生态系统，逐步发展到其他生态用水。沈坩卿强调在生态系统允许的范围内来发展生产；陈星明提出人类的社会、经济活动对自然环境的破坏会引起河道水文状态的改变和水质的变化；方子云提出水利工作者在改造自然时，不仅要有工程观点、经济观点，还要有生态观点，要用新的学科——环境水利学指导开发利用水资源。在这一阶段，研究热点在于探讨河流最小流量问题，主要集中在河流最小流量确定方法的研究方面。

2. 探索阶段

在 20 世纪 80 年代，水资源利用进入综合管理阶段，也标志着我国对生态需水（水量）的研究进入探索阶段。水量与水质得到普遍重视，环境水利学家开始研究探讨水量与环境容量、河流最小流量这些问题。根据实际情况，对 7Q10 法经过修改后，在《制订地方水污染物排放标准的技术原则和方法》（GB/T 3839—1983）中规定"一般河流采用近十年最枯月平均流量或百分之九十保证率最枯月平均流量"。而后，国务院环境保护委员会在《关于防治水污染技术政策的规定》（1986 年）中规定"在流域、区域水资源规划中应充分考虑自然生态条件，除保证工农业生产和人民生活等用水外，还应保证在枯水期为改善水质所需的环境用水。特别是在江河上建造水库时，除应满足防洪、发电、城市供水、灌溉、水产等特定要求外，还应考虑水环境的要求，保证坝下最小流量，维持一定的流态，以改善水质、协调生态和美化环境"。水利部在《江河流域规划环境影响评价》（SL 45—92）行业标准中，正式规定在环境脆弱地区水资源规划中必须考虑生态环境用水。随后，我国在《中华人民共和国水污染防治法》（2017 年）中明确规定"在开发、利用和调节、调度水资源的时候，应当统筹兼顾、维护江河的合理流量和湖泊、水库以及地下水体的合理水位，维护水体的自然净化能力"。方子云[3]提出要把流域作为一个生态系统，把社会发展对水土资源的需要以及开发对生态环境的影响和由此产生的生产（力）后效联系在一起，对流域进行整体的系统的管理和利用。可以承受的水资源开发的原则就是要使开发的工程从长期考虑，不仅效益显著，而且不致引起不能接受的社会和环境的破坏。方子云[4]提出水和水利工程是环境大系统的子系统的思想，研究了满足环境生态的用水要求和保留必要的库容及下泄流量，利用水库调度以改善环境，以及为改善松花江水质，研究了联合调度丰满水库、白山水库库容分配与调度方式。在这一阶段，我国的研究重点主要集中在宏观战略方面的研究。

3. 高速发展阶段

在此阶段，我国对于生态需水的研究得到了高速发展。谢宝平、张会言、侯传河等[5]通过分析西北地区水资源开发利用与保护现状，提出了目前存在的问题，并根据西北地区经济发展对水资源的供需形势进行了分析研究，提出了对西北地区水资源合理利用与有效保护的途径。梁瑞驹、王芳、杨小柳、陈敏建等[6]通过对植被进行生态需水估算，填补了对生态水量的定量估算的空白点。潘启民、任志远、郝国占等[7]对黑河流域生态需水量进行了分析，并用实测蒸腾量法、阿维里扬诺夫公式和潜水蒸腾法（沈立昌公式）计算了黑河流域中游绿洲防护林生态需水量，用阿维里扬诺夫公式和沈立昌公式估算了下游天然荒漠绿洲生态需水量，最终认为改善黑河流域的生态环境问题关键是中游绿洲的内部防风、外围防沙及防止下游额济纳的生态环境退化问题。刘霞、王礼先、张志强等[8]认为生态环境用水研究是我国生态环境建设中亟待解决的重大问题，从概念着手，系统论述生态环境、生态环境建设、生态环境用水的内涵，并对目前存在的一些易混淆概念进行了辨析，介绍了目前研究中有关生态环境用水的计量方法，回顾生态环境用水研究的历史，指出了目前研究中存在的主要问题及研究的重点。王让会、宋郁东、樊自立等[9]根据对地下水、土壤水、植物生长与生态环境状况之间的定量关系研究，界定了合理的生态水位，并应用植被耗水及定额法估算塔河流域、叶尔羌河流域、和田河流域及开都河—孔雀河流域4源流区的生态需水量，在国家实施西部大开发战略的进程中，探讨了塔里木河流域生态可持续的需水理论与模式。张鑫、蔡焕杰等[10]介绍了区域生态需水量与生态系统水资源调控模式研究的最新进展与动态，以及生态需水量研究的背景及若干重要的概念与方法，分析了研究中存在的主要问题，提出了加强区域生态需水量的研究，是实现水资源短缺与生态环境恶化双重胁迫条件下水资源优化配置的重要基础。严登华、何岩、邓伟等[11]认为河流系统的生态需水是指维持河流正常的生态结构和功能所需要的一定水质最小水量，具有明显的时空变化特征。河流系统的生态用水包括河道系统（包括排沙生态用水和水面蒸发生态用水）和洪泛地系统两大系统的生态用水。结果显示东辽河流域河道系统生态需水量占年均径流量的44.43%。洪泛地生态用水量为16.87亿 m³，占全流域年均降水量的28.02%。必须采取有效措施进行河流水资源开发的有效调控。丰华丽、王超、李剑超等[12]运用河流廊道原理，提出了生态需水量计算公式，并以额济纳地区为例，分析研究了该地区不同景观的生态需水量，结果表明，只要保证了四者的生态需水量，即可保证现状河流廊道的基本功能。但从长远来考虑，河道的流量要确保抗性最小面积对生态需水量的要求。刘昌明[13]从人与水的关系出发，对中国水资源问题：①以可持续发展为目标的水资源开发利用；②水资源系统的脆弱性；③重新进行水资源评价；④缺水内涵的探讨；⑤生态需水的重要性及其定量评价；⑥可再生性水资源计算的重要性；⑦确立国家水资源的地区性再分配和调节；⑧水资源供需的相互制约关系——以供定用；⑨需水量零增长和污水零排放是资源与经济协调发展的必然；⑩21世纪的水文水资源研究的基础方面——水循环10个方面进行了讨论。石伟、王光谦等[14]通过分析黄河下游1958—2000年实测生态可用水，探讨生态需水量内涵，根据黄河特殊性及黄河生态需水量的研究现状，将维持和保护河流功能的黄河下游生态需水量分为汛期输运水量和非汛期生态基流量，在平滩流量输运能力最强的前提下，估算黄河下游汛期输运水量为80亿～120亿m³，根据实测资料估算作为黄河下游水量控制断面花园口水文站和作为河口地区水量控制断面利津水文站的非汛期生态基分别为80亿～100亿m³和50亿～60亿m³。倪晋仁、金玲、赵业安等[15]根据河流生态环境需水量的概念，针对黄河河流系统的主要功能目标，利用1950年以来的观测资料，分析了黄河下游河流各类最小生态环境需水量，结果表明黄河下游汛期最小生态环境需水量主要由输沙用水的需求决定，由于黄河下游汛期占全年的大部分来沙量，因而在汛期需水量应该首先满足输沙功能的最低要求。在非汛期，高村、艾山、利津三部对应的各种功能所需临界流量也以输沙需水量为最大，但因该阶段各个河段输沙效率较低，可以优先考虑河流污染防治功能与河流生态功能，取其所需临界流量中较大的一个作为河流生态环境需水量。乔光建、高守忠、赵永旗等[16]从维持河流的合理流量、地下水的合理水位和城市环境需水并维护水体的使用功能的角度出发，通过分析计算，确定邢台市保持生态环境不受破坏最小生态环境需水量，为今后保护生态环境提供参考依据。张新海、杨立彬、王煜等[17]通过对西北内陆河地区生态环境现状进行调查分析，初步提出了未来10～20年内，西北地区各省区生态环境保护的重点和目标，并计算出西北地区现状、2010年、2020年靠径流维持的天然生态环境需水量分别240.0亿m³、246.34亿m³和246.36亿m³。郑冬燕、夏军、黄友波等[18]重点探讨了干旱地区生态环境建设中生态需水量估算问题，通过阐述生态需水的概念，提出了生态需水量估算的方法，并以流域为单元，分河道内和河道外分别采用遥感及地理信息系统方法结合水文循环中水量平衡原理估算生态需水量，并对目前生态需水研究中的若干热点问题进行了讨论。刘静玲、杨志峰等[19]总结了计算湖泊最小生态环境需水量的方法有水量平衡法、换水周期法、最小水位法、功能法，研究结果表明对于受损严重的湖泊，功能法无论从理论基础、计算原则和计算步骤方面，还是从需水量的分类和组成方面，都比较准确地反映了湖泊生态系统的健康现状和湖泊生态系统需水量之间的相互关系，可以为防止湖泊生态系统日益恶化的趋势和生态恢复提供技术支持，针对不同类型湖泊、生态环境特性和生态系统管理目标可以选择不同的计算方法，在确定了湖泊最小生态环境需水量和生态环境建设实施方案后，北方地区湖泊生态系统将进入科学管理和生态恢复阶段。王玉敏、周孝德等[20]对生态需水量研究进行了综述，阐明了生态需水量研究的意义，并对生态需水量研究的国内外现状进行了综合评述，在此基础上，指出今后生态需水量的研究方向。丰华丽、王超、李剑超等[21]回顾了20世纪80年代以来，国内外在流域生态用水方面的研究进展，在国外从通过某一生物来确定最小河流流量，到考虑生态系统可接受的流量变化，取得了一定的研究成果，在国内对生态需水的研究提出了基本的框架，但由于对水生生态环境系统的生化特性、物种关系、食物链、河流和洪泛平原的相互关系等缺乏足够的认识，据此判断我国相关研究还处于初级阶段。彭虹、郭生练、倪雅茜等[22]本文依据汉江中下游生态环境问题的特殊性提出并计算了维持汉江中下游一定生物多样性所需的生态环境的最小需水量，同时也分别计算了维持河道生物生存的最小生态环境需水量和保证河流一定功能所能承载的污染物的最小水量。张远、杨志峰等[23]从树木生长强度与土壤水分含量、蒸散量的相互关系出发，提出了林地生态需水量的等级标准和计算方法，并以黄淮海地区为例，采用 GIS 技术对该地区林地生态需水量进行了估算，分析了该地区林地在现状用水状况下的生态缺水量，结果表明，该地区林地年生态需水量约 $2.56 \times 10^{10} \sim 4.58 \times 10^{10}$ m³，在满足最小生态需水量要求下林地缺水量约为 2.8×10^{9} m³，在满足适宜性生态需水要求下林地缺水量约为 8.4×10^{9} m³。唐数红[24]通过对新疆平原区荒漠和绿洲两种生态系统的分析，特别是对天然绿洲生态系统中人工绿洲水资源利用方式及过程的分析，尝试性提出了干旱区流域规划中不同生态系统的保护方式、生态需水量在规划中的定位和基本生态水量的确定方式，并简述了新疆奎屯河流域规划以生态退水作为恢复干旱区流域生态水量实践实例。朱秉启[25]对克里雅河流域的未来水资源承载能力以及未来水资源进行预测和结果分析，对流域水资源的开发和利用提出两点建议，一方面试探性提出未来水平年流域水资源供需矛盾的解决途径；另一方面建议加强水资源管理，提出一些水资源管理措施。张远对黄河流域的生态环境需水问题进行了研究，研究分两个层次进行，一是从生态环境保护角度出发，从理论上对黄河流域坡高地与河道生态环境需水进行研究，目的是揭示黄河流域生态环境需水的时空分布规律；二是从兼顾生态环境保护与经济发展角度出发，对水资源配置中的黄河流域坡高地和河道生态环境需水进行研究，从而达到理论与实践的结合，为黄河流域水资源合理配置提供科学依据。王让会、卢新民、宋郁东等[26]认为生态需水的主要特点是天然植被蒸散耗水量小，水分有效利用程度高，生态需水可塑性及水质变幅较大等，干旱区生态建设的关键是通过一系列措施保证生态用水。杨志峰、张远等[27]对近年来的河道生态环境需水研究方法（包括水文学法、水力学法、水文-生物分析法、生境模拟法、综合法以及作者参与研究的环境功能设定法等）进行了回顾和分析。文章对这些方法的理论基础、优缺点、适用范围进行了重点研究和评述，并结合我国情况分析了其在国内的应用前景，认为水文学法、生境模拟法、综合法和环境功能设定法相对来说都较适合于我国研究，其中生境模拟法由于实施比较复杂，应用性受到一定的限制。王西琴、张远、刘昌明等[28]针对地表水开发利用过程中存在的主要问题，从理论上对河道生态、环境需水进行探讨，包括：①在分析已有生态及环境需水概念的基础上，界定了生态及环境需水的定义；②对河道生态及环境需水进行了重点分析和论述。首先，回顾了与河道生态及环境需水研究有关的概念。其次，根据河道水量平衡探讨河道生态及环境需水的机理及其组成。再次，根据人类对地表水的影响强度，将水资源开发利用划分为 4 个阶段，论述了每个阶段河流生态系统的特点，并分析了河流流量减少所造成的对整个河流生态系统的影响。最后，给出了河道生态及环境需水的概念，为河道生态及环境需水研究提供了理论基础和依据。拾兵、李希宁等[29]针对河口与近海生物对环境条件变化响应的非线性和不连续性，以及生态系统所具有的多源性、开放性、耗散性和远离平衡态的复杂特征，利用人工神经网络最新技术，建立了河口滨海区生态需水量与健康生态特征指标间的非线性耦合关系的神经网络计算模型，借助 MATLAB 工具箱强大功能和自主开发接口，快速实现输入数据的预处理、网络的训练和仿真。崔保山、赵翔、杨志峰从生态水文学原理出发，对湖泊最小生态需水量的概念进行了探讨，并提出了计算最小生态需水量的 3 种方法：曲线相关法、功能法、最低生态水位法。在最低生态水位法中，其方法有最低年平均水位法和年保证率设定法。一旦湖泊最小生态需水量得以确定，将为水资源管理部门的水资源合理配置和湖泊管理提供综合性、权威性及可操作性决策依据，为退化湖泊生态系统的恢复与重建提供科学基础。周彩霞、饶碧玉等[30]在对流域生态环境需水计算的前提条件进行阐述的基础上，根据生态需水的水文学原理以及生态系统学原理，从8个方面提出了流域生态环境需水的计算方法，以确定整个流域的生态环境需水量，从而合理量化生态需水总量，达到水资源优化配置的目的。李九一、李丽娟、姜德娟等提出了沼泽湿地生态储水量的概念与内涵，界定了其与生态需水量的区别与联系，探讨了两者的计算依据与方法，并以扎龙湿地为实例进行了计算，根据生态储水量与生态需水量，可以确定沼泽湿地生态用水合理规模，实际用水配置中应以湿地系统的自然条件为基础，考虑生态功能需要，根据实际水资源丰枯情况，确定合理的补水规模，保证湿地储水量在时空尺度上合理变化，实现水资源的合理配置。张弛、彭慧、周惠成等[31]分析总结了河道内生态环境需水量的概念及其内涵、确定原则、量化方法的最新研究成果，提出目前河道内生态环境需水量研究中存在的一些问题，同时展望了河道内生态环境需水量研究的发展趋势。梁友[32]在对淮河水系生态系统分析的基础上，综合使用水文指标法和水力学法计算淮河水系重要河段和湖泊的最小及适宜生态水量，并结合多准则水量分配模型，通过平衡社会经济用水与生态需水给出各水平年生态用水的可行量。

4. 理论与实际结合阶段

进入21世纪之后，生态环境需水研究已经成为了我国的热点。傅尧、刘利、段亮等[33]以蒲石河下游河道为研究区域，以蒲石河抽水蓄能电站为例，采用Tennant法、90%保证率最枯月平均流量计算法和10年最枯月平均流量法，计算了蒲石河水电站下游河道的生态需水量，通过分析三种方法的计算结果，结合北方河流年内水量变化较大的特点，确定蒲石河抽水蓄能电站建成后的最小生态需水量为1.74 m^3/s，研究结果不仅可以为蒲石河抽水蓄能电站水资源合理调度和管理提供科学依据，也可以为流域生态的保护与恢复提供理论支持。余艳华[34]从河道内生态环境需水量这一基本概念出发，对河道内生态环境需水量的计算方法进行探讨分析。李丽华、水艳、喻光晔等[35]认为由于各区域或流域的水文、水质、水生态条件不一，选择计算方法时要考虑适用性并适当进行修改。在计算的过程中，要注重基础资料的收集，并可开展物理实验模型，以实地调查和实验相结合，在总结各种经验的基础上提出有针对性的方法来开展典型区域或流域的生态需水计算。胡波，郑艳霞，翟红娟等[36]将河道生态需水总量与河流生态需求流量相结合，提出了生态需水系数-水文参数耦合模型，并选择西南纵向岭谷区2条典型河流的相似断面进行案例应用研究，分别计算了河道内生态需水量和河流生态需求流量，通过对二者的综合分析，可以为水资源管理以及生态保护提供一定的科学支持，多元相关性分析结果表明，提出的河流生态需求流量的模拟结果有很强的相关性。郝金梅[37]对国内外河流生态环境需水量的计算方法进行了分析研究，重点分析了各种方法的优缺点及适用条件，并根据南水北调西线一期工程调水河流近40年的年月径流实测资料，分别采用7Q10改进法、最小月平均流量法、Tennant法计算了雅砻江、大渡河两条河流中五个引水坝址的最小河流生态环境需水量，最小月平均流量法计算的最小河流生态环境需水量比较适用于西线调水河流。苏莞茹、许婉华、高东东等[38]以德阳市范围内的绵远河流域为研究区域，针对水闸修建和污染较为严重的特点，利用蒙大拿法和最枯月平均径流法分别计算河道基础生态需水量，得出稀释污水消耗大量水资源，为了维持水生态健康必须重视污水的处理。李昌文、康玲等[39]综述了河流生态环境需水量的国内外研究进展，从基础理论和计算方法两方面探讨了热点问题，围绕生态水文模型、驱动机制与演变规律、河流生态资产与生态环境需水量的概念关系模型、生态调度模型和生态流量预警等关键技术，提出了河流生态环境需水量的研究模式，对未来的相关研究做了展望。吴秋琴、宋孝玉、秦毅等[40]对再生水为湖池水源可缓解城市水资源紧缺现状，但存在因再生水水质标准低、易发生水体富营养化的问题，计算湖池生态环境需水量，定期对湖池进行补水和换水，以保证湖池生态环境的健康，基于污染物质平衡原理，采用换水周期法，建立兼顾水量和水质生态环境需水计算模型，以西安市沣庆湖为例，估算生态环境需水量。陈蕾、张珏、冯亚耐等[41]以新疆塔什库尔干河齐热哈塔尔水电站为例，探讨利用气象探空资料对最大洪峰流量等水文资料进行差补延长，结合洪峰流量和探空资料分析成果之间较好的相关性，进而推算河道生态流量，为同类水电工程生态下泄流量的计算分析提供借鉴和参考。史向前等[42]以大洋河下游段作为研究区，利用蒙大拿法、7Q10 法、湿周法对比分析确定河道内生态环境需水量，以 2013 年作为现状年，根据修正后的蒙大拿法河流生态需水评价标准，对现阶段水资源开发利用现状对生态环境需水量影响做出健康评价。李雪、彭金涛、童伟等[43]归纳了河流生态流量的计算方法和生态流量的泄放措施，指出了各自的优缺点，并在介绍了国内外生态流量的取值范围的基础上，总结了我国部分水利水电工程的生态流量及下泄方式，最后分析了生态流量的计算方法和下泄措施等方面存在的问题，并进行了探。牛夏、王启优等[44]采用 Tennant 法、近 10 年最枯月实测径流量法、90% 保证率法、月年保证率法分别计算了疏勒河流域的生态基流，对敏感生态需水（包括河流湿地生态需水、湖泊生态需水、重要水生生物生态需水），采用流域典型区进行计算，疏勒河流域生态需水即为其生态基流与敏感生态需水之和，在对上述方法进行比较、分析的基础上，得出的 90% 的保证率法即为疏勒河流域生态基流比较合适的计算方法。李金燕[45]以宁夏中南部干旱区域由北至南的 8 县（区）为研究对象，估算了区域植被潜在蒸散量以及降水消耗性植被的生态需水量，分析了植被潜在蒸散量的时空变化规律和植被生态需水与降水平衡的时空变化规律，进而讨论了降水消耗性植被生态需水与水资源量关系的时空变化规律。马晓真、解宏伟等[46]利用 MODIS 卫星数据，结合三江源地区 25 个气象地面观测站数据，利用地表能量平衡方程求出三江源区域蒸散量，计算了 2010—2014 年三江源区植被生态需水量。任莉丽、李立等[47]对黄旗海湿地生态需水量采用功能法进行了分级计算，得出了黄旗海湿地规划水平年 5 个级别的生态需水阈值，对最终确定黄旗海湿地生态需水量提供依据。刘强、周霄、陈琳等[48]根据 2014 年遥感图像资料，首先使用 Hargreaves 算法计算浑河流域沈抚段区域不同月份的陆地植被蒸发量，其次散点描绘，使用 Origin 软件进行曲线拟合，导出拟合曲线公式，最后植被蒸发量乘以不同类型植被面积，得到植被生态需水量，提出依据拟合曲线规律及公式对区域内植被蒸发量作出预测，得到未来植被生态需水量。许昆[49]基于涑水河的特点，提出了适合于涑水河河道的干旱和半干旱流域需水预测模型，探讨了自适应变尺度粒子群-RBF 神经网络模型在需水预测中的可能性，结果表明涑水河流域需水量与自适应变尺度粒子群-RBF神经网络模型预测结果相当接近。孙栋元、胡想全、金彦兆等[50]以疏勒河流域中游绿洲为研究区，借助统计分析法、遥感和GIS技术方法对2013年疏勒河中游绿洲遥感影像土地利用覆盖变化进行解译与分析，得出各种天然植被覆盖状况数据，利用典型的潜水蒸发模型——阿维里扬诺夫公式对研究区内各县区的天然植被生态需水量进行了估算，并对未来天然植被面积和生态需水量进行了预测，为区域生态环境保护与水资源合理分配提供参考。王俊威[51]在充分调查的基础上，对全省的生态环境需水进行了分析预测，分析表明全省的生态环境需水量不高，但是仍然存在缺口，需要合理开发利用水资源和优化配置水资源，提供分析预测也为水资源的可持续利用和合理配置及生态省建设提供参考依据和借鉴作用。冯夏清、李剑辉等[52]以受流域水资源开发利用影响较大的浑河中下游河段作为河道生态需水量研究的重点区域，采用月保证率法和鱼类生境法计算中下游河道不同等级的生态需水量，通过Tennant法验证了计算成果的合理性，最终确定了浑河中下游河道最小、适宜和理想等级生态需水量，并分析了浑河河道生态需水量的特征。何蒙、吕殿青、李景保等[53]基于1951—2015年长江荆南三口5站实测原型年径流量序列，采用Mann-Kendall等方法检测其径流序列的突变年份，在此基础上，运用GEV概率密度最大流量法计算荆南三口河道内生态需水量，并从多时空尺度视角分析河道内生态需水量的时空差异及其贡献因素。杜懿、麻荣永等[54]针对河道生态需水量的计算问题，以广西澄碧河水库下游河道为例，分别采用了3种不同的水文学计算方法进行了概算，并对传统Tennant法和月保证率法进行了适当改进，针对传统Tennant法的不足，对用水期进行了重新划分，同时引入修正系数对流量百分比进行了重新修正，使其更适用于河道的现实情况，此外对月保证率法的部分缺点也进行了两方面的改进，使其计算结果更加合理可靠。龙凡、梅亚东等[55]基于河流流量过程的年内和年际变化特性，提出了一种计算河道内生态需水量的概率加权FDC（流量历时曲线）方法，该方法基于年均流量系列和逐月月均流量系列的特定频率，将年均流量系列和逐月月均流量系列划分为丰、平、枯组，通过建立年月丰枯遭遇的Copula联合分布函数，求得不同典型年下各月丰平枯的条件概率，将其作为概率权重，得到不同典型年生态需水过程的计算公式，改进了FDC法，计算出了丰、平、枯典型年的年内生态需水过程。康思宇、周林飞、胡艳海等[56]利用3S技术，结合湿地景观破碎度，采用生态学的计算方法，对1995—2014年凌河口湿地生态环境需水量进行了研究。钟艳霞、陈锋、洪涛等[57]以石河子市为例，利用遥感图像对不同生态系统的解译，采用面积定额法和生态系统单位面积当量估算法，对石河子市各种生态系统进行生态需水量计算和生态服务价值估算，并进一步与该市社会经济生产需水量和生产价值进行对比分析。蒙吉军、汪疆玮、王雅等[58]以黑河中游农业绿洲灌区为研究对象，以基础地理信息数据、土地覆被数据和绿洲灌区统计数据等为数据源，基于Penman-Monteith公式和NDVI数据，研究生态需水量的时空分异，在此基础上，结合实际引水量和单产耗水量，分析绿洲灌区水资源配置的效率。马广军[59]为定量分析滹沱河流域（山西段）内植被、河流、湿地、城市各生态系统的生态用水情况，定量评价人口增长、经济发展、水资源短缺和环境污染等因素对流域水环境的综合影响，基于2006—2015年水文、气象、DEM数据，对各生态系统的生态用水进行评估。郭江[60]以天津市城市河湖生态需水量及配置为研究内容，在论述了天津市的基本情况、河流水系、城市供水系统、生态水环境现状的基础上，确定了河流湖库生态需水量的计算方法，计算其生态需水量，并按照河流湖库所在分区，进行生态环境需水配置，制定出一套有效的生态需水量保障方案。刘文静[61]通过 Tennant 法、90％保证率法、近 10 年最枯月流量法和典型年最小月径流量法 4 种方法，计算了赵王新河生态需水量。杨阳、汪中华、王雪莲等[62]采用食物网模型（Ecopath）识别了鱼类关键物种，在此基础上确定生态流速，结合无人机反演河段大断面，采用改进的生态水力半径法（AEHRA）计算生态需水，在生态需水计算结果的基础上采用 River2D 模型模拟河段流量，进而计算河段的生态需水满足率。

4.2　生态需水量计算方法

4.2.1　河道内生态需水量计算

4.2.1.1　河道最小生态需水量计算

河道最小生态流量是从维持河道水域生态系统目标水体生存的临界条件和机理出发，利用地貌临界指标，在对河道控制性水文断面进行形态特性分析的基础上，结合流域水循环条件和河流最小生态需水的内涵，利用断面水文资料，界定断面最小生态流量，并进行合理性分析。

Tennant 在内布拉斯加州等地的调查结果证实，10％的年平均流量为河道生态系统提供了小的栖息地条件。对于大江大河，河道流量 5％～10％仍有一定的河宽、水深和流速，可以满足鱼类回游、生存和旅游、景观的一般要求，是保持绝大多数水生生物短时间生存所必需的瞬时低流量。淮河法拟根据蒙大拿法给出的标准，采用河道内多年平均年径流量的 5％～10％作为保持大多数水生生物短时间生存的小生态流量，称为标准流量。同时考虑生态目标主要是鱼类的小需水空间，用以校正标准流量。另外通过分析近 50 年的河道天然径流过程，利用历史流量资料构建各月流量历时曲线，选取 75％典型偏枯年流量过程推算小生态用水的年内过程。

1. 最小生态标准流量

按平均年径流是否大于 80m³/s 或 20m³/s、而且 C_v 是否大于 1 可将各河段划分为三大类：

（1）高流量稳定型：平均年径流＞80m³/s 及 C_v＜1。

（2）中流量稳定型：20m³/s＜平均年径流＜80m³/s 及 C_v＜1。

（3）低流量不稳定型：平均年径流＜20m³/s 及 C_v＞1。

其中，C_v 表示径流年内分配不均匀系数，计算公式为

$$C_v = \sqrt{\frac{\sum_{i=1}^{12}\left(\frac{K_i}{KK}-1\right)^2}{12}}$$

式中　K_i——各月生态需水占全年生态需水的百分比；

KK——各月平均占全年百分比。

三类河段生态需水的流量和稳定性差别较大，从而导致其涵养的生态系统的结构及其

需水要求具有很大的差异性。对于第一类河段所涵养的生态系统规模大、生物链层次丰富、生物数量多。河道宽大，水量充足且稳定，上下游、左右岸互济的功能较强；而第三类的小支流规模较小，所涵养的生态系统结构也相对简单。这类支流近年来通常处于断流状态，造成了生态系统的急剧衰退。防止断流是这类河段的基本要求。同时由于这类河段的径流年内变化很不均匀，因此应赋予更高的生态水量比例，还需要提高生态用水的保证率。根据三类河段的不同特点就可以因地制宜地分别设定各自的生态需水目标和生态流量标准。

计算中参照《法国环境法典》对三类河段分别采用不同的生态水量分配标准。其中，第一类河段：80m³/s 以内按 10％分配生态流量，80m³/s 以上的部分按 5％分配，同时计算保障鱼类小空间的需水量值作为校核；第二类河段直接取总径流的 10％作为小生态流量，可基本维持底栖动物和浮游动植物生长、繁殖的小空间；第三类河段以不断流作为小生态流量控制目标，为防止生态因断流产生毁灭性的衰退，维护河流连续性。该河段小生态流量的比例与第二类河段相同，但需要提高该流量的保证率，在调度中优先保证。

结合 75％频率（典型偏枯年）下的年内流量过程，利用"同比缩减"法进行年内展布，可得到主要河道断面的小生态流量年内过程。其中对第三类河段不考虑其年内变化过程。规划水平年小生态流量过程采用基准年值。

2. 鱼类最小空间需水量

根据第一类河道的生态需水要求，还需要在蒙大拿法的结果基础上用鱼类的最小空间需水量加以校核。根据对淮河生态系统的调查，在淮河中可以用最大水深 $D_{\max} > 0.6m$ 作为鱼类最小空间需水要求的水力学指标。将计算出的鱼类最小空间需水量与计算出的最小生态标准流量进行比较，若最小生态标准流量大于鱼类最小空间需水量，则表示通过校核。

3. 水质自净需水量

（1）水质自净需水概念。以可持续发展的公平性原则和协调性原则为基础，河流上、中、下游在开发利用水资源时，应以公平的方式，协调地开发、管理流域水资源，以追求整个流域社会经济的最大化，同时使上、中、下游生态系统不受损害。但事实上，上游和中游只从自身利益出发，以牺牲下游生态环境和经济发展为代价，最大限度地开发利用了水资源。结果导致了下游地区一系列的生态环境恶化问题。自净需水就是在这样的前提下提出来的，它是指在下游正常排污的情况下，为了使水质达到一定的标准，下游河道内必须保留的最小水量。为了保证下游的自净需水，需要限制上、中游的用水定额，保证一定比例的下泄流量，也就是说通过河流上、中、下游的内部调节来达到流域的用水平衡。

（2）计算方法。河道水质自净所需流量计算。通过分析水环境保护规划，认为河流系统必须接纳一定量的工业废水和居民生活污水量，而此排污量又大于水域纳污能力时，为了使混合后的水质满足水质标准的要求，需要通过增加河流流量的方法，以增加河流系统对污染物的稀释、自净能力，此时河道水质自净所需流量即水质校核参考值 Q_e 可根据一维水质模型用下式计算：

$$Q_e = W/[C_s - C_0 e^{(-kL/u)}]$$

式中 W——污染源排污控制量，g/s；

C_s——规划河段水质标准，mg/L；

C_0——河段上游来水水质，mg/L；

Q_e——功能区段水质自净所需流量，m^3/s；

u——河段平均设计流速，km/d；

k——污染物衰减系数，1/d；

L——河段长，km。

4.2.1.2　河道适宜生态需水量计算

1. 适宜生态标准流量

适宜生态标准流量是对河流生态系统的结构和生物完整性、稳定性进行分析，对所研究的问题进行简化，在最小生态流量研究的基础上，利用鱼类产卵繁衍所需要的河道水力参数对适宜生态流量进行估算，以渔业管理中的最大持续产量为目标，分析渔获量与径流的关系，推求以鱼类为佐证的河流适宜生态流量。对适宜生态流量进行多角度的研究和分析，给出各控制断面的适宜生态流量，推求相应的河道生态流量。

与最小空间生态需水量的计算相似，首先根据蒙大拿法给出的良好生态标准，计算各断面的适宜生态水量。蒙大拿法认为，20%的年平均径流可为河道生态系统提供较好或适宜的栖息环境。计算时可取河道内多年平均年径流量的 20% 作为各断面适宜生态的标准流量。

同时结合 75% 频率（较枯年）下的年内流量过程，利用"同比缩减"法进行年内展布。对第三类河段则用年内平均径流过程近似代替，可得到主要河道断面的适宜生态流量。规划水平年适宜生态流量过程采用基准年值。

2. 鱼类繁殖需水量

研究表明，河流水流速度是鱼类正常产卵所需的重要环境因子，并影响水中溶解氧等水质参数。在自然条件下，淮河流域的主要鱼种如青、草、鲢、鳙等鱼的性腺在静水环境中可以发育，但成熟产卵却需要江河水流环境和水位上涨等生态条件。根据分析可知，在产卵期使流速达到 $v > 0.3 \sim 0.4 \mathrm{m/s}$ 能满足大部分鱼类产卵所需要的低流速条件，可以基本维持其繁衍以保持水生态系统的稳定性。根据水力半径法进行鱼类产卵流量计算。水力半径法首先确定鱼类产卵洄游期的适宜流速，并根据曼宁公式由河道糙率 n 和河道的水力坡度 J 计算出河道过水断面的生态水力半径 $R_{\text{生态}} = n^{3/2} v_{\text{生态}}^{3/2} J^{-3/4}$。其次结合重要断面的大断面资料，绘制过水断面面积 A 与水力半径 R 的关系曲线，查出生态水力半径 $R_{\text{生态}}$ 对应的过水断面面积，后利用 $Q = \dfrac{1}{n} R_{\text{生态}}^{2/3} A J^{1/2}$ 计算出满足鱼类产卵繁殖要求且河道断面信息的生态流量，进而估算出整个产卵期该控制断面的生态需水量。该方法有两点假设前提：一是假设天然河道的流态属于明渠均匀流；二是流速采用河道过水断面的平均流速，即消除过水断面不同流速分布对于河道湿周的影响。将计算出的鱼类繁殖需水量与算出的适宜生态标准流量进行比较，若适宜生态标准流量大于鱼类繁殖需水量，则表示通过校核。

3. 水质自净需水量

河道水质自净所需流量即水质校核参考值 Q_e 可根据一维水质模型用下式计算：

$$Q_e = W / [C_s - C_0 e^{(-kL/u)}]$$

式中，各参数意义同上。

4.2.1.3 河道高流量脉冲计算

由于缺乏对高流量脉冲的深入研究，淮河法简单按年径流的 50％ 频率给出高流量脉冲推荐值。高流量脉冲的释放取决于当年的降雨和洪水来流情况，由于洪水的高度不确定性，不能事先指定高流量脉冲的起始时间。对于高流量脉冲的持续时间及释放频率与河道塑造及生物群落的相关关系，目前国内外尚未有成型的研究结果，可参照中澳专家在浙江椒江的研究成果推荐一年内释放 5～6 次高流量脉冲，每次不小于 2 天。其中推荐在鱼类产卵期开始时（3 月底 4 月初）专门释放高流量脉冲以配合鱼类的繁殖期，潜在地刺激繁殖和向上游的洄游。

4.2.2 河道外生态需水量计算

4.2.2.1 水土保持生态环境需水

水土保持生态环境需水是指各类水土保持措施的减水量。可见，水土保持生态环境需水与水土保持生态环境用水是相同的。在水土保持措施体系中，拦截的水量主要用于农业用水、农村人畜用水和林地、草地生长用水等。水土保持生态环境需水包括人工造林（乔灌）需水、人工种草需水、淤地坝坝地需水、梯田需水和生态修复（封育）需水。一般生态修复（封育）需水不需计算。

水土保持生态环境需水的计算方法有水保法和水文法两种方法。

水保法，也叫成因分析法。它是根据水土保持试验站对各项水土保持措施减水减沙作用的观测资料，按各项措施分项计算后逐项相加，并考虑流域产沙在河（沟）道运行中的冲淤变化，以及人类活动的新增水土流失数量等来计算水土保持减水减沙的一种方法，该方法是从成因方面分析计算流域的水沙变化。其优点有三个：一是能清楚地了解各项措施在流域水沙变化中的作用；二是能检查分析水文法计算结果是否合理；三是能预测水沙变化的趋势。根据目前研究资料成果，在水保法坡面措施减水减沙计算中，存在两种方法即"以洪算沙法"和"成因分析法"，这两种方法亦可根据洪水和泥沙的相对关系形象地称为串联法和并联法。水文法是利用水文泥沙观测资料分析水土保持减水减沙作用的一种方法。其基本原理是根据对降雨、径流和产沙基本规律分析，建立计算水土保持减水减沙作用的降雨产流产沙模型。目前，产流产沙模型可以分为两类：经验性模型（统计模型）和概念性模型。经验性模型是按照水文统计相关建立治理前流域产流产沙模型，然后将治理后降雨条件代入还原计算相当于治理前的产流产沙量，再与治理后实验水沙量比较，从而求得水土保持措施减水减沙效益，这种方法统称为经验性模型或统计模型；概念性流域产流产沙模型是基于侵蚀力学、水力学、水文学及泥沙运动力学等基本理论，利用多种数学方法，把侵蚀产沙、水沙汇流及泥沙沉积的物理过程经过一定的简化，用数学形式表达出来的因变量与自变量之间的关系。它是随着研究的不断深入而建立的一种流域产流产沙模型。

4.2.2.2 植被生态环境需水

1. 面积定额法

面积定额法也称为直接计算法。以某一区域某一类型植被单位面积上的耗水定额乘以

相应的种植面积算得植被的生态需水量，其计算公式为

$$W = \sum W_t = \sum A_t W_{ft}$$

式中　W_t——植被类型 i 的生态需水量；

A_t——植被类型 i 的面积；

W_{ft}——单位面积植被类型 i 在特定自然条件下的耗水定额。

该方法的计算公式最为简单，是目前常用的方法。适用于基础工作较好的地区与植被类型。用该方法计算植被生态需水量的关键是要确定不同类型植被的耗水定额。但是由于影响植被耗水因子非常多，耗水量很难测定，至今没有统一的公式或模型可以准确的计算分布在各种自然条件下植被的耗水量。

2. 间接计算方法

间接计算方法，是根据潜水蒸发量的计算，来间接计算生态用水。其计算公式如下：

$$W = \sum W_t = \sum A_t W_{gt} K$$

式中　W_t——植被类型 i 的生态需水量；

A_t——植被类型 i 的面积；

W_{gt}——植被类型 i 在所处某一地下水埋深时的潜水蒸发量；

K——植被系数，即在其他条件相同的情况下有植被地段的潜水蒸发量除以无植被地段的潜水蒸发量所得的系数。

这种计算方法主要适合于干旱区植被生存主要依赖于地下水的情况。对于某些地区天然植被生态用水计算，如果以前工作积累较少，模型参数获取困难，可以考虑采用间接计算方法。

3. 彭曼法

通过计算作物潜在腾发量代替作物生态需水量。计算潜在腾发量通常应用能量平衡法，其基本思路是：将作物腾发量看作能量消耗的过程通过，平衡计算求出腾发所消耗的能量，然后再将能量折算为水量。常用的是改进后的彭曼公式。其计算公式为

$$ET_0 = \frac{\frac{P_0}{P}\frac{\Delta}{\gamma}R_n + E_a}{\frac{P_0}{P}\frac{\Delta}{\gamma} + 1}$$

其中

$$\Delta = \frac{e_a}{273+t}\left(\frac{6473}{273+t} - 3.927\right)$$

$$e_a = 6.1 \times 10^{\frac{7.35t}{235+t}}$$

$$E_a = 0.26(1+cu_2)(e_a - e_d)$$

$$R_n = 0.75R_A\left(a+b\frac{n}{N}\right) - \sigma T_K^A(0.56 - 0.079\sqrt{e_d})\left(0.1 + 0.9\frac{n}{N}\right)$$

$$T_k = 273 + t$$

式中　ET_0——作物潜在腾发量，mm/d；

P_0——海平面平均气压，取 1000hPa；

P——平均实测气压，hPa；

Δ——饱和水汽压曲线上的斜率，随气温而变化；

　　t——平均温度；

　　e_a——饱和水汽压，hPa；

　　γ——温度计常数；

　　E_a——干燥力，mm/d；

　　e_d——实际水气压，即饱和水汽压与温度的乘积，hPa；

　　u_2——地面以上两米高处的风速，当用气象站常规高度的风速时，需乘以 0.72，km/d；

　　R_n——太阳能净辐射，mm/d；

　　R_A——大气顶层太阳能净辐射，mm/d；

　a，b——系数，温带取 $a=0.18$，$b=0.55$；

　　n——实测日照时数，h/d；

　　N——最大可能日照时数；

　σT_K^A——黑体辐射量，mm/d，$\sigma=2.01\times10^{-9}\,\text{mm/dk}$。

实际需水量的计算：

$$ET=K_c \cdot ET_0$$

式中　K_C——植物系数，是植物实际蒸散需求量，该值随植物种类、同一植物所处的生长发育阶段而异，生育初期和末期的 K_c 较小；中期 K_c 较大，接近于或大于 1.0。

　　彭曼法计算，一般是在充分供水、供肥、无病虫害理想条件下获得的作物需水量，即植被的最大需水量。理论上讲并不是维持植物生长不发生凋萎的生态需水量。但是此方法主要是利用能量平衡原理，理论上比较成熟完整，实际上具有很好的操作性。

　　4. 基于遥感和 GIS 技术的生态需水量计算方法

　　该方法基于植被生长需水的区域分异规律，通过遥感手段、GIS（地理信息系统）软件和实测资料相结合计算生态需水量。

　　该法的主要思路是：首先是利用遥感与 GIS 技术进行生态分区。一级生态分区是以区域自然地理的主导分异因素来反映地带性规律。分区界线的确定依据反映地貌的高程等值线和地带性植被分异特征的年降水等值线。二级分区是在一级生态分区的基础上，展示径流和人类作用下的生态景观。三级分区是以土地利用单元反映群落水平的生态景观，利用土地利用图与二级生态分区图叠加分析形成。然后通过生态分区与水资源分区叠加分析确定流域各级生态分区的面积及其需水类型。再进一步分析生态分区与水资源分区的空间对应关系，确定生态耗水的范围和标准（定额），然后以流域为单元进行降水平衡分析和水资源平衡分析，在此基础上计算生态需水量。

4.2.2.3　城镇河湖生态需水

　　此处的河湖指的是城内河流和湖泊，其需水量是指维持城内河流基流和湖泊一定水面面积、满足景观条件及水上航运、保护生物多样性所需的水量。城市河道和湖泊的生态需水量包括水面蒸发需水量、渗漏需水量、基流需水量、污染物稀释净化需水量等。

1. 水面蒸发需水量 W_0

$$W_0 = A_1 E_e$$

式中　W_0——河湖水面蒸发需水量，m^3/a；

　　　A_1——河湖水面面积，hm^2；

　　　E_e——河湖水面蒸发量，mm/a。

2. 河湖渗漏需水量 W_1

河湖渗漏需水量 W_1：当河湖水位高于地下水位时，通过底部渗漏和岸边侧渗将向地下水补水。

$$W_1 = A_1 K$$

式中　W_1——河湖渗漏需水量，m^3/a；

　　　K——经验取值或系数，见表 4.1。

表 4.1　　　　　　　　　　　　经 验 取 值 或 系 数 K

水文地质条件	K/m	水文地质条件	K/m
优良（库床为不透水层）	0～0.5	较差	1.0～2.0
中等	0.5～1.0		

水面蒸发需水量 W_0 和渗漏需水量 W_1 都是河湖耗费的水量，必须通过补水才能保证一定的水面面积、水深和流量。

3. 河道基流需水量 W_R

河道基流需水量指保持河流一定流速和流量所需的水。

$$W_R = A_2 v$$

式中　W_R——河道基流需水量，m^3/a；

　　　A_2——河道平均断面面积，m^2；

　　　v——流速，m/s。

4. 维持湖泊水面需水量 W_L

维持湖泊水面需水量指维持湖体正常存在及发挥功能的蓄水量。

$$W_L = A_1 H$$

式中　W_L——维持湖泊水面需水量，m^3；

　　　H——湖泊平均水深，m。

河道基流及维持湖泊水面需水量可满足景观、旅游、航运、水生生物生存所需的水量。

5. 污染物稀释净化需水量 W_D

由于目前城镇河湖污染严重，大多情况下达不到景观用水的标准，因此，为提高河湖稀释净化污染物的功能，使水质达到用水的最高标准，需人工补充清洁水。将污染物稀释净化需水量计算在内，将显著增大城市生态环境需水量。

$$W_D = W_R - Q$$

$$Q = \frac{C_i Q_i}{C_{oi}}$$

式中　　W_D——污染物稀释净化需水量，m^3/a；

　　　　Q——污染物达标需水量，m^3/a；

　　　　C_{oi}——达到用水水质标准规定的第 i 种污染物浓度，mg/L；

　　　　C_i——实测河流第 i 种污染物浓度，mg/L；

　　　　Q_i——90％保证率最枯月平均流量，m^3/s；

　　$\dfrac{C_i}{C_{oi}}$——污染指数（计算 Q 时，取污染指数最高的污染物进行计算）。

4.2.3　湖泊生态系统的生态需水量

　　广义的湖泊最小生态需水量应该是基于没有或较少人类干扰的自然状态下，维持湖泊生态系统物种多样性和生态完整性所必需的、一定质量的最小水量。此概念是基于生态学角度提出的，适用于人为干扰较少的自然湖泊管理；狭义的湖泊最小生态需水量是针对中国湖泊生态环境现状，从保护淡水资源和恢复湖泊生态环境功能的角度，为保证湖泊生态系统能够持续供给人类生活、生产等方面的淡水资源，而提供一定数量和质量的水给湖泊生态系统自身的最小阈值，以期遏制日益恶化的湖泊生态环境。湖泊最小生态环境需水量是为了在合理开发和高效利用湖泊淡水资源的同时，维持湖泊生态系统不再继续恶化所必需的最小水量。此概念是基于环境科学角度提出的，适用于受损严重的湖泊生态系统恢复与重建。

　　湖泊生态系统与河流生态系统相似，湖泊生态环境需水的功能与作用和河流生态环境需水也相似，都是为了满足水体蒸发渗漏、污染防治、水生生物栖息和生存的需求而必须保证的水。所以湖泊生态环境需水量可以按照功能法进行计算，这种方法从生态环境需水量的功能和作用出发，有较强的理论支持，但是由于受国内对湖泊生态系统研究程度和范围的限制，所以湖泊生态系统的生态环境系列资料十分匮乏，因此，功能法在实际运用中有相当的难度。除功能法外，还有经验法可以用于湖泊生态环境需水量的计算。经验法包括水量平衡法、换水周期法、最小水位法，这几种方法没有从生态环境需水量的机理出发，缺乏必要的理论支持，但是需要的相关生态环境资料较少，操作简单易行。

4.2.3.1　功能法

　　1. 湖泊蒸发渗漏需水量

　　湖泊蒸发需水量是以挺水植物和浮水植物为优势种的湖泊，此项需水量是湖泊水生高等植物蒸发需水量与水面蒸发需水量的和。水生植物不发达的湖泊，此项目需水量只为水面蒸发需水量；湖泊渗漏需水量是研究区的渗漏系数与湖泊面积的积，据此公式计算，是假定地表水与地下水平衡状态，且不考虑地下水过度开采形成的地下漏斗。

　　2. 水生生物栖息地需水量

　　根据生产者、消费者和分解者的优势种生态习性和种群数量，确定水生生物生长、发育和繁殖的需水量。

　　3. 湖泊污染防治需水量

　　根据湖泊水质模型，湖泊水质与湖泊蓄水量、出湖流量和污染物排入量有关，湖泊水体环境容量是湖泊水体的稀释容量、自净容量和迁移容量之和。在现状排放量已知的情况下，满足湖泊稀释自净能力所需要的最小基流量如下：

$$V = \frac{\Delta T [W_C - (C_s - C_0)v]}{(C_s - C_0) + KC_s \Delta T}$$

式中　ΔT——枯水期时段，d，它取决于湖泊水位年内的变化，枯水时间短，水位年内变化大的可取 60～90d，常年稳定则可取 90～150d；

C_0——污染物背景值浓度，mg/L；

C_s——水污染控制目标浓度（水质标准），mg/L；

W_C——污染物现状排放量，t；

V——枯水期湖泊所需最小库容，m³；

K——水体污染物的自然衰减系数，1/d；

v——安全容积期间，从湖泊中排泄的流量，m³。

4. 湖泊防盐化需水量

根据湖泊盐化程度确定盐化指标和数量范围，其与湖泊盐化的面积、水深的乘积即为湖泊防盐化需水量。

4.2.3.2　水量平衡法

根据湖泊水量平衡的原理，有水量平衡公式：

$$V_X + V_B + V_S = V_Z + V_B + V_S + V_q \pm \Delta V$$

式中　V_X——计算时段内的湖面降水量，m³；

V_B——计算时段内入湖地表径流量，m³；

V_S——计算时段内入湖地下径流量，m³；

V_Z——计算时段内湖面蒸发量，m³；

V_q——计算时段内工、农业及生活用水量，m³；

ΔV——计算时段内的生态环境需水量，m³。

值得注意的是西北地区闭流湖水量的消耗主要是湖泊水面的蒸发，湖泊最小生态环境需水量应保证补充湖泊水面蒸发的耗水量。原则上，闭流湖是不可以大量取水用于生活用水、工业用水和农业用水，如果没有回补的水量和严格的管理，湖泊会迅速萎缩和干枯。而在华北地区，由于地下水超采严重，所以必须充分考虑地下径流的出湖水量。所以在利用上述的平衡公式时，要根据湖泊所在区域的特征以及湖泊的特征增减相应项。另外如果研究区域为水资源短缺、人口密集的地区，水资源需求明显大于供给，此时的 ΔV 经常是负值，这时水量平衡法很难用于最小生态环境需水量的计算。

4.2.3.3　换水周期法

换水周期法是根据湖泊换水周期理论推导出来的计算湖泊生态环境需水量的方法，该法的计算公式如下：

$$W_L = W/T$$

其中　　　　　　$T = W/Q_t$ 或 $T = W/W_q$

式中　W_L——湖泊生态环境需水量，m³/d；

W——湖泊多年平均蓄水量，m³；

T——湖泊换水周期，d；

Q_t——湖泊多年平均出湖流量，m^3/s；

W_q——多年平均出湖水量，m^3。

4.2.3.4 最小水位法

最小水位法是根据湖泊生态系统水位和水深来确定湖泊生态环境需水量计算方法，是综合维持湖泊生态系统各组成分和满足湖泊主要生态环境功能的最小水位最大值与水面面积的积，来确定湖泊生态环境需水量。最小水位法计算湖泊生态环境需水量的公式如下：

$$W_{min} = H_{min}S$$

式中　W_{min}——湖泊最小生态环境需水量，m^3；

$\quad\quad H_{min}$——维持湖泊生态系统各组成分和满足湖泊主要生态环境功能的最小水位最大值，m；

$\quad\quad S$——水面面积，m^2。

4.3　生态水量复核成果

4.3.1　永定河监测点生态水量复核

4.3.1.1　最小生态流量基流计算

根据4.2节所述，按平均年径流是否大于80m^3/s或20m^3/s、而且C_v是否大于1，将各河段划分为三大类：

（1）高流量稳定型：平均年径流>80m^3/s及C_v<1。

（2）中流量稳定型：20m^3/s<平均年径流<80m^3/s及C_v<1。

（3）低流量不稳定型：平均年径流<20m^3/s及C_v>1。

表4.2为分类结果：

表4.2　　　　　　　　　　　河段分类结果

站　名	平均年径流值/(m^3/s)	类　别
官厅	40.32	中流量稳定型
三家店	43.44	中流量稳定型

对第一类河段最小标准生态流量以以下方法进行计算：80m^3/s以内按10％分配生态流量，80m^3/s以上的部分按5％分配，同时计算保障鱼类小空间的需水量值作为校核；对第二类河段直接取总径流的10％作为小生态流量，可基本维持底栖动物和浮游动植物生长、繁殖的小空间；第三类河段以不断流作为小生态流量控制目标，为防止生态因断流产生毁灭性的衰退，维护河流连续性，取总径流的10％，但需要提高该流量的保证率，在调度中优先保证。

表4.3为计算结果。

表4.3　　　　　　　　　　河段最小生态流量基流值

站　名	平均年径流值/(m^3/s)	最小生态流量基流值/(m^3/s)
官厅	40.32	4.03
三家店	43.44	4.34

1. 鱼类最小生活空间需水计算

根据调查资料分析，河道中的主要鱼类以四大家鱼为主，取鱼类最小生活空间为0.60m。根据 $Q-h$ 关系定出计算出的流量结果对应的水深，与0.60m相比较，若对应水深大于0.60m，则校核通过。

河段校核结果见表4.4。

表4.4　　　　　　　　　　　　河 段 校 核 结 果

站名	是否需进行鱼类最小生活空间校核	校核是否通过
官厅	否	无须校核
三家店	否	无须校核

2. 水质自净流量计算

永定河山峡段的水质分类目标为Ⅱ类，依照物质守恒定律计算出关键断面的平均污染负荷量，参考《地表水环境质量标准》（GB 3838—2002）规定的水质标准推求关键断面符合目标水质标准的需水量，并取水质项目中最大所需流量作为水质自净所需流量，计算结果见表4.5。在计算时为求河流生态稳定，因此较保守的将低于最低检出限的浓度资料皆以最低检出限计算。

表4.5　　　　　　　　永定河关键断面水质自净流量计算成果　　　　　　单位：m^3/s

水 质 项 目	官 厅	三 家 店
高锰酸盐指数	2.416	0.042
化学需氧量	2.601	0.047
BOD_5	1.165	0.019
氨氮	0.960	0.022
氟	4.753	0.051
总磷	0.960	0.019
总氮	4.689	0.193
水质自净所需流量	4.753	0.193

结合上述结果可得断面的水质自净流量见表4.6。

表4.6　　　　　　　　　　　断面的水质自净流量结果

站名	水质自净流量/(m^3/s)	站名	水质自净流量/(m^3/s)
官厅	4.753	三家店	0.193

3. 河道最小生态流量校核

将经过校核的流量，结合选定的典型年的流量过程，利用"同比缩减"法进行年内展布，可得到主要河道断面的最小生态流量年内过程。其中对第三类河段不考虑其年内变化过程。规划水平年最小生态流量过程采用基准年值。

选取典型年结果见表4.7。

表 4.7　　　　　　　　　　　永定河典型年年内展布　　　　　　　　　　单位：m^3/s

水文站	春季汛期 （3—4 月）	夏季汛期 （7—9 月）	其他时期 （1—2 月，5—6 月，10—12 月）	年径流
官厅	36.00	81.87	26.63	42.00
三家店	31.50	97.43	28.10	46.00

表 4.8 为校核结果及成果表。

表 4.8　　　　　　　　　　　永定河生态流量计算成果　　　　　　　　　　单位：m^3/s

水 文 站	官 厅			三 家 店		
多年平均天然年径流量	40.32			43.44		
河道最小生态流量基流	4.03			4.34		
河道最小生态流量基流	春季汛期	夏季汛期	其他时期	春季汛期	夏季汛期	其他时期
	3.60	8.19	2.66	3.15	9.74	2.81
河道最小生态流量终值	春季汛期	夏季汛期	其他时期	春季汛期	夏季汛期	其他时期
	4.753	8.19	4.753	3.15	9.74	2.81

4. 河道最小生态需水量计算

利用已通过校核的河道最小生态流量进行计算，按照水平年有 365.242199 天来计算，计算公式如下：

$$W_{总} = Q_{最小生态流量终值} T_{时间分布}$$

计算结果见表 4.9。

表 4.9　　　　　　　　　　河 道 生 态 需 水 总 量

站名	生态需水总量/(亿 m^3/a)	站名	生态需水总量/(亿 m^3/a)
官厅	1.77	三家店	1.46

4.3.1.2　河道适宜生态流量计算

1. 河道适宜生态流量基流计算

计算河道适宜生态流量则先根据蒙大拿法给出的良好生态标准，计算各断面的适宜生态水量。计算时取河道内多年平均年径流量的 20% 作为各断面适宜生态的标准流量。

表 4.10 为计算结果。

表 4.10　　　　　　　　　各断面适宜生态流量基流值

站名	平均年径流值/(m^3/s)	适宜生态流量基流值/(m^3/s)
官厅	40.32	8.06
三家店	43.44	8.68

2. 鱼类繁殖需水量计算

将结果用鱼类繁殖需水量进行校核。本书中将四大家鱼作为永定河的主要鱼类。根据分析可知，在产卵期（4—6 月）使流速达到 $v > 0.3 \sim 0.4 m/s$ 能满足大部分鱼类产卵所需要的低流速条件，可以基本维持其繁衍以保持水生态系统的稳定性。根据水力半径法进行计算。水力半径法首先确定鱼类产卵洄游期的适宜流速 $v = 0.4 m/s$，并根据曼宁公式

由河道糙率 n 和河道的水力坡度 J 计算出河道过水断面的生态水力半径，计算公式为 $R_{生态}=n^{3/2}v_{生态}^{3/2}J^{-3/4}$。其次结合永定河流域生态控制断面的大断面资料，绘制过水断面面积 A 与水力半径 R 的关系曲线，查出生态水力半径 $R_{生态}$ 对应的过水断面面积，后利用公式 $Q=\dfrac{1}{n}R_{生态}^{2/3}AJ^{1/2}$ 计算出满足鱼类产卵繁殖要求且河道断面信息的生态流量，进而估算出整个产卵期该控制断面的生态需水量（Q）。该方法有两点假设前提：一是假设天然河道的流态属于明渠均匀流；二是流速采用河道过水断面的平均流速，即消除过水断面不同流速分布对于河道湿周的影响。在产卵洄游期利用鱼类繁殖需水量对适宜生态需水基流进行校核。

各断面计算结果见表 4.11。

表 4.11　　　　　　　　　　　各断面鱼类繁殖流量

站名	鱼类繁殖流量/(m³/s)	站名	鱼类繁殖流量/(m³/s)
官厅	0.51	三家店	6.66

将鱼类繁殖需水量计算结果与蒙大拿法计算结果相比较，若蒙大拿法计算结果大于鱼类繁殖需水量计算结果，则校核通过。

3. 河道自净流量计算

永定河山峡段的水质分类目标为Ⅱ类，依照物质守恒定律计算出关键断面的平均污染负荷量，参考《地表水环境质量标准》（GB 3838—2002）规定的水质标准推求关键断面符合目标水质标准的需水量，并取水质项目中最大所需流量作为水质自净所需流量，计算结果见表 4.12。在计算时为求河流生态稳定，因此较保守的将低于最低检出限的浓度资料皆以最低检出限计算。

表 4.12　　　　　　　　　永定河关键断面水质自净流量计算成果　　　　　　单位：m³/s

水 质 项 目	官　厅	三 家 店
高锰酸盐指数	2.416	0.042
化学需氧量	2.601	0.047
BOD₅	1.165	0.019
氨氮	0.960	0.022
氟	4.753	0.051
总磷	0.960	0.019
总氮	4.689	0.193
水质自净所需流量	4.753	0.193

结合上述结果可得断面的水质自净流量见表 4.13。

4. 河道适宜生态流量校核

结合已通过校核的适宜生态流量值，结合选定的典型年的流量过程，利用"同比缩减"法进行年内展布，可得到主要河道断面的适宜生态流量年内过程。其中对第三类河段不考虑其年内变化过程。规划水平年适宜生态流量过程采用基准年值。

表 4.13　　　　　　　　　　　　　　各断面的水质自净流量

站名	水质自净流量/(m³/s)	站名	水质自净流量/(m³/s)
官厅	4.753	三家店	0.193

选取典型年结果见表 4.14。

表 4.14　　　　　　　　　　　　　永定河典型年年内展布　　　　　　　　　　单位：m³/s

水文站	春季汛期 （3—4 月）	夏季汛期 （7—9 月）	其他时期 （1—2 月，5—6 月，10—12 月）	年径流
官厅	36.00	81.87	26.63	42.00
三家店	31.50	97.43	28.10	46.00

表 4.15 为计算结果。

表 4.15　　　　　　　　　　　　永定河生态流量计算成果　　　　　　　　　　单位：m³/s

水　文　站	官　　厅			三　家　店		
多年平均天然年径流量	40.32			43.44		
河道适宜生态流量基流	8.06			8.69		
河道适宜生态流量基流	春季汛期	夏季汛期	其他时期	春季汛期	夏季汛期	其他时期
	7.20	16.37	5.32	6.30	19.48	5.62
河道适宜生态流量终值	春季汛期	夏季汛期	其他时期	春季汛期	夏季汛期	其他时期
	7.20	16.37	5.32	6.66	19.48	5.62

5. 河道适宜生态需水量计算

利用已通过校核的河道适宜生态流量进行计算，按照水平年有 365.242199 天来计算，计算公式如下：

$$W_{总} = Q_{适宜生态流量终值} T_{时间分布}$$

计算结果见表 4.16。

表 4.16　　　　　　　　　　　　　各断面生态需水总量

站名	生态需水总量/(亿 m³/a)	站名	生态需水总量/(亿 m³/a)
官厅	2.66	三家店	2.93

4.3.1.3　洪水期生态流量计算

1. 高流量脉冲计算

根据文章 4.2.1.3 节提到的方法，按年径流值的 50% 频率给出高流量脉冲推荐值。表 4.17 为高流量脉冲推荐值计算结果。

表 4.17　　　　　　　　　　　　永定河生态流量计算成果　　　　　　　　　　单位：m³/s

水　文　站	官　厅	三　家　店
多年平均天然年径流量	40.32	43.44
高流量脉冲值	36.25	36.96

2. 高流量脉冲释放总量及时间

高流量脉冲的释放一般取决于当年的降雨和洪水来流情况，由于洪水的高度不确定性，不能事先指定高流量脉冲的起始时间。永定河流域高流量脉冲释放过程可以参照中澳专家在浙江椒江的研究成果，推荐一年内释放 5～6 次高流量脉冲，每次不小于 2 天。其中推荐在鱼类产卵期开始时专门释放高流量脉冲以配合鱼类的繁殖期，潜在地刺激繁殖和向上游的洄游。

鱼类产卵是鱼类繁衍和保持群落稳定的关键因素，同时产卵对水量的要求更高。鱼类因不同种类产卵时间有早有迟，有长有短。除鲤鱼每年 2—3 月开始分期分批产卵外，大多数鱼类要待至 4 月清明前后、汛期到来才开始分期分批产卵。考察各主要鱼种的产卵时间，可将永定河流域的鱼类产卵期定为 4—6 月。所以将释放高流量脉冲的时间定为 3 月底至 4 月初。根据计算官厅断面、三家店断面的高流量脉冲需水量分别为 0.313 亿 m^3、0.319 亿 m^3。

4.3.2　永定河生态环境需水量复核

4.3.2.1　基本要求

保障生态环境需水量是恢复河流生态功能、维持河流生态健康、打造河流生态廊道的关键因素。国务院批复的《海河流域综合规划（2012—2030 年）》（国函〔2013〕36 号），从水量、水质和生境三个要素，明确了永定河生态功能定位，山区段应维持良好生境功能，平原段应恢复水体连通和景观环境功能，滨海段维持一定入海水量。本方案以此生态功能定位为基础，按照"流动的河"的目标和"山区节点保障基流、平原河段维持水面、保障一定入海水量"的思路，重新复核生态环境需水量。

《河湖生态环境需水计算规范》（SL/Z 712—2014）明确，河流生态环境需水量是为维持河流生态环境功能而需要保留在河道内的水量。其中，维持河流生态环境功能不丧失所需要的最小水量为基本生态环境需水量，保障河流生态环境功能正常发挥所需要的水量为目标生态环境需水量。

本书依据《河湖生态环境需水计算规范》（SL/Z 712—2014），选取河流上具有代表性的水文控制站、重要水利工程控制断面、省界控制断面、入海河口控制断面作为计算节点，采用 1956—2010 年径流资料，通过多种规定方法计算生态环境需水量并进行分析比较后，结合永定河水文特性及水资源状况，采用 Tennant 法和生态环境功能需水法分别计算山区节点、平原河段基本生态环境需水量和目标生态环境需水量。永定河生态环境需水量控制站选取情况见表 4.18。

表 4.18　　　　　　　　永定河生态环境需水量控制站

序号	河流	控制站	选 取 原 则
1	桑干河	册田水库	干流水文站，重要水利工程，省界断面
2		石匣里	干流水文站，控制桑干河
3	洋河	响水堡	干流水文站，控制洋河
4	永定河	官厅水库	干流水文站，重要水利工程
5		三家店	干流水文站，重要水利工程，山区平原分界点

序号	河流	控制站	选 取 原 则
6	永定新河	屈家店	重要水利工程，永定新河起点
7		防潮闸	重要水利工程，入海断面

4.3.2.2 计算方法

1. Tennant 法

该方法依据历史水文资料建立流量（径流量）与河流生态环境状况之间的关系，通过设定不同生态环境状况等级，利用历史水文资料确定年内不同时段的生态环境需水量。河道内不同生态环境状况与流量对应情况见表 4.19。

表 4.19 河道内不同生态环境状况与流量对应情况表 %

不同流量百分比对应河道内生态环境状况等级	占同时段多年平均天然流量百分比（年内较枯时段）	占同时段多年平均天然流量百分比（年内较丰时段）	不同流量百分比对应河道内生态环境状况等级	占同时段多年平均天然流量百分比（年内较枯时段）	占同时段多年平均天然流量百分比（年内较丰时段）
最大	200	200	好	20	40
最佳	60～100	60～100	中	10	30
极好	40	60	差	10	10
非常好	30	50	极差	0～10	0～10

永定河流域 6—9 月降水量占全年的 70%～80%，为年内丰水时段，10 月至次年 5 月为年内枯水时段。选取丰水时段多年平均天然径流量的 20%、枯水时段多年平均天然径流量的 10% 作为基本生态环境需水量；选取丰水时段多年平均天然径流量的 50%、枯水时段多年平均天然径流量的 30% 作为目标生态环境需水量。

2. 生态环境功能需水法

该方法根据河流保护目标所对应的生态环境功能，分别计算发挥水体连通、自净、输沙、栖息地保护等功能所需要的水量，取外包值作为河流生态环境需水量。

永定河三家店以下常年干涸，已丧失自然河流特性，永定新河作为人工开挖河流，自屈家店节点以下缺乏水文资料。按照永定河综合治理与生态修复总体目标，并参考北京市永定河生态修复实践，按照溪流贯穿与河道湿地相间的理念，将水体连通功能和自净功能作为永定河主要生态环境功能。其中，维持水体连通功能主要考虑河流溪流及河道内湿地水面的蒸发渗漏损失量和入海水量，实现自净功能主要考虑维持水体水质要求所需要的水量。

（1）蒸发渗漏损失量。根据水量平衡原理，当水面蒸发量大于降水时，蒸发量为水面蒸发与降水量的差值。计算公式为

$$W_{蒸发} = A(E - P)$$

式中 $W_{蒸发}$——水面蒸发量，m^3/a；

　　　A——水面面积，m^2；

　　　E——蒸发系数，m/a；

P——降水量，m/a。

依据永定河气象成果资料，蒸发系数为 1.46m/a，降水量为 0.54m/a。

渗漏量公式为

$$W_{渗漏}=AK$$

式中　$W_{渗漏}$——水面渗漏需水量，m^3/a；

　　　　A——水面面积，m^2；

　　　　K——渗漏系数，m/a，依据永定河水文地质成果资料，渗漏按局部控制渗漏数
为 7.3m/a。

（2）自净水量。为满足永定河北京段景观水体水质要求，参照已有成果，4月中旬至 10月中旬期间河道水体最低流速须不低于 0.12m/s。计算公式为

$$Q_{景观水质}=1555.2vA$$

式中　$Q_{景观水质}$——维持景观水体水质的需水量，万 m^3；

　　　　v——最低流速，m/s；

　　　　A——典型河道断面面积，m^2，参照北京市研究成果，典型断面面积
为 $13.7m^2$。

依据《海河流域水功能区划》，永定新河屈家店—防潮闸段为永定新河天津开发利用区，采用《海河流域重要江河湖泊纳污能力》成果，以纳污能力计算设计水量作为自净需水量。

（3）入海水量。采用 1956—2010 年实际入海水量，扣除为 0 的年份，选取 95% 频率对应的入海水量作为基本生态环境需水量的入海水量，选取 90% 频率对应的入海水量作为目标生态环境需水量的入海水量。

4.3.2.3　生态环境需水量

1. 山区段

山区段（桑干河、洋河、永定河官厅水库—三家店）以保障河道基流为主要目标，采用 Tennant 法计算桑干河册田水库、石匣里，洋河响水堡，永定河官厅水库、三家店控制站生态环境需水量。

经计算，基本生态环境需水量桑干河册田水库控制站维持 2.5m³/s 生态基流、石匣里控制站维持 4.0m³/s 生态基流、洋河响水堡控制站维持 2.8m³/s 生态基流、永定河三家店控制站维持 8.1m³/s 生态基流。Tennant 法生态环境需水量成果见表 4.20。

表 4.20　　　　　　　　Tennant 法生态环境需水量成果表　　　　　　　　单位：亿 m³

河流	控制站	基本生态环境需水量			目标生态环境需水量		
		丰水时段	枯水时段	全年	丰水时段	枯水时段	全年
桑干河	册田水库	0.51	0.28	0.79	1.25	0.85	2.10
	石匣里	0.92	0.41	1.33	1.66	1.22	2.88
洋河	响水堡	0.65	0.24	0.89	1.23	0.74	1.97
永定河	官厅水库	1.75	0.69	2.44	3.30	2.09	5.39
	三家店	1.86	0.74	2.60	3.52	2.22	5.74

2. 平原段

平原段（永定河三家店—屈家店）以保障一定河道内生态水面为主要目标，采用生态环境功能需水法，计算维持贯穿溪流及河道内湿地水面的生态环境需水量。平原段生态功能法基本生态环境需水量和目标生态环境需水量成果分别见表4.21、表4.22。

表 4.21　　　　　　　　　平原段生态功能法基本生态环境需水量成果表

河 段	恢 复 情 景				水体连通功能			自净功能
	河长/km	水面宽度/m	河道内湿地面积/万 m²	合计水面面积/万 m²	蒸发量/亿 m³	渗漏量/亿 m³	合计/亿 m³	需水量/亿 m³
三家店—梁各庄	79	30	399	633	0.08	0.46	0.54	0.26
梁各庄—屈家店	67	10	—	67	0.01	0.12	0.13	—
合计	—	—	—	700	0.09	0.58	0.67	0.26

表 4.22　　　　　　　　　平原段生态功能法目标生态环境需水量成果

河 段	恢 复 情 景				水体连通功能			自净功能
	河长/km	水面宽度/m	河道内湿地面积/万 m²	合计水面面积/万 m²	蒸发量/亿 m³	渗漏量/亿 m³	合计/亿 m³	需水量/亿 m³
三家店—梁各庄	79	50	1230	1620	0.21	1.18	1.39	0.50
梁各庄—屈家店	67	30	—	201	0.02	0.37	0.39	—
合计	—	—	—	1821	0.23	1.55	1.78	0.50

基本生态环境需水量，维持贯穿溪流和门城湖、莲石湖、园博湖、晓月湖及宛平湖"五湖一线"河道内湿地总水面面积 700 万 m² 的蒸发渗漏量 0.67 亿 m³，自净需水量 0.26 亿 m³；目标生态环境需水量，维持贯穿溪流和已有及新建麻峪、南大荒等河道内湿地总水面面积 1821 万 m² 的蒸发渗漏量 1.78 亿 m³，自净需水量 0.50 亿 m³。

3. 滨海段

滨海段（屈家店—防潮闸）以维持一定槽蓄水面及保障一定入海水量为主要目标，采用生态环境功能需水法，计算以维持河道水面及入海水量的生态环境需水量。

基本生态环境需水量，维持 930 万 m² 槽蓄水面的蒸发渗漏量 0.22 亿 m³、自净需水量 0.11 亿 m³ 及入海水量 1.10 亿 m³；目标生态环境需水量，维持 1550 万 m² 槽蓄水面蒸发渗漏量 0.80 亿 m³、自净需水量 0.40 亿 m³ 及入海水量 1.30 亿 m³。滨海段生态功能法基本生态环境需水量和目标生态环境需水量成果分别见表4.23、表4.24。

表 4.23　　　　　　　　　滨海段生态功能法基本生态环境需水量成果表

河 段	恢 复 情 景				水体连通功能				自净功能
	河长/km	水面宽度/m	河道内湿地面积/万 m²	合计水面面积/万 m²	蒸发量/亿 m³	渗漏量/亿 m³	入海量/亿 m³	合计/亿 m³	需水量/亿 m³
屈家店—防潮闸	62	150	—	930	0.11	0.11	1.1	1.32	0.11

表 4.24 滨海段生态功能法目标生态环境需水量成果表

河 段	恢 复 情 景				水体连通功能				自净功能
	河长 /km	水面宽度 /m	河道内湿地面积 /万 m²	合计水面面积 /万 m²	蒸发量 /亿 m³	渗漏量 /亿 m³	入海量 /亿 m³	合计 /亿 m³	需水量 /亿 m³
屈家店—防潮闸	62	250	—	1550	0.26	0.54	1.30	2.10	0.40

4. 河系生态环境需水量

按照节点计算、水系整合的原则，从下游到上游、先干流后支流，分析选取各控制站外包值作为河流生态环境需水量。结果表明，永定河三家店控制站基本生态环境需水量2.60亿 m³，占多年平均天然径流量的18.0%，作为各控制站的外包值，可同时满足山区、平原及入海水量要求；目标生态环境需水量为5.74亿 m³，占多年平均天然径流量的39.8%。永定河水系生态环境需水量成果见表4.25。

表 4.25 永定河水系生态环境需水量 亿 m³

河流	范 围	控制站	基本生态环境需水量	目标生态环境需水量	计算方法
桑干河	东榆林—册田水库	册田水库	0.79	2.10	Tennant 法
	册田水库—朱官屯	石匣里	1.33	2.88	
洋河	友谊水库—朱官屯	响水堡	0.89	1.97	
永定河	朱官屯—屈家店	官厅水库	2.44	5.39	
		三家店	2.60	5.74	
永定新河	屈家店—防潮闸	屈家店	1.43	2.50	功能需水法
		防潮闸	1.10（入海）	1.30（入海）	
永定河生态环境需水量			2.60	5.74	外包值

第 5 章

面向生态的多水源水资源配置

5.1　水资源配置研究进展

5.1.1　水资源配置的含义

水资源配置过程就是人类对水资源及其环境进行重新分配和布局的过程。水资源的不可替代性、稀缺性、时空分布不均衡性以及日益激烈的用水竞争性，决定必须在其天然配置格局基础上，采取各种工程措施与非工程措施进行重新分配和布局，使其利用更加合理。"要通过水资源的优化配置，提高水资源的利用效率，实现水资源可持续利用，是这个世纪我国水利工作的首要任务。"

水资源的合理配置不仅与水资源系统有关，而且与社会经济系统的运行、生态环境系统的变化以及经济社会的可持续发展思想、科学技术水平的高低等诸多因素有关。考虑问题的角度不同，对水资源合理配置涵义的理解就会有所不同。下面列举目前国内关于水资源合理配置涵义的几种有代表性的解释。

（1）水资源合理配置就是在一个特定的流域或区域内，以有效、公平和可持续为原则，对有限的、不同形式的水资源，通过工程措施与非工程措施在用水户之间进行的科学分配。

（2）水资源合理配置的任务是根据特定地域水资源生态系统的自然和社会状况，采用科学技术方法和合理的管理体制对水资源开发利用和水患防治系统进行改造、规划、设计、组合和布局的安排和管理，以期达到可持续发展的要求和水资源持续利用的目的。

（3）水资源合理配置是指在流域或特定的区域范围内，通过工程措施与非工程措施，对多种可利用的水源进行合理的开发和配置，在各用水部门间进行调配，协调生活、生产和生态用水，达到抑制需求、保障供给、协调供需矛盾和有效保护生态环境的目的。

（4）依据可持续发展的需要，通过工程措施与非工程措施，调节水资源的天然时空分布。开源与节流并重，开发利用与保护治理并举，兼顾当前利益与长远利益，处理好经济发展、生态保护、环境治理和资源开发的关系。利用系统方法、决策理论和计算机技术，统一调配地表水、地下水、处理达标后可再利用的污水、外调水以及微咸水。注重兴利与除弊相结合，协调好各地区及各用水部门间的利益矛盾，尽可能地提高区域整体的用水效率和效益，促进水资源的可持续利用和区域的可持续发展。

综合以上几种对水资源合理配置涵义的不同解释，可以总结出关于水资源合理配置涵义的几个关键词。一是配置范围"流域或特定的区域范围内"，二是配置原则"有效、公平和可持续"，三是配置主体"不同形式的水资源""多种可利用的水源"，四是配置客体"不同的用水户""生活、生产和生态用水"，五是配置措施"工程措施和非工程措施""采用科学技术方法和合理的管理体制"，六是配置目的"尽可能地提高区域整体的用水效率和效益，促进水资源的可持续利用和区域的可持续发展""达到抑制需求、保障供给、协调供需矛盾和有效保护生态环境的目的"。因此，《全国水资源综合规划技术大纲》对水资源合理配置的定义是水资源合理配置是指在流域或特定的区域范围内，遵循高效、公平和可持续的原则，通过各种工程措施与非工程措施，考虑市场经济的规律和资源配置准则，通过合理抑制需求、有效增加供水、积极保护生态环境等手段和措施，对多种可利用的水源在区域间和各用水部门间进行的调配。

需要注意的是，在进行水资源的配置时，应将水资源循环系统与人工用水的供、用、耗、排水过程相适应并互相联系为一个有机整体，通过对区域之间、用水目标之间、用水部门之间进行水量和水环境容量的合理调配，实现水资源开发利用、经济社会发展与生态环境保护的协调，促进水资源的高效利用，提高水资源的承载能力，缓解水资源供需矛盾，遏制生态环境恶化的趋势，支持经济社会的可持续发展。

5.1.2　国外水资源配置研究进展

国外对水资源合理配置的相关研究起步较早，大致分为水资源合理配置起步阶段、迅速发展阶段和逐步完善阶段，共三个阶段。

5.1.2.1　起步阶段

20 世纪 20 年代—40 年代末是水资源合理配置起步阶段。1922 年，美国的科罗拉多（Colorado）河流域内的 7 个州签订了第一份水资源分配协议，以流域径流量控制站立佛里为界，将科罗拉多河流域分为上下两个区，并以该站年径流量为基准进行水量分配。20 世纪 40 年代，Masse 提出水库优化调度问题。1950 年，美国总统水资源政策委员会的报告综述了水资源开发、利用等问题，为水资源量调查研究工作奠定了基础。

5.1.2.2　迅速发展阶段

20 世纪 50—80 年代末是水资源合理配置迅速发展阶段。20 世纪 50 年代以后，随着计算机的发展，以模拟技术、线性规划、非线性规划和动态规划方法为基础的水资源系统分析得以迅速发展和广泛应用。在这一阶段，水资源合理配置得到了快速发展。美国陆军工程师兵团为了解决密苏里河流域一座水库的运行调度问题设计了密苏里河流域水库调度水资源模拟模型。UNESCO 成立了国际水文十年（IHD）（1965—1974 年）机构，对水量平衡、洪涝灾旱、地下水、人类活动对水循环的影响，特别是农业灌溉和都市化对水资源的影响等方面进行了大量的研究。L. Becker 和 W. W - G. Yeh 进行了水资源多目标问题研究。Y. Y. Hamies 应用多层次管理技术进行地表水库、地下含水层的水资源量联合调度研究。联合国成立的国际水文规划委员会（IHP）突出与水资源综合利用、水资源保护等有关的生态、经济和社会各方面的研究，并强调水文学与水资源规划和管理的联系，力求有助于解决世界水资源配置方面的问题。美国完成全国第二次水资源评价工作，着重分析可供水量及用水要求，对河道内用水现状进行了分析，并展望未来用水，同时又专门研究一些关键性的问题如地表水供水不足、地下水超采、水源污染、饮用水质量、洪涝灾害、侵蚀和泥沙、清淤和清淤物的堆置、排水和洼地、河口沿岸水质，并对这些重要问题提出可能解决的途径。美国麻省理工学院（MIT）采用模拟优化技术完成了阿根廷科罗拉多河流域的水资源开发规划。进入 20 世纪 80 年代后期，随着水资源研究中新技术的不断出现和水资源量与质统一管理理论研究的不断深入，水资源量与质统一管理方法的研究也有了较大发展。尤其是决策支持技术、模拟优化的模型技术和资源价值的定量方法等的应用使得水资源量与质管理方法的研究产生了更大的活力。D. P. Loucks 和 D. A. Haith 在其专著《水资源系统规划与分析》中着重阐述了如何运用系统分析方法指导水资源工程规划、设计和运行管理。D. Pearson 和 P. D. Walsh[63] 利用多个水库的控制曲线，以产值最大为目标，输水能力和预测的需求值作为约束条件，用二次规划方法对区域用水量优化分配问题进行研究。荷兰学者 E. Romijn 和 M. Taminga 建立了水资源量分配多目标多层次模型。D. P. Sheer 经过长时间努力，利用优化和模拟相结合技术，建立了华盛顿特区城市配水系统。N. Buras 在其所著的《水资源科学分配》中系统地研究了水资源分配理论和方法。日本完成了水资源开发、利用和现状评价包括对天然水资源的估算、用水要求、水资源的开发利用，以及水的价格、缺水状况和对策研究。W. W－G. Yeh 全面回顾了 20 世纪 60 年代以来已出现的各种水库运行及管理数学模型，分析了各类模型的特点、适用条件和存在的缺陷。R. Willis 和 W. W－G. Yeh 应用线性规划方法求解了 1 个地表水库与 4 个地下水含水单元构成的地表水、地下水运行管理问题，地下水运动用基本方程的有限差分表达式，目标为供水费用最小或当供水不足情况下缺水损失最小，同时，用 SUMT 法求解了多个水库与地下水含水层的联合管理问题。

5.1.2.3　逐步完善阶段

20 世纪 90 年代至今是水资源合理配置逐步完善阶段。随着可持续发展理论的提出和水质型缺水问题的产生，促使水资源从水量型配置走向水质型配置。J. Afzal 和 D. H. Noble 建立了区域灌溉系统线性规划模型，对不同水质的水量使用问题进行优化，对以色列的一个多水源的区域水系统建立了优化模型，并且解决了短时间段水资源供给系统中的许多问题。R. A. Fleming 和 R. M. Adams 建立了地下水水质水量管理模型。W. J. Watkins 和 M. K. David 将污水处理费用纳入地表水、地下水水资源联合调度模型。H. S. Wong 提出支持地表水、地下水联合运用的多目标多阶段优化管理的原理和方法，在需水预测中考虑了当地地表水、地下水、外调水等多种水源的联合运用，并考虑了地下水恶化的防治措施，体现了水资源利用和水资源保护之间的关系。Carlos Percia 和 Gideon Oron 以经济效益最大为目标，建立以色列南部 Eilat 地区的污水、地表水、地下水等多种水源的管理模型，模型中考虑了不同用水部门对水质的不同要求。此后，随着优化算法进一步完善，遗传算法、模拟退火算法等进化算法开始在水资源合理配置中得到应用。此外，联合国及其所属组织也在全球范围内对水质问题进行了广泛的理论探讨和深入研究，在《亚太水资源利用与管理手册》《水与可持续发展准则、原理与政策方案》中回顾了亚太地区水资源保护、水质、水生态系统现状，确定了水资源水质水量开发在可持续发展准则中的地位，并提出了水资源利用和管理的战略目标和实施措施。

5.1.3 国内水资源配置研究进展

我国水资源合理配置方面的研究虽起步较晚,但发展很快。20世纪60年代,开始了以水库优化调度为先导的水资源分配研究。20世纪80年代初开始的国家"六五""七五"重点科技攻关项目《华北水资源研究》中,对华北地区水资源总量和"四水"转化规律进行了广泛的研究,提出了结合该地区水资源问题的根本解决措施,形成了水资源合理配置概念。20世纪80年代后期,学术界开始提出水资源配置及承载能力的研究课题,并取得初步成果。作为成果的总结,许新宜、王浩等编著了《华北地区宏观经济水资源规划理论与方法》,谢新民等出版了《宁夏水资源优化配置与可持续利用战略研究》,王浩等出版了《黄淮海流域水资源合理配置》《西北地区水资源合理配置与承载能力研究》。这些研究成果标志着我国水资源合理配置理论和方法体系框架的基本形成。经过多年的研究发展,根据研究问题的特点,区域水资源合理配置范围、对象和规模的不同,分为以下5种类型:灌区水资源合理配置、城市水资源合理配置、区域水资源合理配置、流域水资源合理配置、跨流域水资源配置。

5.1.3.1 灌区水资源合理配置

利用系统理论和方法,以灌区经济效益最大,或供水量总和最大为目标函数,以种植作物面积或各种用水量为决策变量,建立联合调配优化模型。这个领域是许多学者较早涉足的地方,经过十多年的发展,也取得了丰硕的研究成果。1989年,曾赛星、李寿声根据江苏徐州地区欢口灌区的实际情况,建立了一个既考虑灌溉排水、降低地下水位的要求,又考虑多种水资源联合调度、联合管理的非线性规划模型,以确定农作物最优种植模式及各种水源的供水量比例。1992年,唐德善以黄河中游某灌区为例,运用递阶动态规划法,确定水资源量在工业和农业之间的分配比例。1995年,贺北方、黄振平等分别对多库多目标最优控制运用的模型与方法、灌区渠系优化配水进行了研究。1999年,向丽等对大型灌区水资源合理分配模型进行了研究。同年,邱林建立了河南省宁陵县三层递阶大系统优化配水模型,将该县水资源在各子区各作物间进行最优化分配。马斌等也于2001年进行了多水源引水灌区水资源调配模型及应用的研究。2004年,黄牧涛等以云南曲靖灌区为例,采用大系统分解协调技术对大型灌区水库群系统水资源优化配置问题进行了分析和研究,构建了水资源系统两级递阶分解协调模型,并给出了模型优化决策算法的程序框图。2006年,黄义德等进行了淠史杭灌区实时水资源供需状况的模拟运行及运行方式变化对灌区水资源整体供需关系的改变的研究。

5.1.3.2 城市水资源合理配置

城市水资源合理配置是指针对某一个具体城市,建立多水源、多目标优化模型。具体研究有:1997年,卢华友等以义乌市水资源系统为对象,建立大系统分解协调模型,提出了递阶模拟择优的方法。1999年,黄强等以西安市市区供水水源优化调度为例,建立了多水源联合调度的多水源模型,提出了多目标模型求解的思路和方法。2000年,辛玉琛等应用现代系统分析理论,建立了长春市多水源联合供水的优化管理模型。2000年,吴险峰等探讨了北方缺水城市枣庄在水库、地下水、回用水、外调水等复杂水源条件下的优化供水模型,在结合考虑社会-经济-生态综合效益的基础上,建立了水资源合理配置模型。2003年,岳春芳等针对珠海市水资源开发利用面临的问题和水资源管理中出现的新情况，采用现代的规划技术手段，包括可持续发展理论、系统论和模拟技术、优化技术等，建立了珠海市水资源配置模型。

5.1.3.3 区域水资源合理配置

进入 20 世纪 80 年代中期，随着多目标和大系统优化理论的逐渐成熟，区域水资源合理配置研究成为水资源学科研究的热点之一。1988 年，贺北方提出区域水资源合理分配问题，建立大系统序列优化模型，采用大系统分解协调技术求解。1989 年，吴泽宁等以经济区社会经济效益最大为目标，建立经济区水资源优化分配的大目标多系统模型及其二阶分解协调模型，采用多目标技术求解，并以三门峡为实例进行验证。1995 年，翁文斌等将宏观经济、系统方法与区域水资源规划实践相结合，形成了基于宏观经济的水资源合理配置理论，并在这一理论指导下提出了多层次、多目标、群决策方法，实现了水资源配置与区域经济系统的有机结合，成为水资源合理配置研究思路上的一个新突破。2002 年，龙爱华、徐中民等[64]基于边际效益递减和边际成本递增原理，运用水资源利用的边际效益空间动态优化方法，研究了黑河中游张掖地区调水后启动分水的时序和数量，阐述了净边际效益的求解过程和处理方法，最后分析了优化结果和问题处理，并对边际效益分析方法的应用进行预测分析；同年，中国水利水电科学研究院等单位联合完成的"九五"国家重点科技攻关项目"西北地区水资源合理开发利用与生态环境保护研究"，建立了干旱区生态环境需水量计算方法，提出了与区域发展模式及生态环境保护准则相适用的生态环境需水量，在此基础上，提出了针对西北生态脆弱地区的水资源配置方案。2007 年，孙凡等[65]针对湟水河流域的实际，依据可持续发展思想，从经济调控机制、非传统水源利用机制、节水型社会自律机制、集中控制机制和动态调整机制五个方面提出了水资源配置机制，建立了水资源配置模型。对湟水流域进行的水资源优化配置研究结果表明，配置方案合理，为该地区水资源管理决策提供了参考。2010 年，常达、林德才等[66]为了治理长湖污染，改善水环境，针对流域目前存在的问题，在满足生态环境和农业灌溉等多用户需求的情况下，通过联合运用引水和调整优化调度规则等工程与非工程措施，建立了以长湖为中心的水资源配置模型，并求解模型得到合理配置方案；同年，邓坤等[67]运用多目标规划理论建立了一个考虑当地水、黄河水、长江水等多水源联合供水条件下的南四湖流域水资源优化配置模型，模型以经济和社会的综合效益最大为目标，确定了模型各参数，并调用 MATLAB 优化工具箱中的函数进行编程求解，得到南四湖流域规划水平年（2015 年）的水资源优化配置方案，为该流域水资源规划与管理提供了依据。2011 年，陈昌才等[68]在对流域水资源特征、水资源开发利用现状及供需态势分析的基础上，提出了流域水资源配置原则和优化配置方案。2013 年，王学俭[69]在摸清葫芦河流域内水资源利用及社会经济现状的基础上，针对葫芦河流域及邻近地区国民经济社会的发展，对葫芦河流域及相邻地区国民经济各部门的需水量进行了预测，在保证流域河道内外需水量的前提下，进行了供需平衡分析，提出了葫芦河流域外引水量和水资源配置方案。2014 年，邵玲玲等[70]以漳河流域水资源配置为实例，基于分散优化方法建立流域水资源配置模型，并将配置结果与集中优化配置结果进行对比，表明分散优化配置模式比集中优化配置模式更加符合管理目标。2016 年，陈刚等[71]在流域水问题诊断的基础上，提出了滇池流域多水源联合调度构建流域健康水循环的总体框架。基于滇池流域相关区域的现状水资源开发利用现状调查，结合区域城市发展和产业布局的调整、滇池及其入湖河流生态景观等对水资源需求，采用 MIKE BASIN 作为技术工具，研究了滇池流域多水源水质水量联合调度的水资源配置方案，并提出了相应的水系连通的工程方案。在保障滇池生态修复补水和昆明城市生活生产用水的前提下，通过外调水、本区水、城市再生水的多源水联合调度，构建了滇池流域"清水入湖、中水回用、清污分流"的健康水循环模式。同年，曾祥云等针对水资源配置模型实用性不强等问题，通过构建基于水量水质的联合配置的水资源模拟系统，进行流域/区域水资源合理配置模拟模型研究，并且对模拟模型进行实例验证，模拟结果与实际情况大体相符，可为提高水资源配置方案的合理性和实用性提供参考。2017 年，杨朝晖等[72]以艾丁湖流域为例，探讨并提出面向干旱区湖泊保护的水资源配置思路和方法，包括流域耗水总量控制、入湖总水量控制、用水总量控制、缺水总量控制、地下水取水总量控制等多层次全视角下的水资源配置模型系统及多重循环迭代方法，研究成果拟为面向干旱区湖泊保护的水资源配置方案分析与比选提供计算思路。2019 年，夏依买尔旦·沙特[73]依据塔里木河流域"四源一干"水资源及水利设施现状，对流域面临的用水资源供需矛盾突出、废污水处理及中水回用率较低、河道淤积严重、调蓄能力差问题进行分析探究，并对塔里木河流域水资源配置进行研究，通过加大外调引水量，塔里木河流域水资源供需矛盾得到缓解，基本保障农业增产用水；同年，杨天华从环境、供需平衡与经济社会需求的角度构建多目标水资源优化模型，然后根据用水效益比，确保了流域内各分区用水效益的公平分配，将目标优化问题利用三步法转化为单目标问题，并对运算过程进行简化处理，以大凌河流域为例验证了该方法的适用性与准确性。

5.1.3.4　流域水资源合理配置

流域是由社会经济系统、生态环境系统、水资源系统构成，具有层次结构和整体功能的复合系统。流域水资源合理配置是针对某一特定流域范围内的多种水源合理分配的问题。国内的学者从 20 世纪 90 年代中期开始陆续对我国流域的水资源配置进行研究，取得了可喜的成果。1993 年，宫连英、罗其友等[74]围绕水资源最优利用问题，对黄河流域水资源配置原则，农业水资源在地区之间、作物之间以及作物不同生育阶段之间的合理配置进行了分析、探讨。1994 年，唐德善应用多目标规划思想，建立了黄河流域水资源多目标分析模型，提出了大系统递阶动态规划的求解方法。1996 年，由黄委会勘测规划设计研究院主持的"黄河流域水资源合理分配和优化调度研究"成果中，开发了由数据库、模拟模型、优化模型等组成的决策支持系统，并初步研究了黄河干流多库水量联合调度模型。1996 年，王成丽等针对近年来黄河下游连年缺水、断流等现象，研究了黄河下游水资源量的优化配置问题。2000 年，徐慧等采用动态规划模型求解淮河流域大型水库群的联合优化调度问题，使大型水库群在大范围暴雨洪水期间综合效益达到最优。2000 年，陈晓宏等以大系统分解协调理论作为技术支持，运用逐步宽容约束法及递阶分析法，建立东江流域水资源优化调配的实用模型和方法，并对该流域特枯年水资源量进行优化配置和供需平衡分析。2004 年赵惠等[75]以区域宏观经济发展为出发点，在水资源短缺的情况下，进行流域水资源的优化配置研究，为制定合理的开发利用计划、优化产业结构调整、保证生态平衡及水资源的可持续利用提供了依据。2004 年，王珊琳等[76]以水资源系统工程的理论及方法为出发点，分析国内外水资源配置模拟模型研究现状及存在问题，探讨其基本原理，阐述其系统构成及其各专项模型的原理及求解方法等，同时，对生态环境需水量理论进行研究，提出合理、实用的生态环境需水量计算方法。最后以 MIKE BASIN 水资源规划及管理专业软件为平台，将理论研究的成果具体应用于建立东江流域水资源配置模拟模型。2004 年，王浩等[77]以"模拟、配置、评价、调度"为基本环节，实现流域水资源的基础模拟、宏观规划与日常调度，以及各环节之间的耦合和嵌套，进而通过流域水资源调配管理信息系统的构建，为黑河流域水资源的规划配置和管理调度提供了较为全面的技术支持。目前多项研究成果已经应用于黑河流域水量调度和张掖市节水型社会建设等实践。2005 年，占车生等[78]基于中国西部生态系统综合评估的概念框架，提出了该评估的水问题评估目标和概念框架，并以三工河流域为研究对象，通过对不同年份生态系统服务价值的评估，以人工生态系统和天然生态系统服务功能最大化为原则，确定 1987 年的生态景观状态组合为生态系统保护的最佳生态目标，其后，结合社会经济需水的预测情况，综合分析了当地居民福利变化的情况，并以河流廊道用水和河道外用水平衡、社会经济内部用水平衡以及生态系统和社会经济系统用水平衡为原则，提出了基于人与生态和谐的水资源配置的对策和建议。2005 年，王慧敏等[79]针对传统水资源配置与管理理论和方法的局限性，借鉴和引入复杂适应系统理论，将流域水资源系统看成是由若干个（种）相对独立的自主实体（主体）构成的一个合作共生网络体系，提出基于复杂适应系统理论的流域水资源配置与管理的新理念，及研究框架体系，结合洪汝河流域舞钢的实际，在 SWARM 平台上建立仿真实验系统，提出简化的仿真模型，并用仿真结果验证了理论的合理性。2005 年，姚荣等[80]针对流域水资源区间可分配量计算的困难，建立了基于最大 POME 的模糊模式识别和 AHP 法的流域水资源合理配置模型，并进行了实例研究。2005 年，王雁林等[81]立足于流域社会经济与生态环境协调发展，以实现流域水资源永续利用为目标，分析了陕西省渭河流域面向生态的水资源合理配置与调控模式的内涵，提出了其基本原则。在此基础上，从流域生态环境现状及未来需求出发，探讨了陕西省渭河流域面向生态的流域水资源合理配置与调控模式的基本内容，分析了陕西省渭河流域 2000 年、2010 年、2020 年水资源合理配置与调控方案，并从 4 个方面论述了相应的对策措施。研究成果，不仅丰富了水资源的理论研究，而且可为管理部门提供科学的决策依据。2005 年，任政等[82]基于流域可持续发展思路，提出以经济、社会和环境为目标的水资源配置模型，在模型的求解过程中充分考虑决策集团偏好，给出交互式的模型求解方法。2006 年，张自宽等[83]根据云南滇中水资源系统特点，采用 4 层网络的滇中水资源大系统优化配置结构，建立了以缺水量最小为目标的水资源配置模型。结合水资源系统分区及各区运行调度规则，以洱海流域片区为例，采用常规模拟技术对模型进行求解，得出了洱海片区各计算单元 4 个水平年水资源供需平衡结果及各区的调水方案等水资源配置初步成果，分析了解决缺水的可能途径。2008 年，高盼等[84]根据水资源优化配置的理论与方法，建立了徒骇马颊河流域水资源优化配置系统模型，进行基准年和规划水平年供需平衡分析，并提出了该流域水资源优化配置方案，这将对流域水资源的可持续利用和经济社会的和谐发展具有一定的现实意义。2008 年，熊莹等[85]以汉江流域为典型流域，利用先进的 MIKE BASIN 软件，构建汉江流域水资源配置模型。选取长江流域水资源综合规划 2000 年的水文资料和需水资料，验证模型的合理性，模型的建立为今后汉江流域水资源配置模型打下了良好的基础，随着资料的积累，已建的模型将得到不断的完善。2008 年，李媛媛等[86]将已有的水资源配置模拟模型应用于南水北调中线水源区-汉江流域的水资源配置。将汉江流域水资源系统概化形成网络节点图；根据汉江流域的实际情况，拟定重要水库的供水调度规则；模拟计算流域水资源供需的各个方面，并简要分析南水北调中线取水对丹江口下游的水资源配置的影响，试图为汉江流域水资源的合理高效利用提供一种分析技术手段。2009 年，黄少华等[87]采用面向对象的方法，把流域水资源配置问题当作空间对象和专题对象的一个集合，建立一个概念 GIS 数据结构，将流域水资源配置模型的物理表达和逻辑表达整合到一个可操作的框架中。基于这样一个框架，扩展 GIS 的功能来实现 GIS 和流域水资源配置模型的紧密结合，由此流域水资源配置的数据、模型和用户的交互被整合到了 GIS 中，能够很方便灵活地建立模型并进行分析。2009 年，陈文艳等[88]针对流域水资源配置涉及水资源、社会经济及生态环境等诸多影响因素，选用生活、工业、农业与生态四个配水量作为评价指标，提出了基于模糊识别的水资源配置评价方法，并以海河流域为例进行水资源配置方案评价。2009 年，张金堂等[89]以水功能区划和分水协议为基础，综合考虑上下游工农业用水和生态环境用水，探讨了滦河流域水资源配置与合理利用方案，为水资源开发利用提供参考依据。2009 年，井涌等[90]在综合分析流域水资源及其开发利用 5 大特点和一次水资源供需平衡分析的基础上，提出"创建人水和谐、环境友好型流域可持续发展模式"的流域水资源配置总体方案和工程布局，并进行了配置后的合理性评价。2009 年，梁团豪等[91]在现有的水资源配置研究成果基础上，运用运筹学方法和规则模型方法，构建了面向经济耗水与生态耗水总量控制的基于优化技术的水资源配置模型和基于规则的水资源配置模型，结合西辽河流域实际情况，根据水资源"三次平衡"的配置思想，通过不同组合方案的长系列逐月调节计算，提出不同规划水平年水资源配置系列成果，实现了优化模型与规则模型相互校验和印证，使水资源配置结果科学合理和简单实用，为编制西辽河流域水资源综合规划和实施最严格的水资源管理制度提供了重要依据。2010 年，汪世国[92]在广泛阅读国内外有关水资源优化配置等文献的基础上，收集玛河流域各灌区的资料，结合生产需要，针对玛河流域水资源短缺问题，开展了水资源优化配置系统的研究，旨在能够充分利用和管理玛河流域水资源，使其在现有的水工程条件下发挥更大的综合效益。2010 年，冯艳等[93]在调查蔚汾河流域不同水质水源基础上，研究了决策变量的约束条件，采用生活、农业、工业/建筑业、第三产业和生态环境多目标优化方法，结合决策者不同偏好，得出了几种不同的配置方案，通过调用 MATLAB 优化工具箱中的 fgoal - attain 函数对该模型进行求解，得到几种不同的水资源优化配置方案，符合汾河流域可持续发展的规律，能使该流域内环境、社会与经济协调发展。2011 年，张新海等[94]经过综合分析黄河水资源配置原则，考虑协调区域发展与河流健康，协调好生活、生产、生态用水的关系，提出了南水北调东、中线工程生效前后和南水北调西线一期工程生效后黄河流域的水资源配置方案。2012 年，张运超等[95]为探讨干旱区流域内水资源合理配置，以干旱区阿克苏河流域为例，结合流域自身特点，利用改进的 Tennant 法计算各河流各月生态基流，将灌溉需求点与生态基流需求点同等地位考虑，通过 WEAP 模型构建流域水资源配置模型，并设置不同水文情景模拟分析现状基准年各月满足度情况。2013 年，张楠等[96]为模拟淮河流域主要水工程运行情况及水资源供需保证程度，基于"多水源-多用户"的水资源配置方案，采用了一种水工程系统模拟模型，通过编写可视化软件对规划年份和实际运行年份两种工况进行水工程系统联合运行模拟及多个参数的设定，提高了模型的可调节性。2014 年，王炯[97]依据石羊河流域水资源的短缺，综合考虑经济发展与水环境保护，以生活、工业、生态环境和农业用水的经济效益最大和水资源消耗最小为优化目标，建立可持续发展的多目标水资源优化配置线性规划模型。利用 MATLAB 软件对线性多目标规划进行求解。根据计算结果调整决策变量的目标值，获得三种水资源扶持侧重点不同的配置方案。2015 年，李鹏等[98]以松花江流域哈尔滨断面以上区域为样本区，论述利用 MIKE BASIN 模型软件如何搭建流域（区域）水资源配置模型。对模型目标参数选择、模型数据输入条件、模型参数率定、模型数据分析及采用等方面都进行简要论述，并对建模过程中出现的问题进行分析，提出了相应的建议，为今后对模型进行深入研究和模型如何利用能起到积极借鉴作用。2015 年，黄强等[99]在分析流域水资源开发利用现状的基础上，提出了水资源合理配置的思路、原则和供水优先次序；制定了塔里木河流域水资源分配的网络节点图，建立了以缺水量最小为目标的水资源优化配置模型，采用仿真优化算法对模型求解。设置了七种不同配置情景，通过成果分析与比较，推荐了两个规划水平年水资源合理配置方案，推荐方案均达到了保证率的要求，本研究成果可为实现塔里木河流域水资源总量控制、合理配置提供科技支撑，也可为内陆干旱地区水资源的合理配置提供参考。2015 年，孙甜等[100]通过分析流域社会经济发展的特点及生态环境形势，以定额法为基础对 2020 年流域的生活、生产和生态需水进行了预测，根据系统概化图和配水目标，综合考虑水资源配置中的生态指标、社会指标和经济指标，建立了面向生态的水资源合理配置模型。2016 年，蔡祥[101]通过分析流域水资源合理配置的原则以及模型，根据这些内容对塔里木河流域水资源配置进行分析，并提出相关建议，以期为该地区水资源管理工作提供借鉴。2016 年，胡玉明等[102]针对岷江流域的生态功能，本文采用多准则的层次分析法，构建了社会发展、经济发展和生态保护三维度的评价指标，以流域内行政区域作为分配对象，建立了科学合理的岷江流域水资源量化分配模式。2016 年，曾祥云等[103]针对当前水资源配置模型实用性不强等问题，通过构建基于水量水质的联合配置的水资源模拟系统，进行流域/区域水资源合理配置模拟模型研究，并且对模拟模型进行实例验证，模拟结果与实际情况大体相符，可为提高水资源配置方案的合理性和实用性提供参考。2016 年，于淑程[104]针对辽河流域水资源开发中遇到国民经济产业结构不合理、地下水开采率高、水资源利用效率低和生态供水保障率低等问题，在辽河流域水资源的供需分析的基础上，提出辽河流域水资源的配置必须实行严格的水资源管理制度、社会经济预测与水资源供需互相反馈等方式进行。2017 年，杨明杰等[105]以新疆玛纳斯河流域为研究对象，以水资源供需缺水量最小为优化目标，在分析耗散结构、协同学、有序原理和临界控制论的基础上，应用多维临界调控模型对玛纳斯河流域水资源系统进行行业间优化调控。2017 年，卢梦雅等[106]以水量平衡作为指导，以流域水资源综合规划为主要依据，以合理利用水资源为前提，将流域水利工程作为基础，水资源配置设定为约束对象，根据流域内的需水规划和来水预报的情况，以工程调度作为手段，管理措施作为保障，分析沂沭河流域的水资源配置体系，进行供需计算的分析，统筹流域与区域、水量与水质、河道内与河道外用水，合理统筹配置流域本地水资源及过境水量，提出了河道外及重要河湖水量分配方案,从而制定沂河、沭河流域的水量调度方案,更好地实现沂沭河流域的水量合理调度。2017年,张敏[107]根据1980—2013年汾河流域枯水系列结果分析出流域内水资源短缺,地下水超采严重,工农业挤占生态用水问题突出,在社会经济发展指标预测、需水预测以及供水量预测的基础上,采用优先使用外调水、加大使用非常规水、控制使用地下水、合理使用地表水的原则进行水资源的优化配置。2017年,陆淑琴[108]从农业水资源配置存在的问题、农业水资源配置的合理应用策略两方面展开讨论,以期找到有效、高效、合理利用农业水资源配置的方法。2019年,刘玒玒等[109]建立了基于用水户满意度准则的流域水资源合理配置模型,并以黑河流域为例进行实例验证。2020年,何莉等[110]就洋河流域水资源短缺与水环境污染问题,结合流域经济社会发展及水资源开发利用现状特点,以洋河流域为研究对象,考虑水质约束,构建了农业水资源优化配置模型,为提高水质和实现水资源充分利用,提出补水减排联合控制水质达标方法,并基于农牧业需水特性配水,可避免非均衡给水情形的发生。同时,能有效降维,提升模型求解效率。以2014年为例,采用该模型优化计算,通过增加高效益的蔬菜、薯类种植面积和大牲畜的养殖数量,减少排污大的油料作物种植面积和小牲畜养殖数量,可实现考核断面水质达标,该配置模型对于保障洋河流域的水质安全及区域经济可持续发展具有重大意义,并对考虑水质的水资源优化配置有一定的参考作用。2020年,郭毅等[111]为使郁江流域水资源分配方案有利于沿岸区域之间的均衡发展,将基尼系数及纳什效率系数引入到水资源优化配置研究中,分别作为度量区域水资源分配公平程度和效率高低的指标,二者耦合作为区域均衡发展的度量标准。以经济效益和社会效益为目标,应用NSGA-Ⅱ对模型求解,得到郁江流域2020年、2030年75%保证率一般节水模式下的水资源配置结果。

5.1.3.5　跨流域水资源配置

跨流域水资源合理配置是以两个以上的流域为研究对象,其系统结构和影响因素间的相互制约关系较区域和流域更为复杂,仅用数学规划技术难以描述系统的特征,因此,仿真性能强的模拟技术和多种技术结合成为跨流域水资源量合理配置研究的主要技术手段。邵东国针对南水北调东线这一多目标、多用途、多用户、多供水优先次序、串并混联的大型跨流域调水工程的水量合理调配,以系统弃水量最小为目标,建立了自优化模拟决策模型,采用动态规划法进行求解。吴泽宁以跨流域水资源系统的供水量最大为目标,将模拟技术和数学规划方法相结合,建立了具有自优化功能的流域水资源系统模拟规划模型,并以大通河和湟水流域为例对模型进行验证,提出了跨流域调水工程的规模。卢华友等以跨流域水资源系统中各子系统的供水量和蓄水量最大、污水量和弃水量最小为目标,建立了基于多维动态规划和模拟技术相结合的大系统分解协调实时调度模型,采用动态规划法进行求解,并以南水北调中线工程为背景进行了实例验算该成果考虑了污水量最小目标,是水资源合理配置研究的一大进步。解建仓针对跨流域水库群补偿调节问题,建立了多目标模型,并分析了求解方法和实用上的简化,通过大系统递阶协调方法和决策者交互方式的补充,来实现综合的决策支持(DSS)算法。此外,刘国纬以我国南水北调东线工程为例,论述了跨流域调水水资源系统管理中系统结构功能分析、来水预报、工程实时运行调度等基本原理和方法。王柏明应用动态规划方法进行水资源合理配置。刘绍民运用层次分析法建立了塔里木河上中下游用水户利用水资源的综合评价模型，并根据分解协调原理建立了该地区水资源合理分配模型。

5.2　面向生态的永定河流域水资源配置技术方法

永定河流域地处半干旱湿润气候区的海河流域，在我国流域划分中属于二级流域。永定河有其一级支流 2 条、三级流域 3 个，有水文控制断面 81 个、大型水库 3 座、中型水库 19 座、小型水库 170 座以及大型闸坝 2 座，经过 70 年持续不断的开发建设，永定河流域已经成为一个自然循环与人类活动紧密交织的流域，水循环与水资源开发利用相互影响的流域，生态环境和经济发展密切联系的流域，构成一个复杂的水资源-生态-社会-经济-环境的大系统。

面对这样的研究目标，工作的总体思路是：以系统工程理论为指导，实施全流域水资源系统分析方法，在《永定河综合治理与生态修复总体方案》框架下，对永定河流域的主要生态控制断面进行河流形态、历史过程、生态功能和环境功能的系统定量评价；在永定河县与流域三级区交叉的单元水资源需求分析的基础上，对省级、地区和县级的经济社会需求量进行宏观经济水资源预测与配置；在对国内外流域生态水量配置与调度典型案例研究与对比的基础上，结合水资源管理方法的最新发展，提出流域水资源配置技术建议。

具体理论方法分为以下三个方面：生态需水核算、水资源供需平衡分析、流域水资源配置技术。

1. 生态需水核算

在对河道生态需水的水文学方法、水力学方法、生境方法梳理的基础上，对这些方法在永定河流域的适应性作出评价，综合分析不同方法的特点和对生态流量的贡献；以河道生态需水计算的淮河法为蓝本，研究提出永定河不同水生态功能单元的生态需水计算方法体系；以不同气候区的流域水资源承载能力宏观阈值为蓝本，研究提出永定河流域不同三级流域区水资源承载能力的生态需水系数；在永定河现有规划方案中增加生态流量控制节点，按照水期或月时间尺度，制定符合河流生态修复需求的生态流量标准。

2. 水资源供需平衡分析

采用宏观经济水资源多目标分析理论与方法，建立永定河流域宏观经济水资源多目标优化分析概化模型，在对生活、生态和生产用水的进一步分级优先序甄别的基础上，综合考虑流域三生用水、可供水量、来水情势等因素，采用离散情景、混合整数、二次线性等算法，进行多水源多目标流域水资源配置计算，提出规划水平年的水资源供需平衡和优化配置建议方案。

3. 流域水资源配置技术

通过国内外文献调研、学术交流调研和典型案例调研，调查信息技术、决策技术、管理技术、物联网技术等在流域水资源规划与管理中的发展与应用，研究遥感水文、数字流域、智慧水利等技术的发展，结合我国自然资源管理政策、严格水资源管理政策等研究，提出以物联网技术在水资源系统映射出的水联网技术为基础的新一代域水资源优化配置技术框架建议。

5.2.1 水资源优化配置的原则与目标

5.2.1.1 水资源优化配置的原则

1. 公平性原则

在流域循环经济的发展道路上，需要用全面公平发展的角度分析问题，为了能够让区域经济可持续发展，需着眼大局，将水资源流域上下游利益一致化，并多方考虑其经济、环境、生态等的发展前景，着重考虑如何统一协调各方利益，这样才能使得流域内各种资源比如土地、水资源等得到最好的分配，契合社会经济可持续发展的理念。应满足当代人和子孙后代的需要，还应满足一个地区的需要且不影响周边地区发展需求，这才是优化配置的公平性原则所包含的含义。

2. 可持续利用原则

河流流域是主要的经济发展中心和众多人口的聚集地之一，这个河流流经地区就是最繁华的地方，只有可持续的发展才能协调这种发展模式下经济的全面发展，才能充分地运用水资源来促进我们经济的发展。

3. 高效性原则

水资源利用的高效性是指在资源社会需求和技术条件下，水资源作为一种有限的资源，从经济学上考虑水资源的分配，正确的通过对当地的实际情况的调查分析合理分配各个地区所需要的最大能源值，并且设定一个最大和最小的范围，在这之间给予水资源，避免水资源的浪费能大幅度提高使用的有效性，考虑再生水，再次利用，使调节后的水得到合理高效利用。

4. 以人为本原则

区域水资源优化配置在生活、生产和生态环境用水之间进行，需本着以人为本的原则，要在保障人民生活、促进经济发展的同时，生态环境用水也应优先予以保证，以此达到促进生态环境的良性循环，维持和改善生态环境的目的。

5.2.1.2 水资源优化配置的目标

本次水资源优化配置研究的目标主要从四个方面体现：一是努力改善生态环境，逐步增加生态环境用水量，不断改善人类赖以生存的自然生态和生活环境，当区域经济效益增长时，所带来的后果必然是生态环境的破坏，相应地要扩大用于处理废水、截污减排、改善生态环境投资；二是将城乡居民用水安全放在首位，配置时优先考虑；三是基本满足区域内经济发展的用水要求，促进经济能够快速稳定的发展，从节水的角度考虑，在兼顾区域生产力布局和产业部门结构的合理性的同时，在区域内尽可能抑制高耗水行业发展，鼓励低耗水行业的发展，使得耗水率下降，用水效益上升；四是基本符合我们日常生活所需的对水资源的标准，针对本流域区内的具体情况，合理制定资源有效利用的分配制度，以此来辅助个方面的发展，保证有利的促进不同产业之间的相互联系和相互贯通。

5.2.2 水资源优化配置系统网络

模拟模型根据对永定河流域水资源系统实际过程的详细而系统的分析，建立行为的数学方程、规则和系统结构。模拟模型是一种由外部控制的透明并可由外部控制的"压力-响应"模型。模拟模型注重在过程中可对细节作准确可控的描述，构建一个仿真性强、完整的输入输出式、清晰易懂的系统响应。

优化模型和模拟模型各有利弊。通过将两种模式相结合，相互补充，以不同的功能关系表达边界条件，调度准则和目标，水资源系统的水量平衡关系采用将空间尺度的优化与时间尺度上的模拟相结合的方法来进行描述，以此来建立永定河流域水资源配置模型。根据永定河流域水资源特性和各个不同产业之间的相互联系的具体情况进行分析，对这个地区的水资源的使用情况做出具体的划分，整合出一个具体的方案，并且付诸实施。在模型中将各个目标逐一进行抽象和概化。永定河流域水资源系统内的各类元素之间通过线段的相互联结形成水资源配置系统网络。配置模型的输入量直接影响模型系统行为，各类元素线段的特征和规则反映出水资源系统的特性，运用不同的准则对系统进行求解，得到配置模型系统响应。为了取得一个更好的配置成果，需要在一定程度上概化处理一个复杂的水资源系统，使其能够更好地解决在发展这个模式的过程中所出现的疑难杂症，能够用现代的科学有效的技术进行分析和有效的处理，以此达到各个方面的平衡发展。

5.2.2.1 系统概化

系统概化包括了不同的因素，根据各元素在系统中的物理特征和"天然-人工"二元水循环模式，可将本水资源配置系统概化为节点、连线和平面三类图形要素。

（1）节点。按照功能划分，概化节点可分成四类：汇水节点、工程节点、用水节点和控制性节点。

用水节点包括基本的计算单元、有补水要求的节点；汇水节点表示渠道、河流及长距离输水管线的分水点或交汇点；工程节点主要包括大中型水库和引提水工程。计算单元的划分，既要考虑流域管理、流域水资源特性以及研究问题的要求，也需考虑行政区域在行政管理上的便利和区域经济社会资料条件。控制性节点包括有水量、水质要求的重要控制性断面以及流域断面。

（2）连线。系统中能够概化为连线的包括天然河道、调水渠道、人工供水渠道及弃水、退水渠道等。根据供水水源和供用水耗排关系，水流传输系统可分为三种：

1）地表水供水系统，主要为各类供水工程给各用水户供水的体系。

2）弃水与退水系统，是指超过水库弃水量、污水排放量、灌溉回归水量等通过河道或渠道进行传输的系统。

3）跨流域调水系统，利用供水工程跨流域调水的系统。

（3）平面。这个地域的发展通过在平面图中懂得布局来分析，每种物质的发展都是相互联系的，牵一发而动全身，两种物质的分类要能够划清界限。

5.2.2.2 系统网络图

水资源配置系统网络图就是通过各类有向线段将系统中各节点间进行连接，由若干条有向连线连接图中的任意两个节点，点与点的链接概化成面作为一个计算分区，三角形代表节点，箭头的方向表示各节点之间的关系。

在构建这个模式的网络的过程中，要注意几个方面的问题。一方面要满足配置模型的需要，正确体现模型系统运行时所涉及的各种因素；另一方面要反映出水资源配置系统各种关系及主要特点。

综合上面所论述的内容，概化节点，概化连线，概化平面，最后组成系统网络概化图，如图 5.1 所示。

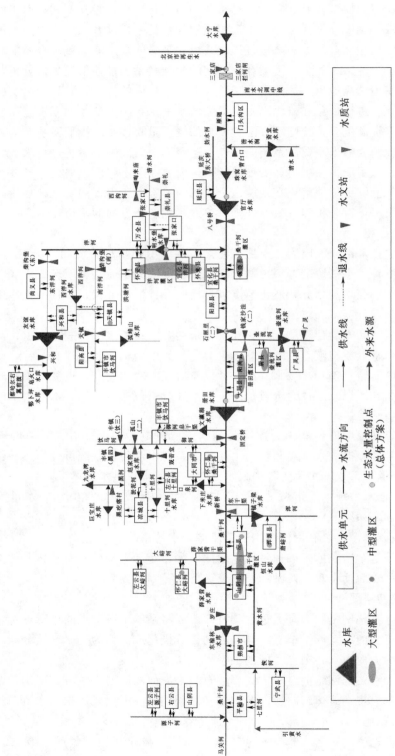

图 5.1　永定河流域水资源系统概化图（后附彩图）

5.2.3 面向生态的水资源优化配置模型

5.2.3.1 模型建立

城市水资源优化配置的总体综合目标是实现区域社会、经济和环境的可持续发展，其所要求的结果可用多个目标来综合描述，由于水资源系统是一个多目标、多效益、多矛盾的复杂系统，并且其相关的部门都有不同的利益要求和目标，因此会根据研究区域的水资源数量、质量与开发利用现状，结合社会、经济和生态环境保护三个目标，提出水资源优化配置、合理开发、有效利用、综合治理和有效保护的总体布局及实施方案，以此来促进人口、环境、资源和经济的协调发展。

5.2.3.2 目标函数的建立

模型的目标函数有三个，分别是经济效益、社会效益和生态环境效益。经济效益目标用工业、生活、环境和农业四个部门供水带来的最大直接效益来表示。社会效益是一个不易度量的目标，从水资源对社会影响的角度考虑，可以认为缺水量大小或缺水程度直接影响到社会的稳定和发展，这是社会效益的一个侧面反映。生态环境效益用生态环境的供水保证率最大来表示。

模型形式为

$$\begin{cases} F(x) = \max[F_1(x), F_2(x), F_3(x)] \\ G(x) \leqslant 0 \\ x \geqslant 0 \end{cases}$$

式中 x——决策变量；

$F_1(x)$、$F_2(x)$、$F_3(x)$ ——经济效益、社会效益和生态环境效益；

               $G(x)$——约束条件集。

（1）工业、生活、环境和农业四类用水部门供水效益最大。

$$\max F_1(x) = \max[f_1(x), f_2(x), f_3(x), f_4(x)]$$
$$\max f_1(x) = B_G \times Q_G = B_G \times \sum_{i=G} x_i$$
$$\max f_2(x) = B_S \times Q_S = \gamma_S \times B_G \times \sum_{i=S} x_i$$
$$\max f_3(x) = B_H \times Q_H = \gamma_H \times B_G \times \sum_{i=H} x_i$$
$$\max f_2(x) = B_N \times Q_N = \gamma_N \times B_G \times \sum_{i=N} x_i$$

式中 B_G、B_S、B_H、B_N——单位工业、生活、环境、农业用水效益，万元 /m³；

         Q_G、Q_S、Q_H、Q_N——工业、生活、环境、农业分配水量，m³；

$\sum_{i=G} x_i$、$\sum_{i=S} x_i$、$\sum_{i=H} x_i$、$\sum_{i=N} x_i$——工业、生活、环境、农业总用水量，m³；

         γ_S、γ_H、γ_N——生活、环境、农业用水效益系数。

（2）工业、生活、农业和生态环境部门综合缺水率最小。

$$\max F_2(x) = \sum_{i=G,S,N,H} \left(\sum_i D_i - \sum_i x_i \right) / \sum D$$

式中   G、S、N、H——工业、生活、农业、生态环境部门缩写；

         $\sum_i D_i$——用水部门的总需水量。

（3）生态环境部门供水保证率最大。

$$\max F_3(x) = \sum_{i=H} x_i / \sum_{i=H} D_i$$

式中　$\sum_{i=H} D_i$——生态环境部门的总生态环境需水量。

5.2.3.3　各用水部门综合用水效益的确定

工业、生活、环境和农业这四个部门的用水具有不同的社会经济效益。其中工业用水的经济效益最大，其次是生活用水，环境用水和农业用水的经济效益相对较低。为了保证各部门的协调发展，需要将这四个用水部门的效益进行统一计算，其计算的关键是确定用水效益系数。参考相关文献，是以单位工业用水效益为标准，根据其他用户用水量与效益的关系确定其单位用水效益。用水效益系数的确定通常是用层次分析法或德尔菲法。

层次分析法是通过两两比较的方法来确定层次中诸因素的相对重要性，然后综合决策者的判断，确定决策方案相对重要性的总排序，最终得出最佳方案。

德尔菲法是请互不了解的多位专家用匿名方式反复多次征询意见和进行"背靠背"交流，根据专家们的经验与知识，最终预测结果为汇总的群体意志。

1. 单位工业用水效益

单位工业用水效益采用产值分摊方法，计算公式如下：

$$B_G = \beta \left(\frac{Q_G}{W} \right) / Q_G = \frac{\beta}{W}$$

式中　β——工业供水效益分摊系数，参照水利经济研究会的研究成果，取 11%；

　　　W——工业万元产值耗水量，m^3/万元。

2. 生活部门用水效益

以单位工业用水效益为基准，用函数表示生活部门的用水效益与用水量的关系：

$$B_S = \gamma_S \times B_G$$

$$\gamma_S = \begin{cases} \alpha_S, & Q_S < Q_{Smin} \\ [\alpha_S \times Q_{Smin} + \beta_S (Q_S - Q_{Smin})] / Q_S, & Q_{Smin} < Q_S < Q_{Smax} \\ [\alpha_S \times Q_{Smin} + \beta_S (Q_{Smax} - Q_{Smin})] / Q_S, & Q_S > Q_{Smax} \end{cases}$$

式中　α_S、β_S——折算系数，且 $\alpha_S > 1$，$\beta_S < 1$，通常用层次分析法或德尔菲法确定；

　　Q_{Smin}、Q_{Smax}——生活部门的最小、最大用水量，m^3，根据用水定额来确定。

3. 环境部门用水效益

计算方法为

$$B_H = \gamma_H \times B_G$$

$$\gamma_H = \begin{cases} \alpha_H, & Q_S < Q_{Smin} \\ [\alpha_H \times Q_{Hmin} + \beta_H (Q_H - Q_{Hmin})] / Q_H, & Q_{Smin} < Q_S < Q_{Smax} \\ [\alpha_H \times Q_{Hmin} + \beta_H (Q_{Hmax} - Q_{Hmin})] - \lambda_H \times (Q_H - Q_{Hmax}) / Q_H, & Q_S > Q_{Smax} \end{cases}$$

式中　α_H、β_H、λ_H——折算系数，且 $\alpha_H > 1$，$\beta_H < 1$，$\lambda_H > 0$，通常用层次分析法或德尔菲法确定；

　　　　　　　Q_{Hmax}、Q_{Hmin}——环境部门的最大、最小用水量，m^3，根据用水定额来确定。

4. 农业部门用水效益

计算方法为

$$B_N = \gamma_N \times B_G$$

$$\gamma_N = \begin{cases} \alpha_N, & Q_N < Q_{Nmin} \\ [\alpha_N \times Q_{Nmin} + \beta_N(Q_N - Q_{Nmin})]/Q_N, & Q_{Nmin} < Q_N < Q_{Nmax} \\ [\alpha_N \times Q_{Nmin} + \beta_N(Q_{Nmax} - Q_{Nmin})] - \lambda_N \times (Q_N - Q_{Nmax})/Q_N, & Q_N > Q_{Nmax} \end{cases}$$

式中　　α_N、β_N、λ_N——折算系数，且 $\alpha_N > 1$，$\beta_N < 1$，$\lambda_N > 0$，通常用层次分析法或德尔菲法确定；

Q_{Nmax}、Q_{Nmin}——农业部门的最大、最小用水量，m^3，根据用水定额来确定。

5.2.3.4　约束条件的建立

地表水供水上限约束：$\sum_i x_i \leqslant Q_{DB}$

地下水供水上限约束：$\sum_i x_i \leqslant Q_{DX}$

回用水供水上限约束：$\sum_i x_i \leqslant Q_{HY}$

工业用水供水约束：$Q_{Gmin} \leqslant \sum_{i=G} x_i \leqslant Q_{Gmax}$

生活用水供水约束：$Q_{Smin} \leqslant \sum_{i=S} x_i \leqslant Q_{Smax}$

生态环境用水供水约束：$Q_{Hmin} \leqslant \sum_{i=H} x_i \leqslant Q_{Hmax}$

农业用水供水约束：$Q_{Nmin} \leqslant \sum_{i=N} x_i \leqslant Q_{Nmax}$

决策变量非负约束：$x_i \leqslant 0$

5.2.3.5　优化配置模型计算——遗传算法

1. 遗传算法简介（GA）

遗传算法是以自然选择和遗传理论为基础，将生物进化过程中适者生存规则与群体内部染色体的随机信息交换机制相结合的高效全局寻优搜索算法。遗传算法摒弃了传统的搜索方式，模拟自然界生物进化过程，采用人工进化的方式对目标空间进行随机优化搜索。它将问题域中可能解看作是群体的一个个体或染色体，并将每一个个体编码成符号串形式，模拟达尔文的遗传选择和自然淘汰的生物进化过程，对群体反复进行基于遗传学的操作（遗传、交叉和变异）。根据预定的目标适应度函数对每个个体进行评价，依据适者生存、优胜劣汰的进化规则，不断得到最优的群体，同时以全局并行搜索方式来搜索优化群体中的最优个体，以求得满足要求的最优解。

2. 遗传算法优点

遗传算法具有如下优点：

（1）对可行解表示的广泛性。遗传算法的处理对象不是参数本身，而是针对那些通过参数集进行编码得到的基因个体。此编码操作使得遗传算法可以直接对结构对象进行操作。

（2）群体搜索特性，即同时对搜索空间中的多个解进行评估。这使遗传算法具有较好的全局搜索能力，也使得遗传算法本身易于并行化。

（3）内在启发式随机搜索特性。

（4）不需要辅助信息。

（5）在搜索过程中不容易陷入局部最优。

（6）采用自然进化机制来表现复杂的现象，能够快速可靠地解决非常困难的问题。

（7）具有固有的并行性和并行计算的能力。

（8）具有可扩展性，易于同别的技术混合。

5.3　水资源配置成果

根据流域地套三级区的水资源总体配置方案，结合正在实施的农业节水措施，以灌区为计算单元，结合河道内生态需水分析，对地表水进行合理分配。分析河道内不同来水频率下生态水量亏缺情况，通过再生水补充、外调引黄水等其他水源补充，提出不同来水频率下河道内生态水量保障方案。

5.3.1　水资源配置

根据《总体方案》，按照节水优先，量水而行的原则，强化河道外用水需求控制，永定河山区 2020 年多年平均需水量预计达到 21.03 亿 m³，按行政区分，内蒙古自治区、山西省、河北省、北京市河道外需水量分别为 1.45 亿 m³、11.59 亿 m³、7.42 亿 m³、0.57 亿 m³。

按照适当削减地表水开发利用量、控制地下水开采量，充分利用引黄水量和非常规水源原则，统筹考虑当地地表水、地下水、外流域调水和非常规水源，采用 1956—2010 年下垫面修正后的径流系列，规划水平年永定河山区地套三级区的配置方案为：多年平均条件下，河道外经济社会需水总量 21.03 亿 m³，总可供水量 20.63 亿 m³，河道外经济社会缺水量 0.42 亿 m³，主要是农业缺水，缺水率 2%，到 2020 年，永定河山区共配置水量 20.63 亿 m³，其中本地地表水供水量 5.55 亿 m³、地下水供水量 10.75 亿 m³、非常规水供水量 1.37 亿 m³、跨流域调水供水量 2.96 亿 m³。与现状基准年相比，山西万家寨引黄北干线调水增加供水 2.26 亿 m³，非常规水源增加供水 0.57 亿 m³，本地水资源（含地表水、地下水）供水量减少了 2.52 亿 m³，配置总水量增加了 0.31 亿 m³。

通过退灌还水、节水降耗等措施，当地地表水总供水量减少 1.25 亿 m³，基本退还了挤占的河道内生态水量；通过外调水置换、地下水压采等措施，地下水总供水量减少 1.27 亿 m³。

按用水类别统计，生活用水量 3.81 亿 m³，工业用水量 3.68 亿 m³，农业用水量 12.41 亿 m³，河道外生态环境用水量 1.13 亿 m³。河道外"三生"用水占比分别为 18%、77%、5%。生活和河道外生态环境占比均有不同程度增加。永定河山区 2020 年水资源配置方案（多年平均）具体见表 5.1。

表 5.1　　　　　　永定河山区 2020 年水资源配置方案（多年平均）　　　　单位：亿 m³

分区	省级行政区	地级行政区	需水量					供水量（按部门）					供水量（按水源）					缺水	校核
			合计	生活	工业	农业	生态环境	合计	生活	工业	农业	生态环境	合计	地表水	地下水	外调水	非常规水		
册田水库以上	山西	大同	4.77	1.06	1.42	1.85	0.44	4.75	1.06	1.42	1.83	0.44	4.75	1.33	1.17	1.69	0.56	0.02	0
		朔州	5.1	0.67	1.09	3.12	0.22	4.9	0.67	1.09	2.92	0.22	4.9	1.54	1.95	1.14	0.27	0.20	0
		忻州	0.16	0.06	0.05	0.02	0.03	0.16	0.06	0.05	0.02	0.03	0.16	0.01	0.01	0.13	0.01	0.00	0
	内蒙古	乌兰察布	0.63	0.12	0.07	0.42	0.02	0.63	0.12	0.07	0.42	0.02	0.63	0.13	0.47	0	0.03	0.00	0
	小计		10.66	1.91	2.63	5.41	0.71	10.44	1.91	2.63	5.19	0.71	10.44	3.01	3.6	2.96	0.87	0.22	0

续表

分区	省级行政区	地级行政区	需水量					供水量（按部门）					供水量（按水源）					缺水	校核
			合计	生活	工业	农业	生态环境	合计	生活	工业	农业	生态环境	合计	地表水	地下水	外调水	非常规水		
册田水库至三家店区间	北京	北京	0.57	0.3	0.02	0.05	0.2	0.57	0.3	0.02	0.05	0.2	0.57	0.13	0.37	0	0.07	0.00	0
	河北	张家口	7.42	1.3	0.94	5.03	0.15	7.41	1.3	0.94	5.02	0.15	7.41	1.76	5.27	0	0.38	0.01	0
	山西	大同	1.56	0.19	0.05	1.28	0.04	1.4	0.19	0.05	1.12	0.04	1.4	0.42	0.95	0	0.03	0.16	0
	内蒙古	乌兰察布	0.82	0.11	0.04	0.64	0.03	0.81	0.11	0.04	0.63	0.03	0.81	0.23	0.56	0	0.02	0.01	0
	小计		10.37	1.9	1.05	7	0.42	10.19	1.9	1.05	6.82	0.42	10.19	2.54	7.15	0	0.5	0.18	0
合计			21.03	3.81	3.68	12.41	1.13	20.63	3.81	3.68	12.01	1.13	20.63	5.55	10.75	2.96	1.37	0.40	0
北京			0.57	0.3	0.02	0.05	0.2	0.57	0.3	0.02	0.05	0.2	0.57	0.13	0.37	0	0.07	0	0
河北			7.42	1.3	0.94	5.03	0.15	7.41	1.3	0.94	5.02	0.15	7.41	1.76	5.27	0	0.38	0.01	0
山西			11.59	1.98	2.61	6.27	0.73	11.21	1.98	2.61	5.89	0.73	11.21	3.3	4.08	2.96	0.87	0.38	0
内蒙古			1.45	0.23	0.11	1.06	0.05	1.44	0.23	0.11	1.05	0.05	1.44			0	0.05	0.01	0

5.3.2 地表水配置

5.3.2.1 地表水合理配置

根据《永定河流域农业节水工程实施推进方案》，多年平均条件下，地表水供水量 5.57 亿 m³，与《总体方案》地表水供水量 5.55 亿 m³ 相差不大。其中册田水库以上供水量为 3.01 亿 m³，包括内蒙古 0.13 亿 m³，山西忻州 0.01 亿 m³，山西朔州 1.54 亿 m³，山西大同 1.33 亿 m³；册田水库至三家店区间供水量为 2.54 亿 m³，包括内蒙古 0.23 亿 m³，山西大同 0.42 亿 m³，河北张家口 1.76 亿 m³，北京 0.13 亿 m³。永定河流域主要用水省市为山西朔州、山西大同、河北张家口，地表水主要用于农业灌溉。为保障河道内生态水量，农业灌溉基本为不充分灌溉，根据灌区作物类型和目前灌溉现状，结合地套三级区水资源配置方案及《永定河流域农业节水工程实施推进方案》，将山西省、河北省地表水供水量配置到各个灌区，便于年度生态水量保障实施过程中农业用水管理，永定河流域 2020 年地表水配置方案（多年平均）如图 5.2 所示。

5.3.2.2 农业节水措施

灌区为永定河地表水用水大户。为了退还一部分河道生态用水，《总体方案》安排了一系列农业节水措施，包括城市节水措施、灌区节水改造、高效节水灌溉、地表水退灌还水，以期实现永定河上游农业灌溉水量减少 1.41 亿 m³，可直接减少灌区从河道引水量 1.26 亿 m³，基本退还挤占的河道内生态水量。根据《永定河流域农业节水工程实施推进方案》，结合各地实际情况，农业节水目标实施情况如下：

（1）到 2022 年，实现农业节水 1.24 亿 m³，其中地表水节水 1.09 亿 m³。实施 2 处大中型灌区节水改造 2.1 万亩，节水 0.013 亿 m³；实施高效节水灌溉 34.3 万亩，节水 0.26 亿 m³；实施退灌还水 35 万亩，节水 0.97 亿 m³。

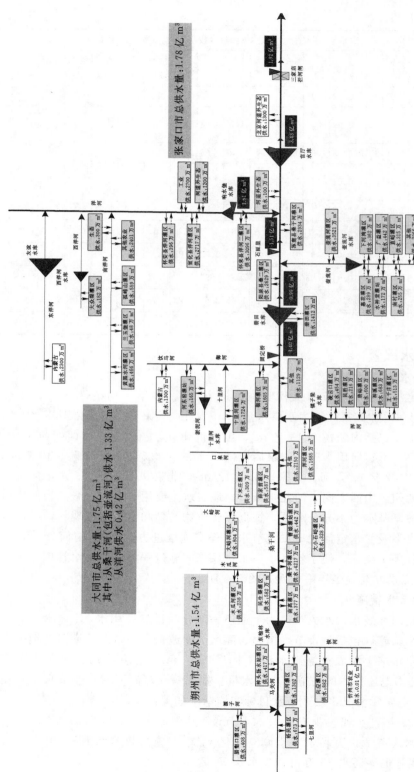

图 5.2　永定河流域 2020 年地表水配置方案（多年平均）（后附彩图）

（2）到 2025 年，全面完成《总体方案》确定的节水目标。累计完成退灌还水 42.5 万亩，节水 1.15 亿 m³，结合灌区节水改造和高效节水灌溉等，实现农业节水 1.41 亿 m³。永定河山区农业节水目标实施情况见表 5.2。

表 5.2　　　　　　　　　　　　永定河山区农业节水目标实施情况

| 水平年 | 行政区 | 灌区节水改造 | | 高效节水灌溉 | | | 地表水退灌还水 | | 总节水量 | | |
		面积/万亩	地表水节水量/亿 m³	面积/万亩	地表水节水量/亿 m³	地下水节水量/亿 m³	面积/万亩	地表水节水量/亿 m³	合计/亿 m³	地表水节水量/亿 m³	地下水节水量/亿 m³
2022	合计	2.1	0.013	34.3	0.11	0.146	35	0.97	1.24	1.09	0.15
	河北	2.1	0.013	6.2		0.036	35	0.97	1.02	0.98	0.04
	山西			28.1	0.11	0.11			0.22	0.11	0.11
2025	合计	2.1	0.013	34.3	0.11	0.146	42.5	1.15	1.41	1.27	0.14
	河北	2.1	0.013	6.2		0.036	42.5	1.15	1.19	1.16	0.03
	山西			28.1	0.11	0.11			0.22	0.11	0.11

1. 永定河山区农业节水措施

（1）山西省。结合山西省雁门关农牧交错带示范区建设的实际情况，在考虑调整作物种植结构及农民增收的基础上，计划实施的 14 处大中型灌区节水改造农业节水项目调整为农牧交错带以饲草料为主的高效节水灌溉项目。

计划在 2022 年之前全部完成大同市、朔州市农牧交错带饲草料喷灌为主的高效节水灌溉、忻州市高效节水灌溉项目，包括大同市 6 个县区（南郊、大同、阳高、天镇、浑源、新荣）、朔州市 4 个县区（朔城、山阴、怀仁、应县）和忻州市宁武县，合计 11 个区县，18 个项目，受益面积 28.1 万亩，计划节水 0.22 亿 m³，其中地表水节水 0.11 亿 m³。山西省高效节水灌溉项目任务表见表 5.3。

表 5.3　　　　　　　　　　　　山西省高效节水灌溉项目任务表

| 所在市 | 所在县区 | 项目所在灌区 | 所在河流 | 项目实施区域现状 | | | | | 高效节水灌溉项目任务 | | | | |
| | | | | 灌溉面积/万亩 | 作物种类 | 灌溉用水量/万 m³ | | 灌溉面积/万亩 | 作物种类 | 灌溉用水量/万 m³ | | 节水量/万 m³ | |
						地表水	地下水			地表水	地下水	地表水	地下水
大同市	南郊区	十里河灌区	十里河	1.18	苜蓿玉米	158	117	1.18	牧草	118		40	117
	大同县	御河灌区	御河	2.21	萱草		515	2.21	萱草		222		293
				1.08	萱草	168	84	1.08	萱草	72	36	96	48
		册田灌区	御河	1.95	萱草	454		1.95	萱草	195		259	
	阳高县	册田灌区	御河	0.24	玉米	56		0.24	牧草	29		27	
				1.91	玉米		445	1.91	牧草		229		216
	天镇县	兰玉堡灌区	白登河	2.19	苜蓿玉米	100	248	2.19	牧草	48	170	52	78
	浑源县	唐峪民胜灌区	唐峪河	0.58	玉米	100	24	0.58	牧草	56	14	44	10
	新荣区	河东窑电灌站	御河	0.10	玉米		16	0.10	牧草		10		6
	小计			11.44		1036	1449	11.44		518	681	518	768

所在市	所在县区	项目所在灌区	所在河流	项目实施区域现状					高效节水灌溉项目任务					
				灌溉面积/万亩	作物种类	灌溉用水量/万 m³		灌溉面积/万亩	作物种类	灌溉用水量/万 m³		节水量/万 m³	
						地表水	地下水			地表水	地下水	地表水	地下水
朔州市	朔城区	恢河灌区	恢河	3.65	玉米	283	201	3.65	牧草	204	161	79	40
	山阴县	桑干河灌区	桑干河	0.50	玉米	84	10	0.50	牧草	41	9	43	1
				2.58	玉米	274	145	2.58	牧草	145	119	129	26
	怀仁县	浑河灌区	浑河	1.50	玉米	143	44	1.50	牧草	143	6		38
				1.74	玉米	45	173	1.74	牧草	36	138	9	35
				1.81	玉米	362		1.81	牧草	181		181	0
	应县	桑干河灌区	桑干河	2.00	玉米		308	2.00	牧草		200		108
	小计			15.7		1329	1065	15.7		820	756	509	309
忻州市	宁武县	阳方口镇灌片	恢河	0.60	玉米谷黍	70	44	0.60	玉米	37	26	33	18
		余庄乡灌片	恢河	0.22	玉米谷黍		40	0.22	玉米		23		17
		凤凰镇灌片	恢河	0.04	玉米谷黍		6	0.04	玉米		4		3
		薛家洼乡灌片	恢河	0.13	玉米谷黍		23	0.13	玉米		13		10
	小计			1.0		70	113	1.0		37	65	33	48
合计				28.1		2435	2628	28.1		1375	1502	1060	1126

（2）河北省。河北省张家口市农业节水项目包括灌区节水改造、高效节水灌溉和地表水退灌还水。农业节水目标实施情况如下：

1）到2022年，计划实施2处灌区节水改造2.1万亩，地表水节水132万 m³；实施7个县地下水高效节水灌溉6.2万亩，地下水节水360万 m³；实施6个县退灌还水35万亩，地表水节水0.97亿 m³。合计地表水节水0.98亿 m³，地下水节水360万 m³。

2）到2025年，退灌还水达到42.5万亩（新增7.5万亩退灌面积视退灌还水效果可机动调整），地表水节水1.15亿 m³。合计地表水节水1.16亿 m³，地下水节水360万 m³。

2. 灌区节水改造

《总体方案》原计划通过6处大中型灌区节水改造实现节水0.18亿 m³。列入《总体方案》中的6处大中型灌区，其中怀安县洋河灌区、怀来县洋河二灌区继续按原计划实施；万全洋河灌区计划完全退灌地表水，不再实施灌区节水改造；宣化洋河灌区、涿鹿县桑干河灌区、蔚县壶流河灌区因涉及退灌面积较大，灌区节水改造节水潜力不大，因此暂缓开展。

本次调整后，计划在2022年之前实施灌区节水改造2处，受益面积2.1万亩，实现节水132万 m³。河北省张家口市大中型灌区节水改造项目见表5.4。

表 5.4   河北省张家口市大中型灌区节水改造项目

灌区名称	所在流域	项目所在灌区现状				灌区节水改造项目任务			
		有效灌面/万亩	实灌面积/万亩	地表水灌溉用水量/万 m³	渠系水利用系数	改造内容及数量	受益灌溉面积/万亩	地表水节水量/万 m³	渠系水利用系数
怀安县洋河灌区	洋河	10	3.8	2923	0.65	改造渠道总长度15.71km	1.0	55	0.67
怀来县洋河二灌区	洋河	10	9	4300	0.56	衬砌干渠 2 条，长15.55km；衬砌支渠 1 条，长 0.96km；衬砌斗渠 2 条，长 1.905km	1.1	77	0.65
合计							2.1	132	

3. 高效节水灌溉

《总体方案》原计划在 3 个地表水灌区实施高效节水灌溉 24.6 万亩，节水 1400 万 m³。在怀来等 7 县区实施地下水高效节水灌溉 11.5 万亩，地下水节水 730 万 m³。

调整后，计划在 2022 年之前在宣化等 7 县区实施地下水高效节水灌溉，11 个项目，6.2 万亩，地下水节水 360 万 m³。因受灌区水质、地形、种植结构和投资效益等因素影响，地表水高效节水灌溉暂不实施。河北省张家口市地下水高效节水灌溉项目见表 5.5。

表 5.5   河北省张家口市地下水高效节水灌溉项目

所在县区	项目所在灌区	所在河流	项目实施区域现状				高效节水灌溉项目任务					
			灌溉面积/万亩	作物种类	灌溉用水量/万 m³		灌溉面积/万亩	作物种类	灌溉用水量/万 m³		节水量/万 m³	
					地表水	地下水			地表水	地下水	地表水	地下水
宣化区	井灌区	洋河	0.37	莴苣、玉米		232	0.37	莴苣、玉米		188		43
涿鹿县	井灌区	桑干河	0.30	玉米、葡萄		75	0.30	玉米、葡萄		56		19
怀来县	井灌区	洋河	0.90	玉米、葡萄、蔬菜		154	0.90	玉米、葡萄、蔬菜		122		32
万全区	洋河灌区	洋河	0.35	玉米、葡萄		56	0.35	玉米、葡萄		31		25
			1.13	玉米、土豆、蔬菜		181	1.13	玉米、土豆、蔬菜		140		41
蔚县	壶流河灌区	壶流河	0.91	玉米、蔬菜		158	0.91	玉米、蔬菜		99		59
			0.43	玉米、果树、烤烟		79	0.43	玉米、果树、烤烟		51		28
阳原县	井灌区	桑干河	0.23	玉米		44	0.23	玉米		27		16
			0.48	玉米		86	0.48	玉米		56		30
怀安县	井灌区	洋河	0.41	玉米、土豆、架豆		75	0.41	玉米、土豆、架豆		52		24
			0.67	小麦、玉米、蔬菜		129	0.67	小麦、玉米、蔬菜		86		43
合计			6.18			1269	6.18			909		360

4．退灌还水

《总体方案》计划在河北省张家口市万全、怀安、宣化区、怀来、蔚县和涿鹿等 6 个县区，实施退灌还水 35 万亩，节水 8400 万 m³。

进一步优化后，以水浇地改旱地、井渠双灌改井灌、适度开发地下水等方式实施退灌还水，到 2022 年，实现节水 0.97 亿 m³，退灌 35 万亩，其中包括涿鹿县 8000 亩水稻；到 2025 年，累计退灌 42.5 万亩，实现节水 1.15 亿 m³（详见表 5.6）。

张家口市永定河流域退灌还水节水任务约占地表水现状用水量 2.39 亿 m³ 的 50%，占整个永定河上游农业节水总任务的 80%，占地表水节水总任务的 90%，是实现永定河上游农业节水、增加河道径流最重要的措施。河北省张家口市地表水退灌还水项目见表 5.6。

表 5.6　　　　　　　　　　　　　　河北省张家口市地表水退灌还水项目

所在县区	退灌还水项目所在灌区现状						地表水退灌还水任务		
	灌区名称	所在河流	有效灌溉面积/万亩	实灌面积/万亩	灌溉用水量/万 m³		地表水退灌面积/万亩	现状作物种类	地表水退灌水量/万 m³
					地表水	地下水			
怀来县	洋河灌区	洋河	38.1	31.8	4300	6500	4.7	玉米、蔬菜、葡萄	1128
宣化区	洋河灌区	洋河	30.2	24.2	4060	3120	5.6	玉米、蔬菜	1344
涿鹿县	桑干河灌区	桑干河	32.8	30.1	3048	6835	0.8	水稻	1600
怀安县	洋河灌区	洋河	28.3	28.3	2923	3349	10.3	粮食作物	2472
万全区	洋河灌区	洋河	31.0	17.1	1232	1878	5.6	粮食作物	1232
蔚县	壶流河灌区	壶流河	36.0	31.7	5440	3627	8	玉米、果树、烤烟	1920
2022 年合计			196.3	163.2	21003	25309	35		9696
根据退灌效果确定 2023—2025 年退灌范围							7.5		1800
2025 年合计							42.5		11496

5.3.2.3　工业节水控制

按照京津冀协同发展区域产业发展布局，永定河山区将禁止高耗水、高污染项目建设，强化工业用水管理，加大节水力度，实行清洁生产。未来，京冀蒙三省区市工业用水量按零增长控制，山西省由于引黄初期扩大引黄供水，工业用水还将有一定的增长，工业用水量按年均增长 2% 控制。通过综合节水措施，万元工业增加值用水量从现状基准年的 25m³ 降低到 17m³，到 2020 年永定河山区工业用水量控制在 3.68 亿 m³，与 2001—2014 年平均工业用水量 3.75 亿 m³ 持平。

5.3.2.4　生活节水控制

生活节水的重点是减少输水损失和用水浪费，通过更新自来水供水管网减少管网漏损率、普及节水器具等，逐步提高城镇生活用水节水水平。到 2020 年，通过供水管网改造使城市管网漏损率从现状年的 15% 降低到 10%。到 2020 年永定河山区总人口预计达到

1003 万人左右，其中城镇人口 579 万人，城市化率 58%，城镇用水综合定额 132L/(人·d)，生活用水总量控制在 3.81 亿 m³。

5.3.2.5 地下水压采

通过控制地下水开采量，对重点超采区进行地下水压采，改善流域地表产汇流状况，恢复河道周边地下水位，提高河道生态用水的保障率，促进永定河生态修复。

北京市、天津市和河北省廊坊市继续落实国务院《关于南水北调东中线一期工程受水区地下水压采总体方案的批复》（国函〔2013〕49 号）要求，加快永定河平原河道周边区县地下水压采工作的实施进度，2020 年年底全部完成南水北调供水范围城区自备井关停工作，促进区域地下水位回升。

山西省大同市、朔州市依据《山西省地下水关井压采规划及实施方案》，以用足用好引黄等水源为重点，通过工程、技术、管理等措施，逐步减少城市及周边地下水超采区开采量。大同市继续落实《大同市关闭城市规划区地下取水井实施方案》（同政办发〔2012〕164 号）的要求，在南郊区、新荣区、大同县等超采区，配套建设引水管线 48km，封填地下水井 1267 眼，治理超采区 506km²，压减地下水开采量 6384 万 m³，到 2020 年地下水位回升 5.8m。朔州市在怀仁、山阴、应县等超采区，封填地下水井 156 眼，治理超采区 197km²，每年减少地下水开采量 3820 万 m³。

5.3.3 河道内生态水量配置

5.3.3.1 供用耗排分析

采用 1956—2010 年系列，以现状耗损率为基础，对各水资源分区进行供用耗排分析，提出桑干河、洋河、永定河山区 2020 年河道外用水消耗与河道内生态留用的比例关系，具体见表 5.7。

表 5.7　　　　　　　2020 年永定河山区供用耗排分析（多年平均）　　　　　单位：亿 m³

河　流	地表水资源量	地表水供水量	地表水耗水量	下垫面变化影响量	河道内生态系统留用量		河道内生态系统留用水量占比	流域出口下泄水量占比
					合计	其中：流域出口下泄水量		
桑干河	8.08	3.79	3.01	2.37	2.70	1.59	47%	28%
洋河	5.15	1.64	1.33	1.84	1.98	1.65	60%	50%
永定河（三家店以上）	14.43	5.55	4.43	4.65	5.35	1.92	55%	20%
备注	1. 河道内生态系统留用量＝地表水资源量－下垫面变化影响量－地表水耗水量； 2. 流域出口下泄水量＝河道内生态系统留用量－上游河道内蒸发渗漏量； 3. 河道内生态系统留用水量占比＝河道内生态系统留用量/（地表水资源量－下垫面变化影响量）							

经分析，2020 年永定河山区多年平均地表水供水量 5.55 亿 m³，地表水耗水量 4.43 亿 m³，河道内生态系统留用量 5.35 亿 m³，相当于多年平均地表水资源量（扣除下垫面变化影响量）的 55%；三家店控制站可下泄水量 1.92 亿 m³，占多年平均地表水资源量的 20%。

5.3.3.2 生态缺水量分析

依据 2020 年水资源配置成果和供用耗排分析结果，对桑干河册田水库、桑干河石匣里、洋河响水堡、永定河官厅水库、永定河三家店 5 个主要控制站的生态水量状况进行了分析。2020 年永定河各控制站生态水量亏缺量见表 5.8。

表 5.8　　　　　　　　　　　　2020 年永定河各控制站生态水量亏缺量　　　　　　　　　单位：亿 m³

控制站	频率	天然径流	生态需水量	可下泄水量	亏缺量	缺水率
册田水库	多年平均	5.23	0.79	0.99	0.00	
	75%	3.86		0.79	0.00	
	95%	2.86		0.42	0.37	47%
石匣里	多年平均	7.37	1.33	1.51	0.00	
	75%	5.43		1.21	0.12	9%
	95%	3.95		0.85	0.48	36%
响水堡	多年平均	4.93	0.89	1.61	0.00	
	75%	3.43		1.29	0.00	
	95%	2.00		0.89	0.00	
官厅水库	多年平均	13.57	2.44	3.43	0.00	
	75%	10.14		2.48	0.00	
	95%	6.31		1.68	0.76	31%
三家店	多年平均	14.43	2.60	1.92	0.68	26%
	75%	11.26		1.35	1.25	48%
	95%	6.74		0.85	1.75	67%

总体来看，通过实施综合节水降耗和引黄水置换等措施后，流域河道水生态状况得到了很大改善，主要控制站生态水量亏缺量比现状有明显减少，官厅水库及其以上各生态控制站基本生态用水保证率基本上达到了 75%，其中洋河响水堡控制站达到了 95%。桑干河册田水库和石匣里控制站 95% 保证率缺水 0.37 亿 m³、0.48 亿 m³。但是，永定河山区总控制站三家店的缺水状况仍比较严重，多年平均、75%、95% 频率分别缺水 0.68 亿 m³、1.25 亿 m³、1.75 亿 m³，缺水率分别为 26%、48%、67%，仅靠流域内节水降耗措施，尚不能满足生态用水需求。

5.3.3.3　生态补水保障方案

2020 年，永定河山区在优先采取退灌还水等一系列节水降耗措施，较大幅度降低当地水资源开发利用的基础上，桑干河及永定河干流河道内生态用水仍有一定的缺口，还需采取再生水利用及外流域调水等生态补水措施给予保障，以满足 95% 保证率河道内基本生态用水需求。按照治标与治本相结合的原则，在万家寨引黄北干线工程完全达效和永定河基本生态水量得到有效保障前，利用万家寨引黄北干线富余供水规模向桑干河、永定河生态补水，并结合北京冬奥会等重大活动需求，在条件许可的情况下进一步加大补水规模，加快流域生态恢复进程；远期随着万家寨引黄北干线向朔州、大同供水量逐步达到设计供水规模，引黄北干线向桑干河、永定河生态补水量逐步减少直至退出。

强化再生水利用水质管理，避免对永定河及地下水造成污染。万家寨水库作为饮用水水源地,目前水质良好,满足地表水环境质量Ⅲ类标准,可满足生态用水水质要求。2020年永定河山区生态补水量见表5.9。

表 5.9　　　　　　　　　**2020 年永定河山区生态补水量表**　　　　　　　　单位:亿 m³

控制站	频率	生态需水量	配置后河道内生态水量				备注
			合计	当地径流下泄量	引黄补水	再生水补水	
册田水库	多年平均	0.79	0.99	0.99			册田、石匣里、官厅水库控制站引黄水量为三家店控制站引黄过境水量
	75%		1.54	0.79	0.75		
	95%		1.97	0.42	1.55		
石匣里	多年平均	1.33	1.51	1.51			
	75%		1.85	1.21	0.64		
	95%		2.19	0.85	1.34		
响水堡	多年平均	0.89	1.61	1.61			
	75%		1.29	1.29			
	95%		0.89	0.89			
官厅水库	多年平均	2.44	3.43	3.43			
	75%		3.06	2.48	0.58		
	95%		2.87	1.68	1.19		
三家店	多年平均	2.60	2.67	1.92		0.75	
	75%		2.60	1.35	0.50	0.75	
	95%		2.60	0.85	1.00	0.75	

注　为确保三家店最低引黄补水规模 1.00 亿 m³,万家寨引黄北干线 1 号隧洞出口引水量不低于 2.16 亿 m³。

多年平均来水条件下,永定河三家店控制站缺水 0.68 亿 m³,通过北京市小红门再生水入河补充河道内生态用水。

75%来水条件下,永定河三家店控制站缺水 1.25 亿 m³,主要通过小红门再生水补水和万家寨引黄北干线补水。其中,再生水补水 0.75 亿 m³,引黄水补水为 0.50 亿 m³。

95%来水条件下,永定河三家店控制站缺水 1.75 亿 m³,通过再生水补水和万家寨引黄北干线补水。其中,再生水补水 0.75 亿 m³,引黄水补水 1.00 亿 m³,引黄水同时解决上游桑干河册田水库控制站、石匣里控制站及官厅水库控制站的生态缺水问题。

引黄水量沿途将产生一定的蒸发和渗漏消耗,参照近年来册田水库向官厅水库集中输水数据,引黄 1 号隧洞出口至三家店损失率按 0.54 考虑,在三家店控制站最低引黄水补水量 1.00 亿 m³ 时,1 号隧洞出口引水量不少于 2.16 亿 m³。

永定河三家店控制站下泄水量达到 2.6 亿 m³ 后,可满足永定河平原段生态环境需水及入海水量要求。目前,永定河三家店控制站以下河段除景观蓄水段外,常年干涸,地下水超采,河道渗漏严重,为达到永定河生态治理的预期效果,需同时实施地下水回补。利用南水北调中线通水初期丹江口水库蓄水量较多及丰水年部分弃水,适时向永定河河道及地下水补水。

5.3.3.4　河道内生态水量分析

依据 2020 年永定河流域水资源总体配置方案和地表水配置方案，对各水资源分区进行供用耗排分析之后，分析河道内各生态控制断面生态水量亏缺状况。

多年平均来水条件下，通过合理控制河道外农业用水，可保障桑干河、洋河上河道生态用水，仅三家店控制断面生态水量发生亏缺，亏缺量为 0.68 亿 m³。可通过小红门再生水 0.75 亿 m³ 入河补充河道内生态用水。

75% 来水条件下，为保障河道内的生态用水，在进一步调控河道外农业供水的前提下，可保障洋河河道生态用水及桑干河册田水库以上河道的生态用水，石匣里和三家店断面生态水量发生亏缺，分别亏缺 0.12 亿 m³ 和 1.25 亿 m³，永定河山区总控制断面三家店亏缺较为严重。

95% 来水条件下，为保障河道内的生态用水，在进一步调控河道外农业供水的前提下，只可保障洋河河道生态用水，桑干河及永定河亏缺较为严重。册田水库、石匣里、官厅水库、三家店分别亏缺 0.37 亿 m³、0.48 亿 m³、0.76 亿 m³、1.75 亿 m³，永定河山区总控制断面三家店缺水状况比较严重。

由于目前小红门再生水 0.75 亿 m³ 难以全部落实，亏缺水量可适时利用南水北调工程相机向永定河河道生态补水及地下补水，或者通过增加引黄水量来补充亏缺量。2020年河道各控制断面生态需水亏缺情况见表 5.10。

表 5.10　　　　　　　　　　2020 年河道各控制断面生态需水亏缺情况　　　　　　单位：亿 m³

河流	控制断面	频率	基本生态需水量	当地径流下泄量	亏缺量
桑干河	东榆林水库	多年平均		0.59	
		75%		0.46	
		95%		0.27	
	固定桥	多年平均		1.40	
		75%		1.18	
		95%		0.77	
	册田水库	多年平均		0.99	
		75%	0.79	0.79	
		95%		0.42	0.37
	石匣里	多年平均		1.51	
		75%	1.33	1.21	0.12
		95%		0.85	0.48
洋河	友谊水库	多年平均		0.35	
		75%	0.15	0.25	
		95%		0.15	
	响水堡	多年平均		1.61	
		75%	0.89	1.29	
		95%		0.89	

续表

河流	控制断面	频率	基本生态需水量	当地径流下泄量	亏缺量
永定河	八号桥	多年平均		3.01	
		75%		2.32	
		95%		1.57	
	官厅水库	多年平均	2.44	3.43	
		75%		2.48	
		95%		1.68	0.76
	三家店	多年平均		1.92	0.68
		75%	2.6	1.35	1.25
		95%		0.85	1.75

5.3.3.5 河道内生态补水

2020 年，永定河山区在优先采取退灌还水等一系列节水降耗措施，较大幅度降低当地水资源开发利用的基础上，桑干河及永定河干流河道内生态用水仍有一定的缺口，还需采取再生水利用及外流域调水等生态补水措施给予保障，以满足 95% 保证率河道内基本生态用水。

多年平均来水条件下，永定河三家店控制断面缺水 0.68 亿 m^3，通过北京市小红门再生水入河补充河道内生态用水。

75% 来水条件下，永定河三家店控制断面缺水 1.25 亿 m^3，主要通过小红门再生水补水和万家寨引黄北干线补水。其中，再生水补水 0.75 亿 m^3，引黄水补水为 0.50 亿 m^3。

95% 来水条件下，永定河三家店控制断面缺水 1.75 亿 m^3，通过再生水补水和万家寨引黄北干线补水。其中，再生水补水 0.75 亿 m^3，引黄水补水 1.00 亿 m^3，引黄水同时解决上游桑干河册田水库控制断面、石匣里控制断面及官厅水库控制断面的生态缺水问题。2020 年永定河山区生态补水量见表 5.11。

表 5.11　　　　　　　　2020 年永定河山区生态补水量　　　　　　　　单位：亿 m^3

河流	控制断面	频率	基本生态需水量	配置后河道内生态水量			
				当地径流下泄量	再生水	引黄水	合计
桑干河	东榆林水库	多年平均		0.59			
		75%		0.46		1.06	1.52
		95%		0.27		2.10	2.37
	固定桥	多年平均		1.40			
		75%		1.18		0.84	2.02
		95%		0.77		1.66	2.43
	册田水库	多年平均	0.79	0.99			
		75%		0.79		0.75	1.54
		95%		0.42		1.55	1.97
	石匣里	多年平均	1.33	1.51			
		75%		1.21		0.64	1.85
		95%		0.85		1.34	2.19

续表

河流	控制断面	频率	基本生态需水量	配置后河道内生态水量			
				当地径流下泄量	再生水	引黄水	合计
洋河	友谊水库	多年平均	0.15	0.35			
		75%		0.25			
		95%		0.15			
	响水堡	多年平均	0.89	1.61			
		75%		1.29			
		95%		0.89			
永定河	官厅水库	多年平均	2.44	3.43			3.43
		75%		2.48		0.58	3.06
		95%		1.68		1.19	2.87
	三家店	多年平均	2.6	1.92	0.75		2.67
		75%		1.35	0.75	0.50	2.60
		95%		0.85	0.75	1.00	2.60

5.3.4　河道外生态环境需水量

到 2020 年，城镇绿地灌溉、河湖补水、环境卫生用水和农村湖泊补水等河道外生态环境需水 1.03 亿 m³。

综上所述，2020 年永定河山区需水控制量为 21.03 亿 m³，具体见表 5.12。

表 5.12　　　　　　　　　　2020 年永定河山区需水控制量　　　　　　　　单位：亿 m³

分区	省级行政区	地级行政区	需水量				
			合计	生活	工业	农业	生态环境
册田水库以上	山西	大同	4.77	1.06	1.42	1.85	0.44
		朔州	5.1	0.67	1.09	3.12	0.22
		忻州	0.16	0.06	0.05	0.02	0.03
	内蒙古	乌兰察布	0.63	0.12	0.07	0.42	0.02
	小计		10.66	1.91	2.63	5.41	0.71
册田水库至三家店区间	北京	北京	0.57	0.3	0.02	0.05	0.2
	河北	张家口	7.42	1.3	0.94	5.03	0.15
	山西	大同	1.56	0.19	0.05	1.28	0.04
	内蒙古	乌兰察布	0.82	0.11	0.04	0.64	0.03
	小计		10.37	1.9	1.05	7	0.42
合计			21.03	3.81	3.68	12.41	1.13

第 6 章

流 域 生 态 水 量 调 度

6.1 生态水量调度研究进展

6.1.1 生态水量调度的含义

水库的修建改变了天然状态下的河流水文情势，产生了各种生态环境问题，严重影响了河流生态系统的健康。生态调度是水资源调度的最新阶段，在水资源调度中坚持保护和改善流域的生态与环境，是实现面向生态与环境的水资源合理配置的重要手段。生态水量调度就是要求把生态考虑进去，实现经济效益、生态效益的最大化。

目前国内外学术界对生态调度还没有一个明确的定义。水利工程的修建在发挥积极作用的同时也产生了各种生态负效应。一般认为，生态调度就是在水利工程运行和管理中把生态这一要素考虑进去，通过改变水利工程调度方式与运行管理把不利影响降到最低，以此来满足河流生态系统的要求。其实质就是将生态目标纳入到日常水库综合调度过程当中，耦合调度理论及规则，通过水库合理泄水的方式，达到修复和维持河流生态系统的目的。

6.1.2 国内外研究进展

6.1.2.1 国外研究进展

在国外，美国、日本、澳大利亚等发达国家在修建水利工程与实施水库调度时，对河流的生态问题给予了足够的重视。但由于发展阶段和设计理念等的不同，国外没有生态调度这一概念，但关于水库对河流生态系统的影响研究早在 20 世纪 70 年代就开始了。国外学者结合广泛开展的水利工程建设对大坝的不利影响研究，对相关理论和技术做了大量的实证性研究。20 世纪 80 年代中期开始，欧美一些发达国家的管理和决策部门为减少大坝的不利影响，对水库的调度运行方式进行了调整，在保证航运、防洪、发电等原有重要功能的同时，在区域水质改善、娱乐和经济发展方面发挥了重要作用。美国大古力（GCD）水坝水库调度方式由满足防洪和发电需求转变为满足溯河产卵的鱼类种群的寻址需求上。1995 年，美国海洋渔业局提出生物学家的意见是决定工程调度的主要因素。20 世纪 90 年代初，为了提高水库下游河道最小流量和溶解氧标准，美国田纳西流域管理局（TVA）就其管理的水库的调度运行方式进行了优化调整，提出在满足原有河流基本功能（防洪、发电、航运）的同时，为改善下游河道的生态环境发挥了重要作用。2004 年 5 月，TVA将水库调度重点从简单的水位升降调节转化为运用其所管理的水库来管理整个河流生态需水。这些水库调度措施大多是建立在河道生态流量的基础上的。认为河流生态需水是水库生态调度的基础，只有明确了河流生态需水的规律，才可能提出合理可行的水库调度方案。

目前，以尽量维持河流的自然水文特征为目的的水量生态调度要达到以下 2 个目标：一是保证最小生态径流量，二是营造接近自然态的水文情势（洪水过程）。前者在汛期与非汛期都是应该保证的，后者应该在防洪和维持河流生态系统健康之间寻求一个平衡点。1991—1996 年，美国田纳西流域管理局（TVA）对 20 个水库通过提高水库泄流，以下游河道最小流量和溶解氧标准为指标，对水库调度运行方式进行了优化调整。与此同时，管理政策方面的调整也得到各级政府机构的重视，州和联邦政府相关机构、水库股东和社会公众广泛参与了流域管理局技术目标和方案的制定，对于调度优化的效益、成本、环境影响进行了详细的咨询和评估，从而保证了调度方式调整的顺利实施。1993 年，美国弗吉尼亚州洛亚诺克河通过修复春季逐月水流模式，使之更自然，并降低水力发电周期内高、低流量的变化率，使得下游条纹鲈繁殖数量增多。从 1996 年开始，美国联邦能源委员会（FERC）在水电站运行许可审查过程中，要求针对生态与环境影响制定新的水库运行方案，包括提高最小泄流量、增加或改善鱼道、周期性大流量泄流和陆域生态保护措施等。1996 年，美国格伦峡谷大坝进行了一场为期七天的流量为 $1274m^3$ 的受控洪水实验，这次泄水实验的直接结果是产生了大量沙滩，53% 以上的沙滩面积扩大，仅 10% 面积缩小。1997 年，美国加利福尼亚州特拉基河通过模拟洪峰的流量、时机、持续时间及退潮时的变化率，对河滨植被进行修复。美国中央河谷工程现行水库运行方式调整为：水库水量首先用于调节河流、改善航运与防洪；其次用于灌溉与生活用水，及满足鱼类与野生动物需要，用于保护与恢复的目的；第三用于发电和增加鱼类与野生动物。1995 年，加拿大艾伯塔省南部的老人河及其支流在水库调度中增加夏季流量，降低洪水过后水位下降的速度，在丰水年模拟自然水流，以修复河滨植被（棉白杨）和冷水渔业（鲑鱼）。巴西图库鲁伊水电站为了避免给堤岸生态群落造成伤害，在其水库调度规程中规定水电站运行水位不能超过 72.00m。挪威的尼德河、叙纳河、达勒河、曼达尔以发电为主的水库，在水电调峰运行时要求遵循以下原则：在冬季有光照的白天，不应降低调峰流量，停止调峰时，水位下降速度要低于 14cm/h，水电调峰应不定期进行，要保持基本流量和环境流量，这种调度方式实施后，河道鲑鱼的数量大大增加。

国外在利用水资源调度进行生态环境保护方面有很多值得借鉴的实践经验，例如乌克兰德涅斯特河水库利用调度进行河流下游的生态保护，伏尔加河梯级水库的春季生态放水调度等。

1. 乌克兰德涅斯特河水库的生态调度

自德涅斯特河中游建成大型水库（总库容 30 亿 m^3）之后。坝下游水文情势和生态环境发生了变化，且影响到河口。这种变化在很大程度上归因于河流的径流几乎全部（占河口径流量的 80%～85%）被拦蓄在水库内，导致坝下游河道中的水量锐减，例如从 1986 年初至 1987 年 5 月，坝下游的水量比多年平均水量减少近 50%，河口河段的众多湖泊因河流水量小、水温高而干涸，大片芦苇丛因夏季干涸而旱死，栖居鸟类数量大减，德涅斯特罗夫溺谷地区发生"水华"。为了改善已恶化的生态环境，1987—1992 年从德涅斯特罗夫水库进行了若干次生态性放水试验。在总结和吸取前几次生态性放水实践的经验和教训基础上，1991 年和 1992 年德涅斯特河生态放水实践效果显著，不仅适时地补充河口众多湖泊较常年多的水量，还创造了鱼类产卵的有利条件，湿地生态环境得到较大的改善。

2. 伏尔加河梯级水库的春季生态放水调度

为改善水库修建后的伏尔加河的生态环境问题，创造鱼类产卵所需要的水流条件，从 1959 年修筑伏尔加格勒大坝时起，每逢春季都模拟春汛向大坝下游进行专用性放水，在一定程度上改善了下游的生态环境。但根据统计资料，专用性放水实践 30 年，只有 4 年因为是丰水年，鱼类产卵所需的水流条件得到了较好的满足。即使在这样的情况下，渔业仍蒙受损失达 14 亿卢布。

3. 莱茵河生态修复工程

20 世纪 70 年代的莱茵河，鱼类几乎完全消失。1987 年，莱茵河国际委员会（ICPR）通过了重在全面整治河流的"莱茵河行动计划"，开始了对莱茵河水质的污染控制和流域生态系统的恢复重建工作。拆除了为航行、灌溉及防洪建造的各类不合理工程，以草木替代两岸因泥土流失而被迫修建的水泥护坡，部分曾被改弯取直的人工河段重新恢复了自然状态。伴随治理工作的全面展开，1994 年，在莱茵河终于又发现了大麻哈鱼的踪影，鱼的种类也从 20 世纪 70 年代几乎绝迹恢复到 1995 年的 45 种。最新的调查表明，莱茵河生态系统已经恢复到"二战"前的生物多样性水平。

4. 美国生态调度研究

1991—1996 年，田纳西河流域管理局（TVA）在其管理的 20 个水库通过提高水库泄流水量及水质，对水库调度运行方式进行了优化调整。具体包括：通过适当的口调节、涡轮机脉动运行、设置小型机组、再调节堰等提高下游河道最小流量，通过涡轮机通风、涡轮机掺气、表面水泵、掺氧装置、复氧堰等设施，提高了水库下泄水流的溶解氧浓度，对改善下游水域生态环境起了重要作用。2004 年 5 月，TVA 董事会批准了一项新的河流与水库系统调度政策。这项政策将 TVA 的水库调度的视点从水库水位的升降调节转移到运用其所管理的水库，来管理整个河流系统的生态需水量。

6.1.2.2　国内研究进展

我国生态水量调度起步相对较晚，在早期开展了积极探索，且近年来发展迅速。

20 世纪 80 年代以来，水库改善环境调度的研究与实践不断在全国各地付诸实施，取得了较大成就，取得良好的效果。黄河水利委员会为实现黄河功能性不断流的目标，在黄河水量调度工作中，关注生态用水，加强重要河段生态需水量及其过程的研究，对黄河下游特别是河口地区的生态水量进行探索。20 世纪 80 年代，国内研究人员开始针对生态基流、最适宜不同鱼类生长的河道流速与温度以及生态需水开展研究，探索水库水温纵向分层对河流生态产生的负面影响。2001 年，有学者探讨了水库生态调度和水体营养物削减之间的相互影响，倡导水力学与生态学之间的交叉学科研究。2007 年，付青、吴险峰等[112]考虑生态与环境影响，将生态效益和社会效益量化，与经济效益一同构成水资源调度的目标，建立了多水源、多用户的缺水城市水资源优化调度模型，并将该模型运用在北方缺水城市（山东省枣庄市）。2007 年，郑志飞[113]对黄河下游生态环境需水量进行了研究，界定了黄河下游生态环境需水量的概念及内涵，将黄河下游生态环境需水量分为河流生态需水量、河流输沙需水量、河流水污染防治需水量、河口区生态环境需水量四个方面进行研究，求出了各河段的生态环境需水量在生态环境需水量研究的基础上，论文建立了考虑生态环境影响的黄河下游水库群优化调度模型，并对计算结果与常规水库群优化调度模型的计算结果进行了比较和分析，针对黄河水流含沙量高的特点，并以圣维南方程组为基础与考虑泥沙因素的黄河下游水质传播经验公式相耦合的方法，初步研究了适用于黄河下游的水量水质模拟模型。2008 年，有学者构建了考虑河流生态流量过程线的水库生态调度模型，通过模型计算分析，制定了牺牲较小的发电效益达到生态环境目标要求的生态调度方案。2008 年，国内有学者建立了水库生态调度多目标数学模型，并用可行搜索离散微分动态规划（FS-DDDP）算法对模型进行求解。2008 年，陈龙[114]根据未来区域景观河多水源供需变化，考虑雨水、再生水及原水的相互协调，利用技术及非技术手段，从水量水质的角度寻求满足景观河生态需水量及水资源合理利用的最佳途径，建立了景观河的水量水质联合优化调度模型。2009 年，舒丹丹[115]在系统总结了国内外关于水库优化调度方法及生态调度的研究现状的基础上，从四个方面分析了水利工程对河流生态的影响，探讨了生态友好型水库调度的内涵、任务和准则，通过水量指标来量化水库调度的效益函数，并建立了多目标数学模型，最后以燕山水库为例，建立了生态友好型水库调度模型，采用动态规划逆时序递推算法确定出最优方案以指导实际工作，并对全文的研究成果进行了总结，提出了下一步的研究重点。2009 年，毕栋威[116]在漳泽水库原有的调度模式下将生态调度的思想加入到调度过程，在满足水库防洪兴利的基础上充分考虑到生态环境的因素，使得漳泽水库的调度模式得到进一步的完善。2010 年，康玲、黄云燕、杨正祥等[117]针对汉江中下游的主要生态问题，结合不同时期生态因子和水文观测资料，分析计算了汉江的最小生态流量、适宜生态流量以及四大家鱼产卵所需要的洪水脉冲过程，通过建立丹江口水库生态调度模型，选取典型代表年，对丹江口水库进行河流生态需水量和人造洪水调度。2011 年，李艳平[118]提出漓江补水工程中的生态调度的四个方面，即：①建立水库群联合多目标生态调度模型；②确保下放河道内最小生态需水量；③建设分层取水设施，降低低温水影响；④优化初期蓄水调度方式，确保不断流。实现了合理配置水资源、保护漓江生态环境的目标。2011 年，邱海岭[119]分析了新疆和田河下泄塔里木河生态水不能满足要求的主要原因，并结合水文实测资料对各断面间流量的分析成果，提出了玉龙喀什水库工程满足塔里木河生态供水的调度方式，为塔里木河的生态供水起到借鉴意义。2011年，闫大鹏、王莉等[120]在对黑河上游黄藏寺水库所采用调水的运用方式的研究中，确定了进入额济纳旗绿洲的生态水量，并且可以基本满足原河道生态用水的要求。2012 年，有学者构建了考虑生态用水的水库群生态调度模型，基于优化调度模型的求解结果，制定了流域梯级水库的生态调度规则。国内学者建立的生态调度模型一般采取两种形式：一种是将生态目标作为水库多目标问题其中的一个目标考虑，另一种是将生态因素作为模型约束条件来考虑，此约束一般是水库下游河流的生态需水。2012 年，刘龙丽[121]提出了实施北洛河生态水量调度，并结合流域已有站点的实际分布，分析选取了生态水量调度控制断面，综合考虑各断面生态环境低限流量及污染物控制所需流量，提出了生态控制断面的控制流量，为洛河水量调度提供了技术支撑。2012 年，刘银迪[122]针对浑太河流域水资源短缺和河流生态环境恶化等问题，开展基于生态的水库群联合调度研究，在保障防洪安全的前提下，通过水库的调度和调蓄优化流域的水量分配，改善下游河道的生态环境质量，对浑太河流域经济社会和生态环境的可持续发展起着重要意义。2012年，陈端、陈求稳、陈进[123]以锦屏梯级水库为案例，从系统工程论的角度出发，将梯级水库作为物理系统，以年发电量为目标函数，建立了梯级水库调度优化模型，为减少水库调度对河道生态系统的影响，在鱼类栖息地模拟的研究基础上，引入目标物种的生态需水过程对调度模型进行动态约束，并采用改进的遗传算法进行求解，得到了满足目标鱼类生态需水条件下发电量最大的梯级水库调度策略，并对生态流量满足程度与工程效益损失之间的定量响应关系进行了研究，提出了折中方案选择的基本原则。2013年，韩艳利、王新功等[124]根据黄河水量调度10年来的水文、水质监测数据，结合黄河干流开展的相关生态研究成果，从水环境质量、生态基流、湿地类型及面积等方面评价黄河水量10年调度的生态环境效益和存在问题，为水资源综合管理提供技术依据。2014年，乔晔、廖鸿志、蔡玉鹏等[125]在分析总结了国内外利用水库生态调度方式减缓工程不利影响的实例与研究进展的基础上，详细介绍了三峡水库生态调度实践及存在的不足，指出应从水库下游生态保护目标的修复角度出发，针对河流生态系统的高度复杂性与不确定性、人类对生态系统认知的局限性以及人类开发活动影响的难以预知性等，开展适宜于我国水利工程的生态适应性管理研究，指出了今后应加强生态需水量研究和生态适应性管理。2014年，毛陶金[126]从生态水文学入手，从水库修建运行对下游水文情势的影响、生态需水量调度目标、泥沙调度目标、生态洪水调度目标、水温调度目标等方面进行了研究，对缓解水利水电工程造成的河流生态问题、恢复和重建退化的河流生态系统，促进新建水利水电工程的生态保护措施有重要的理论意义和指导作用。2015年，李晓春[127]提出了渭河主要断面生态流量控制指标，制定了渭河宝鸡段生态调度方案，同时，围绕陕西省渭河全线综合整治目标的实现，从管理体制机制、政策法规和水资源管理三方面提出了科学有效的综合保障机制，保障和促进渭河全线综合整治规划目标的实现。2016年，章文[128]就大型水利工程对河流生态产生的影响进行了分析，探讨了水利工程生态调度实施的前提，提出构建水利工程生态调度系统的相关内容，对基于可利用水资源系统的水利工程生态调度实践起到了参考作用。2016年，郭宝东[129]详细说明了河流生态环境水的概念，明确了管理部门和职责，介绍了生态环境用水量的确定方式和生态环境水的调度方案。2016年，王道席、张婕等[130]通过对中游农作物用水规律、下游植被的生态需水规律、维持东居延海适宜水量等的研究，提出春季集中调度、适时洪水调度、秋季3个月连调的生态水量调度模式，提出并采取了加强水调督查、用水管理等措施进行黑河生态水量调度，使进入下游的水量明显增加、河道断流天数逐年减少、生态环境恶化的趋势得到遏制、东居延海湖区周边生态环境得到显著改善。2017年，汪瑶[131]在调查海河流域水环境问题的基础上，采用水量平衡法等分析海河流域的生态环境需水量，依据水资源供需平衡分析和南水北调中线工程可调水量，得出中线工程通水后几乎可以保证生活、工业和城市生态环境用水，枯水年需要综合运用节水、弃水、退水、雨洪资源化等手段，地下水生态环境的修复需采取以丰补枯的方式逐步恢复，为南水北调水量调度提供了参考信息。2017年，黄强、赵梦龙等[132]介绍了生态流量、生态调度等概念，分析了考虑生态水量、泥沙、水质等生态因子的生态调度方式，讨论了水库的综合调度，指明了水库生态调度的研究前沿与发展方向。2017年，梅超、尹明万等[133]建立了黔中水库群长期优化调度模型，设置了3套河道内基本生态需水量方案，在综合比较上述 3 套方案调度结果及分析其规律的基础上，设置了最终推荐的生态调度方案，调度结果表明，该基本生态需水量方案对黔中水库群长期优化调度是适用的。2017 年，谢洪[134]从汾河干流主要生态问题入手，识别汾河水库生态调度目标，确定合理的汾河干流生态需水量，建立水库生态优化调度模型并求解，并对调度结果进行分析评价。2017 年，孙雅琦[135]基于黑河下游生态保护与恢复目标，依据相关原理与公式计算出黑河下游生态需水量；并参考已有地下水模拟模型对绿洲核心区各生态片区水量调配前期地下水流场和地下水埋深分布情况的相关研究成果，分析各生态片区灌溉前期地下水埋深总体状况和缺水程度，结合绿洲核心区各生态片区主要植被类型及规模，确定各生态片区适宜地下水埋深，并通过反复模拟计算，确定各生态片区适宜的分配水量。2017 年，司源、王远见等[136]在系统梳理了 20 世纪中期以来国内外河流生态需水与生态调度的概念、方法、应用效果后，针对黄河下游的现状对这些研究的适用性和应用前景做了述评，提出了黄河下游生态需水与生态调度仍存在水文过程与生态系统作用关系尚未厘清、生态流量与水库调度尺度存在差异、黄河下游水库综合利用任务较难协调、未来水沙变化等因素具有不确定性等问题。2018 年，周涛、董增川、武婕等[137]在采用湿周法、Tennant 法、频率曲线法等生态需水计算方法计算汾河的生态基流量，并综合考虑河道下渗、植被需水等因素后，提出了汾河上中游的生态需水要求，在此基础上，提出了汾河水库与汾河二库联合调度模型，制定了合理的、考虑生态的水库调度规则，最后，考虑近年来引黄水量增加，运用遗传算法对调度线进行优化，提高了水资源利用率。2018 年，张柏山[138]在对黄河生态水量调度的探索实践中，提出要树立生态文明理念，推动黄河生态调度，维护河流健康功能，贯彻"节水优先、空间均衡、系统治理、两手发力"的治水思路，"开源节流"。2019 年，冯硕[139]通过对乌金塘水库所在流域建库前后水文情势变化情况的分析，将生态放流方案分为基本生态需水方案及适宜生态需水方案，分别确定两种方案下乌金塘水库可以泄放的生态水量和生态水量满足程度，同时，推荐不同情景下可优先选择的生态放流方案。2019 年，纪海花[140]在分析呼图壁河流域生态特征及现有水利工程的基础上，针对呼图壁河水资源时空分布不均，缺水问题日益突出，下游河段生态环境恶化的形势，提出改变和调整流域内已建水利工程现状调度方式来保障全年生态水量的建议，为其他河湖生态基流的确定提供借鉴。2019 年，乔钰、胡慧杰[141]以 2018 年黄河下游生态水量调度为例，分析生态调度实践情况，在确定了生态水量调度目标及原则的基础上，对生态水量调度方案以及生态水量调度效果进行了分析，结果得出黄河下游生态水量调度实践有效增加了入海淡水资源量，提高了生态流量满足程度，进一步增加了下游湿地面积，维持和改善了河道生态廊道功能，促进了水生生境的保护与修复。2019 年，刘钢、杜得彦等[142]系统总结了水量统一调度以来，黑河流域生态调水工作取得的进展，梳理了流域水资源管理与调度、水资源配置等方面的最新成果，分析了黑河生态水量调度面临的重大问题，并提出当前及今后一段时期主要科技需求。2020 年，刘铁龙[143]针对渭河干流宝鸡峡至魏家堡河段生态流量保证率低的问题，基于层次化需水理论方法和利益相关方解析，提出了渭河流域农业、工业、生活、生态等不同类型用水的优先等级，综合确定了层次化的生态环境需水和经济社会需水保障次序，在此基础上，基于不同情景下利益相关方损益分析，按照基于最小生态流量的水生态保障义务、基于低限生态流量的水生态补偿过渡、基于适宜生态流

量的水生态补偿责任 3 个层次，提出了渭河宝鸡段水生态补偿机制，并提出了不同情景下的生态流量调度方案和具体补偿措施。2020 年，黄志鸿、董增川、周涛等[144]通过设定适宜生态流量上限和下限，以生态溢缺水率和综合缺水率作为目标建立了浊漳河流域水库群生态调度模型，模型在时间上解决了年际间缺水不平衡的情况，在空间上完成了下游共同承担的生态供水任务，提高了浊漳河流域水库群多年平均生态满足度。

　　从 1999 年起，水利部对黄河流域实施水资源统一调度，在连续 8 年来水偏枯的情况下，实现干流不断流，使日益恶化的生态环境得以恢复。自 2002 年以来，通过对小浪底、三门峡、万家寨水利枢纽的联合调度，调整天然水沙过程，经过 7 次调水调沙，将 4.8 亿 t 泥沙输送入海，下游河道刷深 0.8m 以上，主槽断面明显扩大，黄河口退化的湿地功能得到有效恢复，湿地结构趋于平衡，鸟类种类和数量明显增多。2004 年以来，黄河水质状况明显变好，2007 年Ⅰ～Ⅲ类水质河长达全河的 80%，全河基本上没有Ⅴ类和劣Ⅴ类水出现，在 2008 年 4 月和 5 月初的黄河实时调度过程中，有意塑造了河口地区一定的流量变化过程，以保证鱼类安全度过繁殖关键期。淮河流域对 4 座水闸进行生态水量应急调度，采取了人工"错峰"等措施，充分利用淮河干流水环境容量，稀释消散沙颍河高浓度污染水。海河流域通过小清河和白洋淀，把永定河与大清河联系起来，实施中小洪水情况下两条河流的联合调度，用永定河洪水改善了大清河以及沿河地区的生态状况。我国第二大内陆河黑河连续几年向下游输水，干涸多年的终端湖泊东居延海出现了 36km² 的水面。我国最大的内陆河塔里木河，下游河道断流 20 多年，塔里木河流域管理局充分利用开都河连续丰水年有利条件，在 2000—2005 年从博斯腾湖向塔里木河下游实施了 7 次应急生态输水，输水总量达 20.42 亿 m³，取得了良好生态恢复效果，下游河道从 2001 年起恢复过流，尾闾台特玛湖水域面积最大达 200km²，两岸大片胡杨林复苏，两大沙漠中间的绿色走廊重现生机。2002 年开始，水利部启动了"引江济太"调水工程，引长江水入太湖，利用太湖的调蓄作用，有效改善了太湖流域的水环境，缓解了太湖周边地区用水紧张的状况。水利部组织实施了南四湖应急生态补水、扎龙湿地补水、引察（察尔森水库）济向（向海湿地）、引岳（岳城水库）济淀（白洋淀）等生态调度工作，都取得了良好的生态和社会效益。

6.1.3　发展趋势

　　生态水量调度理念已得到广泛接受，同时在实践中的探索和应用也不断深化。国内外生态水量调度具有如下发展趋势：

　　（1）生态水量调度的理论和方法不断完善。一方面，生态调度的物理机制尚不明晰，大量基于经验统计的生态调度工作难以从本质上解决经济发展与生态效益之间的矛盾。从经验化转向理论化是生态水量调度未来发展的必然趋势，从机理层面构建生态调度模型、对调度的效果进行量化将成为研究领域的前沿问题。另一方面，调度方法和技术的先进性及系统性不断提高。目前主流方向是耦合河湖水文水动力学过程和水利工程调度方式开展生态水量调度。如建立水库非恒定流数学模型，通过优化水库调节方式，在库区形成大范围的"潮汐"作用增加支流与干流水体交换，抑制支流水华发生。还有以提高经济与生态用水灵活性、增加生态用水保证率为目标，建立包含主要干支流、多座水库、众多闸坝的多目标优化调度模型。

（2）生态水量调度由应急调度向常态化调度方向发展。以往生态水量调度多是应对自然灾害或生态灾难的应急性调度，并且主要通过行政手段实施。如早期黄河生态水量调度主要是为了防止黄河下游断流而开展，珠江流域生态水量调度主要是为了应对河口咸潮上游而引发的供水危机，这些调度具有试验性、应急性特点。而随着河湖水生态退化成为我国突出的水问题，生态水量调度正逐步向制度化、常态化方向发展，许多流域和区域出台了生态水量保障方案。如陕西省出台了《基于生态流量保障的水量调度方案》，结合全省江河水系基本情况，提出了主要江河生态流量目标、保障生态流量的水量调度原则和分级实施调度方式。

（3）生态水量调度正从单一调度向综合性调度方向发展。早期的生态水量调度主要针对单一生态环境因子的单一水利工程调度（主要是水库），其实质是针对河川径流在不同用水目标间的重新分配，随着理论研究的深入和实践经验的累积，生态水量调度已发展到基于多种工程和管理措施，面向流域水资源多目标管理的综合性调控。在调度目标上，不单考虑河道生态水量要求，也兼顾其他水资源利用目标要求；在调度水源上，不仅考虑本地河川径流，更重要的是通过多种水源的联合调配保障河湖生态水量；在调度措施上，更多考虑通过流域水资源供给与配置工程体系的联合运用。

（4）河湖生态水量保障的优先级不断提高。国家将生态水量保障提升到生态文明建设和水利改革发展全局的高度。水利部近期修正了我国河湖生态环境需水计算方法，制定了重点河湖主要控制断面生态流量监管目标和重点河湖生态流量保障实施方案，并将河湖基本生态环境需水保障的优先提高到一般性的生产用水之前。水利部按照"遵循河湖自然规律、保护河湖生态对象、兼顾河湖开发现状、利于水量调度监管"原则，计划在长江、黄河等7大流域范围21条重点河湖内确定49个主要控制断面生态流量管控目标。

6.2　生态水量调度技术方法

6.2.1　生态水量调度原则与形式

6.2.1.1　生态水量调度原则

针对永定河官厅水库上游水资源状况、特点以及各地水资源开发利用情况以及生态环境现状，考虑到水资源管理和生态水量调度需求，坚持以下基本原则：

（1）以河道内生态水量保障目标为调度目标，综合考虑永定河上游水资源情势，充分利用当地水、合理补充再生水、适时开展引黄及南水北调生态补水，保障永定河生态用水。

（2）依据生态水量目标和生态需水过程，确定调度对象、调度水量和调度时间。遇枯水年或特枯年，年内过程应尽量满足基本生态需水过程要求，若来水年内分布不利，应保证各月下泄生态水量不低于最小生态需水量。

（3）永定河流域河道外用水应实行总量控制，用水总量不得超过水资源配置方案供水量，以保证河道内生态水量。

6.2.1.2　生态水量调度形式

实施生态调度的主要目的是，适时适地的提供生态环境良性循环所需的水量，包括调蓄汛期洪水为非汛期的生态环境提供保障，通过水库调度改善下游河道水质，调整水库调度下泄方式，减轻因自然水文周期的人工化而对生态系统造成的胁迫。对应上述不同类型生态环境的要求，现阶段生态调度的主要形式包括：生态水量调度、生态洪水调度、水质调度、泥沙调度、生态因子调度、水系连通性调度以及生态综合调度等。

（1）生态水量调度。生态水量调度是为维护生态系统健康、保护生物多样性以及生态系统完整性需要进行的调度，保证一定数量的径流。生态水量调度要满足河流一定的生态需水要求，维持河流生态平衡，不允许时段下泄的径流量小于最小生态径流量，更不能造成河段断流、干涸，维护河流生态系统结构、功能和形态，遏制由于河道内流量减少或断流所造成的生态环境恶化，改善河流系统基本结构与基本功能，维持河流水生生物繁衍生存。维持河道外与河流连接的湖泊、湿地的基本功能需水量。

（2）生态洪水调度。综合考虑水文情势变化对水生生物多样性产生影响，水库泄流过程模拟天然水文情势，通过合理控制水库下泄流量和时间，人为制造洪峰过程，减轻由于流量过程变化导致的水生物种繁殖、产卵等生活模式的改变，维持岸栖物种的种群生存能力。

（3）水质调度。以改善水质为目标的生态调度可以通过以丰补枯，以清释污，加大放水，加快缓流区的水体流动，显著提高下游河道环境容量，破坏水体富营养化条件。如在调度中合理利用泄水建筑物，采用分层取水设施，增加表孔泄流等措施解决下泄水温的问题；采用多层泄水设施调节水库下泄方式，适当延长溢流时间，防止水中气体过饱和现象。

（4）泥沙调度。水库通过调整泄流方式，蓄清排浑，调整出库水流的含沙量和流量过程，降低下游河道冲刷强度。汛期降低水库水位泄流排沙，在非汛期蓄水，充分发挥水库的综合效益，实现库区泥沙冲淤平衡。

（5）生态因子调度。河流生态流量、水体温度以及水体气体溶解度等因素都直接影响鱼类等水生生物种群数量，或通过影响水生生物栖息环境而对其产生间接影响。在进行以恢复生物资源为目标的生态调度时，根据不同水生生物的生活习性，通过调整下泄方式，改变下泄水流的流速、水温，满足下游水生动物产卵、繁殖等需求。

（6）水系连通性调度。长江流域目前大型通江湖泊仅有鄱阳湖和洞庭湖两个，江湖阻隔严重影响了洄游鱼类的生长与繁殖，而水库的修建则破坏了河流上下游的联通。为能解决由水系连通受阻而引起的各类生态问题，需要通过统一制定长江流域水库群的调度运行方式，恢复河流与湖泊的连通性、干流与支流的连通性，缓解水利工程建筑物对于干支流的分割以及河流湖泊的阻隔作用。必要时可以辅助工程措施增加水系和水网的连通性。

（7）生态综合调度。随着生态调度研究工作的不断完善和生态调度实践工作的不断发展，在水库调度中综合考虑社会经济效益和生态效益，实现水库的综合调度，成为水库调度领域一个新的研究方向。包括两个方面，一是各生态因子之间的综合调度，如生态水量与水质联合调度、水沙联合调度、水量与水温联合调度等；二是生态目标与非生态目标之间的综合调度，即实现水库的社会、经济、生态之间的综合调度。

6.2.2 研究对象

研究范围为梁各庄以上流域，含永定河山区和下游平原段，如图6.1所示。

研究对象包括册田水库、友谊水库、响水堡水库、官厅水库和平原段控制性闸坝三家店拦河闸、卢沟桥拦河闸、屈家店枢纽。

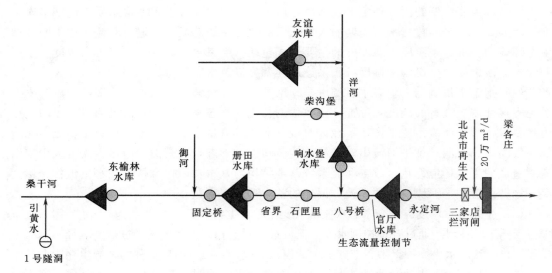

图 6.1 生态水量调度研究范围示意图（后附彩图）

1. 册田水库

册田水库是桑干河干流上的大型水库，位于大同市城区东南约 60km 处。水库总库容 5.8 亿 m^3，兴利库容 0.92 亿 m^3，控制流域面积 16700km²，约占官厅水库汇水面积的 39%，是一座集城市供水、防洪、灌溉、拦沙、水产养殖、休闲旅游等多功能于一体的大型水库。水库死水位 950m，主汛期（7 月 16 日—8 月 15 日）控制水位 955.0m、非主汛期控制水位 955.5m，正常高水位 956m。

2. 友谊水库

友谊水库是东洋河上的大型水库，位于河北张家口市尚义县与内蒙古兴和县交界处，总库容 1.16 亿 m^3，兴利库容 0.29 亿 m^3，控制流域面积 2250km²，以防洪、灌溉为主。水库防洪标准为 100 年一遇洪水设计，2000 年一遇洪水校核。水库特征水位情况：死水位 1185m，汛限水位 1192m，正常高水位 1197m。水库承担着万全、怀安、尚义三县 20 万亩农田灌溉任务。

3. 响水堡水库

响水堡水库位于洋河干流宣化县境内，是由怀来县兴建管理用于灌溉的中型水库。总库容 5750 万 m^3，兴利库容 2840 万 m^3，为季调式缓洪蓄清水库，目前水库已淤积 1095 万 m^3，汛期空库迎汛。

4. 官厅水库

官厅水库坝址位于官厅山峡入口处，控制流域面积 43402km²，占永定河流域总面积的 92.8%，是中华人民共和国成立后建成的第一座大型水库。官厅水库上游主要有发源于山西省宁武县的桑干河和发源于内蒙古自治区的兴和县的洋河，以及发源于北京延庆县的妫水河三条支流，流经内蒙古自治区、山西省、河北省。

5. 三家店拦河闸

闸底高程 102m，设计流量 5000m³/s，校核流量 7700m³/s。

6. 卢沟桥拦河闸

闸底高程 60.5m，设计流量 2500m³/s，校核流量 3000m³/s。

7. 屈家店枢纽

闸底高程 0.3m，设计流量 1020m³/s，校核流量 1320m³/s。

本章将面向永定河绿色生态廊道构建需求，围绕生态水源及如何将不同水源根据生态需水目标在时空上协同调配和精细化利用开展研究。

运用水文学方法，预测入库径流量及过程。根据本水库的控制运用指标、水库现有调度方式及下游河道生态需水方面的要求，制定各运行期的运行方式及各种控制水位，遭遇各种洪水或枯水的调度规则，生态补水过程和生态效益指标。根据长期径流预报及其误差概率分布，并结合水库调度图拟定年内水库运行控制水位过程线及其可能的变幅，作为年度调度计划的重要参考依据。

6.2.3　水库调度分类

（1）按水库调度目标划分。水库调度可分为防洪调度、发电调度、灌溉调度、供水调度、综合利用调度等。根据时间的长短，发电调度又可分为长期调度、中短期调度和厂内经济运行。长期调度一般是以年为调度周期，以月、旬或周为计算时段，研究一年内各月（旬或周）的运行方式；中短期调度一般以月、旬或周为调度周期，以天或小时为计算时段，研究一月、旬或一周内每天或每小时水库的发电出力；而厂内经济运行主要是研究在水电站全厂出力已定的情况下，如何确定开机台数及机组间负荷的分配，以使全厂的耗水量最小。

（2）按研究的方法划分。水库调度可分为常规调度和优化调度。

1）常规调度。水电站水库常规调度是以实测的径流历时特性资料为依据计算编制水库调度图，根据面临时刻水库实际蓄水在调度图中的位置进行调度，决策水库的调度运行方式。

2）优化调度。优化调度是在已知系统结构类型，水电站及其水库，系统其他组成单元的功能、任务、参数、特性等原始数据和各种信息的约束条件下，为满足各有关部门的用水要求，按运行调度基本原则，利用优化理论方法，实现对水资源的优化配置，即寻求水库的最优运行调度方式。

6.2.4　调度技术方法

6.2.4.1　常规调度方法

水库调度图是常规调度的基础，以实测的径流历时资料为依据进行计算编制。水库调度图是以时间为横坐标，以水库蓄水量或水位为纵坐标，由一些控制水库蓄水和供水的指示线所组成的曲线图。在绘制得到水库调度图之后，结合水电站在不同情况下的调度规则，可根据面临时刻水库实际蓄水在调度图中的位置和调度规则进行调度，确定水库和水电站各时刻的工作情况，决策水库的调度运行方式。

常规调度方法可分为两大类。第一类是利用径流的时历特性进行计算的方法，叫作时历法。第二类是利用径流的统计（频率）特性进行计算的方法，叫作数理统计法。

1. 时历法

时历法又有列表计算和图解计算之分。列表法是直接利用过去观测到的资料，以列表形式进行计算的方法。图解法是先根据观测资料做出累积过程线，在累积曲线上进行图解计算的方法。在水电站水库调度中，广泛采用时历法。时历法的计算结果给出调度后的利用流量、水库存蓄水量、弃水量以及水库水位等因素随时序的变化过程。它具有简单直观、面貌清晰、同时能把其他影响调度的因素计入其内，诸如较复杂的用水过程和考虑水量损失计算等优点。

2. 数理统计法

数理统计法多用于多年调节的计算中。多年调节计算要有年际变化的资料。直接利用以往多年资料进行计算的叫作时历法，对以往资料进行频率统计，作出频率曲线，利用这条曲线进行来水与用水对照的计算叫作统计法。计算的结果直接以调节水量、水库存水量、多余和不足水量的频率曲线的形式表示出来。

6.2.4.2　优化调度方法

水库优化调度模型通过建立水库调度的数学模型加以实现。水库优化调度模型根据径流描述方法可分为确定性模型、随机模型及隐随机模型；按目标的不同又可分为单目标模型和多目标模型。模型的求解方法主要有两大类：系统分析法和智能优化算法。

1. 系统分析法

系统分析法一般可分为数学规划及概率模型两大类。数学规划在系统分析中占显要地位，其中包括线性规划、非线性规划、动态规划、网络分析法等；概率模型考虑事态发生的随机性，其中包括排队论、马尔可夫决策过程、系统可靠性分析等。另外还有决策分析、模拟、模糊集理论和大系统分解协调技术等系统分析方法。

（1）线性规划（LP）。线性规划是最早的、最简单的、广泛应用的一种数学规划方法，属于静态规划，有成熟、通用的求解方法及程序。它处理高维问题的能力比较强，可从任意初始解开始求解，易于处理复杂的约束条件，算法简单，计算速度快。但是，线性规划要求目标函数和约束条件必须是线性的。线性规划由于将非线性问题线性化，误差较大，因此在实际应用中受到一定的限制。

（2）非线性规划（NLP）。非线性规划能有效地处理不可分目标函数和非线性约束问题。非线性规划的基本原理是排列组合理论，组合数目将随变量的增加而迅速增大，对高维问题难以应用。求解非线性规划问题时，应根据问题的数学模型的具体情况采取合适的求解方法，但非线性规划优化过程较慢，且需要大量计算机内存及计时，没有通用求解方法和程序，使得它在水库调度中的应用不如动态规划和线性规划那么广泛。

（3）动态规划（DP）。动态规划是由美国数学家 Bellman 在 20 世纪 50 年代初时提出的，用于优化计算多阶段决策过程问题。它将整体按时间或空间分成若干个阶段，把多阶段决策问题表示为前后有关联的一系列单阶段决策问题，然后逐个加以解决，从而求出整个问题的最优决策序列。由于动态规划法可使一个多变量复杂的高维问题，转化为一个相对简单的低维问题，且能较方便的处理目标函数和不等式约束，动态规划及其扩展算法越来越广泛地应用于水库或水电站群的优化调度问题。美国的 J. D. C. Little （1955 年）把动态规划（DP）应用于水库优化调度中，G. K. Young （1967）提出了 DP 模型并研究了确定性来水条件下的水库优化调度 DP 法。由于其分解的有效性及求解的精度与增加的状态数目和网格的大小有关，随着状态变量和网格的增加，所需求解的维数越来越多，即出现所谓"维数灾"。为了克服"维数灾"困难，国内外学者已提出不少改进方法，如增量动态规划方法（IDP）、状态逐密动态规划法、逐次逼近增量动态规划方法（IDPSA）、逐步优化算法（POA）等。

1）增量动态规划方法（IDP），也称离散微分动态规划方法（DDDP），是动态规划的一种改进方法，它用逐次逼近的方法（迭代法）寻优，每次寻优只能在某个状态序列附近的小范围内用动态规划法进行。

2）状态逐密动态规划法，是一种可比动态规划法进一步减少计算工作量的方法，它是在状态空间内，先以较低的精度要求，取较少的状态数目，在较稀的网格内选优。然后再在该精度较低的优化状态序列范围内，加密状态以提高精度，再一次选优。这样逐步加密，多次选优，直到精度满足要求为止。

3）逐次逼近增量动态规划方法（IDPSA），是求解多维问题的有效方法之一，它的基本思想是把带有若干决策变量的问题分解成仅带有1个决策变量的问题，从而节省了计算工作量，便于计算机求解。一般用于求解多水库调度问题。

4）逐步优化算法（POA），是1975年由加拿大学者H. R. Howson和N. G. F. Sando提出的，用于求解多状态动态规划问题。该算法是将多阶段问题分解为多个两阶段问题，每次都只对多阶段决策中的两个阶段的决策进行优化调整，将上次优化结果作为下次优化的初始条件，如此逐时段进行，反复循环，直至收敛。它突出的优点就是不需要把状态变量离散，故占用内存少，速度快，计算精度高。

（4）网络分析法。网络分析法与动态规划法类似，是一种高效实用的算法。网络分析法综合了图论中的经典算法（如最短路径、宽度搜索算法），能够很好地解决一些动态规划无法解决的问题。网络分析法属图论的组成部分，许多工程系统包括水库系统都可以用图形来描述，这种图形由许多点和连接这些点的线所构成，生产实际问题中有时还需在图上标明某个数量指标，这种带有数量指标的图称为网络。许多线性规划问题都可以转化为网络模型。网络模型具有计算速度快，所需储存较少，国外将网络模型用于研究较大水库群系统优化调度已取得一些成果，我国也已开始用网络模型研究水库调度问题，但由于运用网络解决具体问题没有现成的模式可以套用，需要对实际情况进行分析，这限制了网络模型的通用性。

大系统的分解协调思想最早见于求解线性规划问题的Dantzig - Wolfe分解法，由于子问题的变量及约束条件相对较少，求解较为容易，在水库调度方面取得较为广泛的应用。目前，采用的分解法主要有拉格朗日松弛法和广义Benders分解法两种，其中最常用的是拉格朗日松弛法。拉格朗日松弛法通过求解对偶问题获得原问题的解，但由于原问题的非凸和不可微分性以及对偶间隙的存在，会增加求解的难度。

2. 智能优化算法

现代智能算法包括进化算法（遗传算法）、蚁群优化算法（ACA）、人工神经网络、粒子群优化算法（PSO）等。其中，常用于求解梯级水电站优化调度问题的算法主要有遗传算法、人工神经网络和蚁群优化算法。

（1）遗传算法（GA）。遗传算法是进化算法中最有代表性的一种。遗传算法是一种全局随机寻优算法，近几年发展迅速，成为求解梯级水电站优化调度问题最常用的算法之一。该算法以自然选择和遗传理论为基础，通过自然选择、遗传、变异等作用机制，实现各个个体适应性的提高，体现了自然界中"物竞天择、适者生存"的进化过程。与系统分析方法不同，遗传算法从多个初始点开始寻优，沿多路径搜索，能以较大概率地搜索到全局最优解；由于求解过程具有隐含并行性，可以有效避免"维数灾"；同时，遗传算法用的是目标函数本身的信息来寻优，不需要传统算法所必需的连续和可导条件，适应性广。但遗传算法在接近全局最优时搜索速度会变慢，易产生"早熟"现象。

（2）蚁群优化算法（ACA）。蚁群算法是意大利学者 Dorigo 等于 1991 年创立的，模拟蚂蚁群体智能的人工蚁群算法。该算法具有分布计算、信息正反馈和启发式搜索的特点，在求解组合优化问题中获得广泛的应用，成为继遗传算法、神经网络算法之后的又一种新兴的启发式搜索算法。

（3）人工神经网络（ANN）。神经网络是由大量的处理单元（神经元）互相连接而成的网络。根据网络的拓扑结构和运行方式，神经网络模型可分为前馈式、反馈式、随机型等网络模型。最常用的 ANN 是采用基于反向传播（BP）算法的多层前馈感知器模型，其优点在于，一旦网络训练完成，在线计算就只需非常短的时间，完全可以满足梯级水库实时控制的要求。但 ANN 求解精度依赖于样本点的选取，适应性较差。

（4）粒子群优化算法（PSO）。粒子群优化算法是一种基于群智能方法的演化计算技术。PSO 最早是由 Eberhart 博士和 Kennedy 博士于 1995 年提出的。它源于对鸟群捕食的行为研究，是一种基于迭代的优化工具。

6.2.5 基于生态的水库群优化调度模型

6.2.5.1 目标函数

按照综合利用要求，目标函数包括城市供水、生态环境用水、农业灌溉三大方面。

1. 城市供水

城市供水应尽量满足城市需水，用下述数学表达式表示：

$$\min\left\{r_c = \max_{jt}\left|\alpha_j\,\frac{DA_{jt}-QA_{jt}}{DA_{jt}}\right|\right\}$$

式中　DA_{jt}——j 河段城市需水量；

　　　QA_{jt}——j 河段城市供水量；

　　　α_j——河段重要性系数；

　　　j——河段序号；

　　　t——时段号。

2. 生态环境用水

节点出流流量应尽量满足生态环境需水，用下述数学表达式表示：

$$\min\{\Delta Q = \max_{jt}|QR_{jt}-QE_{jt}|\}$$

式中　QR_{jt}——j 河段流量；

　　　QE_{jt}——j 河段的生态环境用水量；

　　　j——河段序号；

　　　t——时段号。

3. 农业灌溉

农业灌溉目标函数表达式为

$$\min\left\{r_B = \max_{jt} \left| \alpha_j \frac{DB_{jt} - QB_{jt}}{DB_{jt}} \right| \right\}$$

式中 DB_{jt}——j 河段灌溉需水量;

       QB_{jt}——j 河段灌溉供水量;

       α_j——河段重要性系数。

6.2.5.2 约束条件

约束条件包含水库节点、供水节点及节点间的水量关系三方面的约束。

1. 水库节点约束

(1) 水库蓄水量平衡方程。

$$V_{i,t+1} - V_{it} = (Y_{it} - Q_{it} - E_{it})\Delta t$$

式中 $V_{i,t+1}$——i 库 $t+1$ 时刻库蓄水量;

       Y_{it}——i 库 t 时段入流;

       Q_{it}——i 库 t 时段出流;

       E_{it}——i 库 t 时段损失流量;

       Δt——时段长。

(2) 水库出流限制。

$$Q_{\min,it} \leqslant Q_{it} \leqslant Q_{\max,it}$$
$$QE_{it} \leqslant QE_{\max,it}$$
$$QS_{it} = Q_{it} - QE_{it}$$

式中 $Q_{\min,it}$——最小允许出库流量;

       $Q_{\max,it}$——最大允许出库流量;

       Q_{it}——i 库 t 时刻出流;

       E_{it}——i 库 t 时刻损失流量;

     $QE_{\max,it}$——水轮机组最大过水流量;

       QS_{it}——未经过水轮机的弃水流量。

(3) 水库水位限制。

$$Z_{\min,it} \leqslant Z_{it} \leqslant Z_{\max,it}$$

式中 $Z_{\max,it}$——最大允许库位;

       $Z_{\min,it}$——最小允许库位。

2. 供水节点约束

(1) 饮水量约束。

$$QA_{jt} \leqslant DA_{jt}$$
$$QB_{jt} \leqslant DB_{jt}$$

(2) 饮水断面水量平衡约束。

$$QR_{jt} = QY_{jt} - (QA_{jt} + QB_{jt})$$

式中　　QY_{jt}——j 断面入流量；

　　　　QR_{jt}——j 断面出流量。

（3）断面下泄流量约束。

$$QR_{jt} \geqslant QR_{\min,jt}$$

式中　　$QR_{\min,jt}$——j 断面最小必须下泄流量。

3. 节点间水量关系约束

节点间水量关系用传播时间考虑，逐河段进行演算。数学表达式为

$$QY_{jt} = \frac{\tau_j}{\Delta t} QR_{j-1,t-1} + \frac{\Delta t - \tau_j}{\Delta t} QR_{j-1,t} + QD_{jt}$$

式中　　τ_j——从 $j-1$ 断面到 j 断面的传播时间；

　　$QR_{j-1,t}$——上断面 t 时段下泄流量。

6.2.5.3　模型求解技术

水库群优化调度是大系统、多目标、高维度的决策问题。为保证计算准确，研究中结合水库群来水、需水过程将调度时段进行合并，并通过自适应遗传算法对初设的调度规则进行优化。在此基础上，放宽调度时段等限制，通过逐次优化法对调度规则进行微调，实现水库群联合生态调度规则的寻优。求解流程如下：

（1）对水库群来水、需水过程进行分抄。

（2）调度图线型初设。

（3）算法获得调度规则初始解。

（4）调度图线型微调。

（5）采用算法生成最优解。

6.3　生态水量调度成果

首先判断上游地区当年降雨径流属于平水年、枯水年还是特枯年，其次考核永定河上游河北省、山西省出境水量是否完成了生态水量指标。

6.3.1　水文年型判断

同等总量的年降雨，由于年内分布、暴雨场次、暴雨强度等雨型特征的差异，会产生不同的径流量。由于天然径流无法全面监测，故使用雨型特征分析判断径流量级，进而判断丰平枯。判断水文年型的目的主要是便于依据上游地区降雨特征，估算省际断面应来水量。

6.3.1.1　水资源特征分析

1. 水资源量及地区分布

在海河流域第二次水资源评价（1956—2000 年系列）成果基础上，将水文系列延长至 2010 年。依据 1956—2010 年长系列资料分析，永定河流域山区多年平均降水量409mm，地表天然径流量 14.43 亿 m³，其中桑干河石匣里断面 7.37 亿 m³，占 51%，洋河响水堡断面 4.93 亿 m³，占 34%。永定河山区各分区及主要控制断面 1956—2010 年天然径流量成果见表 6.1。

表 6.1 　　　　永定河山区各分区及主要控制断面 1956—2010 年天然径流量 　　单位：亿 m³

类别	三级区	省份	天然年径流量			
			均值	50％	75％	95％
分区	册田水库以上	山西	5.21	4.92	3.95	3.25
		内蒙古	0.74	0.64	0.56	0.38
	册三区间	北京	1.56	1.35	0.79	0.41
		河北	5.14	5.08	3.25	2.39
		山西	0.82	0.72	0.56	0.34
		内蒙古	0.96	0.84	0.58	0.45
	合计		14.43	13.11	10.00	7.60
控制断面	册田水库		5.23	4.89	4.09	3.42
	石匣里		7.37	6.93	5.42	4.32
	响水堡		4.93	4.43	3.43	1.87
	官厅水库		13.57	12.63	9.53	6.89
	三家店		14.43	13.11	10.00	7.60

永定河山区（三家店控制断面）1956—2010 年系列的天然径流量与第一次水资源评价（1956—1979 年系列）以及第二次水资源评价（1956—2000 年系列）相比，永定河山区（三家店控制断面）多年地表水资源量分别减少了 3.74 亿 m³ 和 1.41 亿 m³，减少比例分别为 21％ 和 9％。

2. 水资源量年内分布

从 1956—2010 年多年天然径流量数据来看，汛期径流量占全年径流量的 45％ ～ 50％，洋河汛期径流量占比略高于桑干河。冬季河床径流主要靠地下水补给，径流所占比重略低。受降水量年内分配不均和下垫面产汇流条件的影响，流域径流量年内分配也不均匀，具体情况见表 6.2。

表 6.2 　　　　　永定河山区径流代表断面多年平均月径流量分配

河流		桑干河	洋河	永定河
控制断面		册田水库	响水堡	官厅水库
月径流量占全年径流量的比例	1 月	3.80％	3.17％	3.63％
	2 月	4.83％	3.37％	4.31％
	3 月	12.48％	9.50％	10.98％
	4 月	8.33％	8.90％	8.14％
	5 月	5.37％	7.89％	6.29％
	6 月	6.56％	10.28％	8.07％
	7 月	13.63％	11.80％	13.17％
	8 月	16.96％	16.11％	17.07％
	9 月	9.70％	11.69％	10.40％
	10 月	8.25％	7.29％	7.77％
	11 月	6.14％	6.43％	6.13％
	12 月	3.97％	3.58％	4.04％

3. 水资源量年际分布特征

永定河流域山区年径流量变化较为显著。用天然径流量的极值比（即最大值与最小值的比值）来反映水资源量的年际变化。极值比越大，年际变化越大；极值比越小，径流量年际之间越均匀。极值比均较大，官厅水库断面极值比为 2.91，最大天然年径流量是最小天然年径流量的 2.91 倍，年际分布差异较大；册田水库断面极值比较响水堡断面大，说明桑干河天然径流量年际变化较洋河年际变化大。永定河山区年径流量极值统计见表 6.3。

表 6.3　　　　　　　　　永定河山区径流代表断面年径流量极值统计

河　　流		桑干河	洋河	永定河
控制断面		册田水库	响水堡	官厅水库
年天然最大径流量及 出现年份	最大径流量/万 m³	88400	63680	181481
	出现年份	1967	1979	1959
年天然最小径流量及 出现年份	最小径流量/万 m³	21310	16958	62449
	出现年份	1975	1989	1972
极值比		4.15	3.76	2.91

6.3.1.2　降雨-径流关系分析

受气候和下垫面变化等因素的影响，永定河山区地表径流量呈逐渐减少的趋势，径流系数也呈逐渐减少趋势，桑干河册田水库、洋河响水堡、永定河官厅水库多年平均径流系数已从 1956—1980 年的 0.09、0.12、0.105 分别下降到 2001—2010 年的 0.05、0.044、0.045。永定河山区不同年代径流系数对比情况见表 6.4。

表 6.4　　　　　　　　　永定河山区不同年代径流系数对比表

控制断面	年代	多年平均降水量 /mm	多年平均径流深 /mm	多年平均径流系数 （径流深 R/降水量 P）
册田水库	1956—1980	425	38.14	0.090
	1981—1990	379	26.55	0.070
	1991—2000	377	25.07	0.066
	2001—2010	369	18.48	0.050
响水堡	1956—1980	431	51.71	0.120
	1981—1990	371	31.47	0.085
	1991—2000	389	26.89	0.069
	2001—2010	379	16.79	0.044
官厅水库	1956—1980	432	45.28	0.105
	1981—1990	380	30.39	0.080
	1991—2000	391	26.42	0.068
	2001—2010	381	17.03	0.045

不同年代降雨-径流关系如图 6.2~图 6.4 所示。

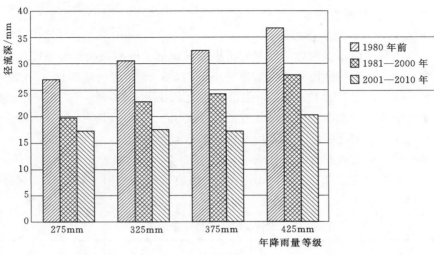

图 6.2 册田水库不同年代降雨-径流对比图

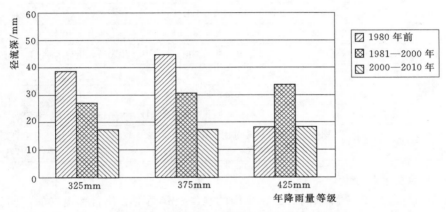

图 6.3 响水堡不同年代降雨-径流对比图

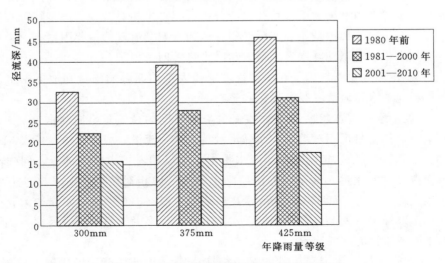

图 6.4 官厅水库不同年代降雨-径流对比图

6.3.1.3 水文年型判断方法

1. 省界控制断面和代表性雨量站

（1）省界控制断面。山西省—河北省出境断面包括桑干河、南洋河和壶流河三条河流的出境断面。桑干河出境断面采用拟新建的东册田桥；南洋河出境断面采用柴沟堡（南）站，在河北省境内，距省界约 30km，上游含河北省面积 283km²；壶流河出境断面采用壶流河水库出库断面，水库上游含河北省面积 387km²。

河北省—北京市出境断面采用官厅水库入库八号桥断面。

（2）雨量站。永定河官厅水库上游共有雨量站 76 个，本着均匀分布和代表性原则，并考虑资料系列的长短，选取永定河山区 44 个代表性雨量站用于降雨分析、排频。各区域降水测站分布见表 6.5。

表 6.5　　　　　　　　　　　　　永定河山区代表性雨量站表

分　区		雨　量　站
内蒙古	洋河乌兰察布市	三瑞里、张皋、友谊水库
	桑干河乌兰察布市	红沙坝、丰镇市、七号
山西省	桑干河朔州市	东榆林水库、吴家窑、西朱庄、平鲁、玉井、山阴、马兰庄、怀仁
	桑干河大同市、忻州市	观音堂、破鲁堡、孤山、周士庄、固定桥、册田水库
	壶流河大同市	望狐、南土岭、广灵
	洋河大同市	米薪关、天镇、张官屯
河北省	桑干河张家口市	西合营、桃花堡、浮图讲、阳原、太平堡、石匣里、朝阳寺、深井
	洋河张家口市	尚义、套里庄、驿马图、怀来、赵川堡、东洋河、左卫、崇礼、张家口、响水堡

2. 降水雨型特征分析

同样的降水量，由于降水的次数、暴雨的强度及暴雨中心位置和走向的不同，其产生的径流量不会相同，有时甚至差别很大，只根据降水量来判断丰、平、枯难免会有偏差，这就需要对一定时期内的降雨雨型特征进行分析，拟订出相对合理的雨型特征判别准则。

（1）因子的选取。根据理论和实际经验，认为影响径流量的主要因素有上一年度降水量、本年度降水量、主汛期降水量和最大旬降水量等四个因子。

1）上一年度降水量。该因子在一定程度上代表了前期影响雨量和地下水水位，而前期影响雨量和地下水位对流域径流量是有影响的。

2）本年度降水量。本年度降水量的多少与本年度的径流量有直接关系，一般来说，降水量越丰沛，径流量也相对越多，而降水量越少，径流量一般也较少。

3）主汛期降水量。永定河流域年降水量中，主汛期占了主要的部分，同样，径流量也是主汛期占绝对的比重，这是因为汛期降水强度一般相对较大，雨强超过土壤下渗能力，从而形成地表径流。如果主汛期降水比较均匀，或春、秋两季降水量较大，一般对产流来说都是无效降水，大部分都补充地下水，不会产生多少地表径流。因此，主汛期降水量是影响年度径流量的主要因素。

4）最大旬降水量。永定河流域的旱涝往往决定于几场甚至一场比较大的强度降水，有时虽然全年的降水量并不是很大，但由于有一场高强度的暴雨而产生了较多径流；同样，尽管有的年份降水量大，但由于降水量比较均匀，对径流来说，无效降雨较多，因而产流量并不是很多。因而，该因子是影响全年径流量的最主要因素。

（2）因子的选用方法。首先，根据 1980—2015 年的资料，将 1—9 月或全年的降水、主汛期（7、8 月）降水、最大旬降水、上一年度降水量按下列原则分为 5 个等级：

1 级（丰）：$\Delta R\% \geqslant 35\%$

2 级（偏丰）：$+15\% < \Delta R\% < +35\%$

3 级（正常）：$-15\% \leqslant \Delta R\% \leqslant +15\%$

4 级（偏枯）：$-35\% < \Delta R\% < -15\%$

5 级（特枯）：$\Delta R\% \leqslant -35\%$

其中 $\Delta R\%$ 表示降水量距平百分率。

找到每个影响因素的取值等级后，对每个影响因素进行优化分析，通过分析，发现旬最大雨量对本年度的径流量影响最大，7、8 月降水量次之，上年度降水量和本年度降水量影响作用相对较小，所以，要给每个影响因素取不同的权重系数。通过优化计算，发现 1—9 月或全年的降水的分级、主汛期（7、8 月）降水量分级、最大旬雨量分级、上一年度降水量分级分别取 0.1、0.2、0.6、0.1 的权重系数时，与实际来水情况拟合最好。

这样，根据拟判断年份的 1—9 月或全年的降水的分级、主汛期（7、8 月）降水量分级、最大旬雨量分级、上一年度降水量分级，分别乘以 0.1、0.2、0.6、0.1 的权重系数后相加，即可得出一个拟判断年度省界断面应来水量量级。应来水量量级分级见表 6.6。

表 6.6　　　　　　　　　　　　　　应来水量量级分级表

分级	1 级	2 级	3 级	4 级	5 级
	特丰水年	一般丰水年	平水年	一般枯水年	特枯年
径流量频率	5%	25%	50%	75%	95%

根据以上方法，利用当年的应来水量量级，找出对应的径流量频率，完成水文年型的判别后，则可根据径流频率查出省界断面应下泄的径流量。降雨量距平百分率、径流量级对应的径流频率见表 6.7。

表 6.7　　　　　　　降雨量距平百分率、径流量级-径流频率对照表

$\Delta R\%$	-35	-30	-25	-20	-15	-10	-5	0	5	10	15	20	25	30	35
径流量级	5	4.7	4.5	4.3	4	3.67	3.3	3	2.7	2.3	2	1.7	1.5	1.3	1
径流频率	95	90	85	80	75	67	58	50	42	33	25	20	15	10	5

6.3.1.4　水文年型判断

1. 面雨量统计分析

2019 年 1—9 月（1 月 1 日—9 月 30 日，下同）官厅水库上游累计降水量 355.4mm，相应频率 53%，较多年同期平均降水量 362mm 少 1.8%。

其中，官厅水库上游山西省区域累计降水量 337.2mm，相应频率 57%，较多年同期平均降水量 351mm 偏少 3.9%；官厅水库上游河北省区域累计降水量 375.4mm，相应频

率 48%，较多年同期平均降水量 372mm 偏多 0.9%。

1—9 月降水概况和面平均雨量对比分别见表 6.8 和图 6.5。

表 6.8　　　　　　　　　　　1—9 月降水概况对比　　　　　　　　　　　单位：mm

区 域			2019 年 面平均雨量	多年平均	
				面平均雨量	相差百分比
永定河	官厅水库上游		355.4	362	−1.8%
	其中	山西省	337.2	351	−3.9%
		河北省	375.4	372	0.9%

注　2019 年降水量均截至 9 月 30 日。

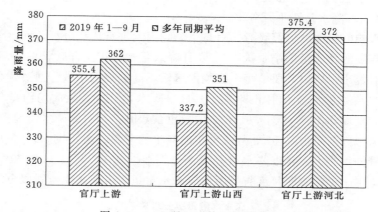

图 6.5　1—9 月面平均雨量对比图

2. 水文年型判定结果

根据《官厅、密云水库上游省界下泄水量评估方案》，对本年度降水特征值进行计算分析，分别判别以下区域的水文年型（即径流量级）：官厅以上（山西、河北范围）、官厅以上山西（山西省范围，代表山西省来水情况）、官厅以上河北（河北省范围，代表河北省来水情况）。

（1）将影响来水量的四项因子：2019 年 1—9 月降水总量、主汛期降水量（7、8 月）、最大旬降水量（主汛期）、去年同期降水总量，分别与对应的多年平均值比较得出距平百分率，判定其量级。

1）2019 年 1—9 月降雨量。官厅以上 355.4mm，较多年同期平均 362mm 偏少1.8%；官厅以上山西 337.2mm，较多年同期平均 351.0mm 偏少 3.9%；官厅以上河北375.4mm，较多年同期平均 372mm 偏多 0.9%。

2）2019 年主汛期降水量（7、8 月）。官厅以上 163.9mm，较多年同期平均199.1mm 偏少 17.6%；官厅以上山西 156.3mm，较多年同期平均 195.5mm 偏少20.1%；官厅以上河北 172.3mm，较多年同期平均 204mm 偏少 15.5%。

3）最大旬降水量（主汛期）。官厅以上 48.0mm，较多年同期平均 59.5mm 偏少19.3%；官厅以上山西 51.6mm，较多年同期平均 55.1mm 偏多 6.4%；官厅以上河北44.1mm，较多年同期平均 65mm 偏少 32.2%。

4）上年度降雨量。官厅以上 447.6mm，较多年同期平均 391.5mm 偏多 14.3%；官厅以上山西 468.4mm，较多年同期平均 382.9mm 偏多 22.3%；官厅以上河北 424.8mm，较多年同期平均 400mm 偏多 6.2%。

（2）官厅水库上游雨量特征值见表 6.9。

表 6.9　　　　　　　　　官厅水库上游雨量特征表　　　　　　　　单位：mm

区域	产流区域	1—9月	主汛期降水量	最大旬雨量	上年度降水量	径流量级
永定河	官厅以上	355.4	163.9	48.0	447.6	3.92
	距平/%	−1.8	−17.6	−19.3	14.3	
	官厅以上山西	337.2	156.3	51.6	468.4	2.90
	距平/%	−3.9	−20.1	6.4	22.3	
	官厅以上河北	375.4	172.3	44.1	424.8	4.37
	距平/%	0.9	−15.5	−32.2	6.2	

注　2019年降水量均截至9月30日。

根据雨型特征值和不同因子的权重计算对应的径流量级，计算结果如下：

1）官厅以上。$\Delta R\% = -1.8 \times 0.1 - 17.6 \times 0.2 - 19.3 \times 0.6 + 14.3 \times 0.1 = -13.85$，内插得径流量级为 3.92。

2）官厅以上山西。$\Delta R\% = -3.9 \times 0.1 - 20.1 \times 0.2 + 6.4 \times 0.6 + 22.3 \times 0.1 = 1.66$，内插得径流量级为 2.90。

3）官厅以上河北。$\Delta R\% = 0.9 \times 0.1 - 15.5 \times 0.2 - 32.2 \times 0.6 + 6.2 \times 0.1 = -21.71$，内插得径流量级为 4.37。

综上所述，官厅以上 3.92 级，相应频率 73%，接近一般枯水年，其中官厅以上山西 2.90 级，相应频率 48%，接近平水年；官厅以上河北 4.37 级，相应频率 82%，介于一般枯水年与特枯年之间。

6.3.2　生态水量调度

此次生态水量调度的多水源包括当地水、再生水和引黄水三处水源。

6.3.2.1　当地径流调度

1. 册田水库生态水量调度

（1）水库基本情况。册田水库是桑干河干流上的大型水库，位于大同市城区东南约 60km 处。册田水库总库容 5.8 亿 m³，兴利库容 0.92 亿 m³，控制流域面积 16700 km²，约占官厅水库汇水面积的 39%，是一座集城市供水、防洪、灌溉、拦沙、水产养殖、休闲旅游等多功能于一体的大型水库。水库特征水位情况：死水位 950m，主汛期（7月16日—8月15日）控制水位 955m，非主汛期控制水位 955.5m，正常高水位 956m。

根据 2001—2015 年册田水库实测出库水量，除 4 月向下游河道两岸农田灌溉、10—11 月向北京集中输水，其他月份出库水量较少，尤其 1 月、2 月、5 月、6 月、12 月基本无出库水量，且各年出库总量也较少，年平均下泄水量仅 0.37 万 m³。工程的拦蓄，减少了河道下泄水量。册田水库多年逐月平均出库水量如图 6.6 所示，册田水库各年出库水量如图 6.7 所示。

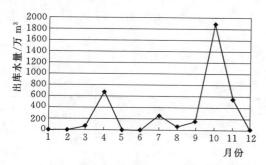

图 6.6　册田水库多年逐月平均出库水量

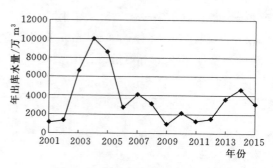

图 6.7　册田水库各年出库水量

（2）调度规则。根据水资源供需平衡结果和下游区间来水、供水情况，册田水库的生态水量调度主要考虑册田水库控制断面的基本生态环境需水及补充三家店控制断面的基本生态环境需水。考虑到三家店上游官厅水库为多年调节水库，调节库容较大，结合册田水库各年度不同频率来水条件下的出境水量目标，册田水库蓄水量有条件的情况下，为提高输水效率，各年度 10 月补充三家店控制断面的生态水量。

册田水库按以下规则进行调度：

1）优先保证册田水库断面基本生态需水过程，非汛期月下泄生态水量 350 万 m³（基流量 1.33m³/s），汛期月下泄生态水量 1275 万 m³（基流量 4.84m³/s），若个别月份不能满足基本生态需水要求，于 10 月补充下泄生态水量。

2）遇平水年或丰水年，汛后 10 月利用水库富余水量补充下游三家店生态水量，下泄水量应不少于 9900 万 m³。

3）遇枯水年，年下泄水量应不少于基本生态需水量 7900 万 m³，年内过程尽量满足基本生态需水过程要求，若遇来水年内分布较不利情况，应保证各月下泄生态水量不低于最小生态需水量 260 万 m³。

4）遇特枯年，水库蓄水量又较少的情况下，按月最小生态需水量 260 万 m³ 下泄，以保证各月下泄生态水量不低于最小生态需水量，并于汛后 10 月补充下泄生态水量，年下泄水量应不少于 4200 万 m³。

（3）长系列调度情况。采用 1956—2010 年下垫面修正后的逐月天然径流量，扣除册田水库上游各分区 2020 水平年耗水量之后作为册田水库的长系列入库径流量。经长系列逐月调节计算，册田水库逐年下泄水量如图 6.8 所示，各年年末水库库容如图 6.9 所示。

各年基本生态需水量月亏缺次数如图 6.10 所示，各月基本生态需水量亏缺次数如图 6.11 所示。

册田水库多年平均下泄水量 9900 万 m³，多年平均年末库容 9917 万 m³。从各年生态水量月亏缺次数图中，可以看出汛期 6—9 月破坏次数较多，主要是因为汛期基本生态需水量较大，且个别年份汛期来水量较少，水库存蓄水量不能够满足生态水量要求，进而导致个别年份 10 月下泄水量仍不能满足基本生态需水量要求；非汛期中 4、5 月有较多破坏次数，主要是因为水库库容较小，且来水量不足以补充生态水量。

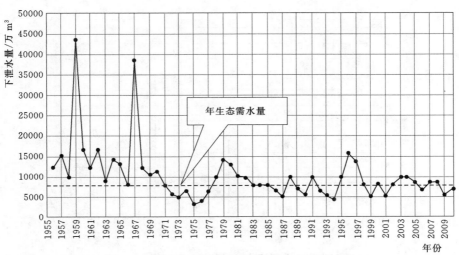

图 6.8　册田水库长系列调节计算各年下泄水量

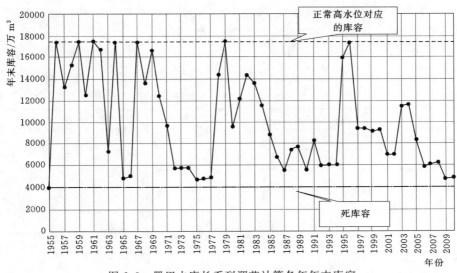

图 6.9　册田水库长系列调节计算各年年末库容

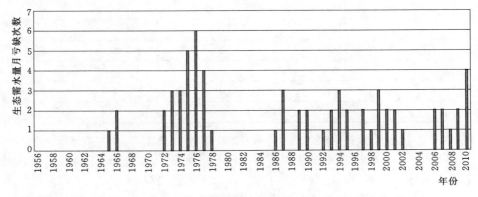

图 6.10　册田水库长系列调节计算基本生态需水量月亏缺次数

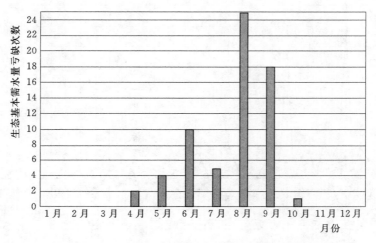

图 6.11　册田水库长系列调节计算各月生态基本需水量亏缺次数

1）平水年。平水年（$P=50\%$），选取 1988 年作为典型年，册田水库下泄生态水量为出境水量目标 9900 万 m^3，年初库容 5557 万 m^3，年末库容 7512 万 m^3，水库增加蓄水 1955 万 m^3，10 月补充三家店下泄水量 2000 万 m^3。平水年（1988 年）册田水库调度情况见表 6.10。

表 6.10　　　　　　　　　平水年（1988 年）册田水库调度情况　　　　　　　单位：万 m^3

年份	月份	水库月末库容	生态需水量	下泄水量	缺水量
1987	12	5557			
1988	1	6069	350	350	0
1988	2	6645	350	350	0
1988	3	8574	350	350	0
1988	4	7599	350	350	0
1988	5	7143	350	350	0
1988	6	4964	1275	1275	0
1988	7	7285	1275	1275	0
1988	8	7858	1275	1275	0
1988	9	7366	1275	1275	0
1988	10	5610	350	2350	0
1988	11	7358	350	350	0
1988	12	7512	350	350	0
合计			7900	9900	0

2）枯水年。枯水年（$P=75\%$），选取 1966 年作为典型年，年初库容 4872 万 m^3，年末库容 5169 万 m^3，水库蓄水量基本持平，年下泄水量 7900 万 m^3，与基本生态需水量持平。由于来水分布的不均匀，汛前 3 月死水位以上蓄水量仅 1118 万 m^3，为保证汛前各月的最小生态需水要求，提前按最小生态需水量 260 万 m^3 下泄；由于汛期初期来水量较

少，且汛期基本生态需水量较大，在6月和8月，下泄水量不满足生态水量要求，由于9月天然来水的补充，10月水库补充下泄了生态水量，使得年度下泄水量满足生态水量要求。枯水年（1966年）册田水库调度情况见表6.11。

表6.11　　　　　　　　枯水年（1966年）册田水库调度情况　　　　　　　单位：万 m³

年份	月份	水库月末库容	生态需水量	下泄水量	生态缺水量
1965	12	4872			
1966	1	5053	350	350	
1966	2	5256	350	350	
1966	3	5108	350	260	90
1966	4	4686	350	260	90
1966	5	4278	350	260	90
1966	6	3882	1275	260	1015
1966	7	5043	1275	1275	
1966	8	3984	1275	909	366
1966	9	4479	1275	1275	
1966	10	3990	350	1944	
1966	11	5106	350	407	
1966	12	5169	350	350	
合计			7900	7900	

3）特枯年。特枯年（$P=95\%$），选取1976年作为典型年，年初库容4703万 m³，年末库容4703万 m³，水库蓄水量持平，年下泄水量4224万 m³，生态水量亏缺3676万 m³。年内各月水库蓄水量均维持在5000万 m³ 以下，为保证各月最小生态需水要求，9月前均按最小生态需水量260万 m³ 下泄，汛后10月利用水库富余水量补充下泄生态水量。特枯年（1976年）册田水库调度情况见表6.12。

表6.12　　　　　　　　特枯年（1976年）册田水库调度情况　　　　　　　单位：万 m³

年份	月份	水库月末库容	生态需水量	下泄水量	生态缺水量
1975	12	4703			
1976	1	4581	350	260	90
1976	2	4701	350	260	90
1976	3	4434	350	260	90
1976	4	4258	350	260	90
1976	5	4070	350	260	90
1976	6	4241	1275	260	1015
1976	7	4465	1275	260	1015
1976	8	4303	1275	260	1015
1976	9	3990	1275	417	858

续表

年份	月份	水库月末库容	生态需水量	下泄水量	生态缺水量
1976	10	4488	350	1027	
1976	11	4934	350	350	
1976	12	4703	350	350	
合计			7900	4224	3676

2. 友谊水库生态水量调度

（1）水库基本情况。友谊水库是东洋河上的大型水库，位于河北张家口市尚义县与内蒙古兴和县交界处，总库容 1.16 亿 m^3，兴利库容 0.29 亿 m^3，控制流域面积 2250km^2，以防洪、灌溉为主。水库防洪标准为 100 年一遇洪水设计，2000 年一遇洪水校核。水库特征水位情况：死水位 1185m，汛限水位 1192m，正常高水位 1197m。水库承担着万全、怀安、尚义三县 20 万亩农田灌溉任务。

根据 2001—2015 年友谊水库实测出库水量，平均年下泄水量 0.16 万 m^3。各月出库水量变化较大，1—2 月、5 月、9 月、11—12 月基本未下泄水量，水库下泄主要是考虑下游灌溉需求，未考虑河道下游生态用水需求。友谊水库多年平均逐月出库水量如图 6.12 所示，友谊水库各年出库水量如图 6.13 所示。

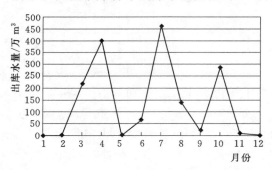

图 6.12　友谊水库多年平均逐月出库水量

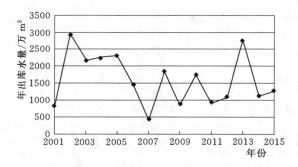

图 6.13　友谊水库各年出库水量

（2）调度规则。友谊水库的供水对象为下游张家口市万全、怀安、尚义三县的农田灌溉，且直接通过水库向下游河道下泄水量，因此友谊水库的生态水量调度应考虑友谊水库断面的基本生态需水和友谊水库下游张家口市万全、怀安、尚义三县的农业需水，在水库水量富余且下游响水堡生态水量亏缺情况下，补充洋河响水堡断面的生态水量。

友谊水库按以下规则进行调度：

1）下泄水量应包括下游河道外农业供水和友谊水库断面基本生态需水量。河道外供水按水资源供需平衡分析配置的水量进行下泄，下泄的生态水量应优先保障友谊水库断面基本生态需水过程，非汛期各月下泄生态水量 50 万 m^3，汛期各月下泄生态水量 275 万 m^3，若个别月份不能满足基本生态需水要求，于 10 月补充下泄生态水量。

2）遇枯水年、特枯年，下泄生态水量均应不少于基本生态需水量 1500 万 m^3，年内过程尽量满足基本生态需水过程要求，若遇来水年内分布较不利情况，应保证各月下泄生态水量不低于最小生态需水量 10 万 m^3。

（3）长系列调度结果。采用 1956—2010 年下垫面修正后的逐月天然径流量，扣除友谊水库上游内蒙古乌兰察布市 2020 水平年耗水量之后作为友谊水库的长系列入库径流量。经长系列逐月调节计算，友谊水库逐年下泄水量如图 6.14 所示，各年年末水库库容如图6.15 所示。

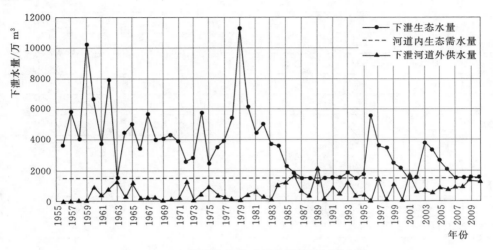

图 6.14　友谊水库长系列调节计算年下泄水量

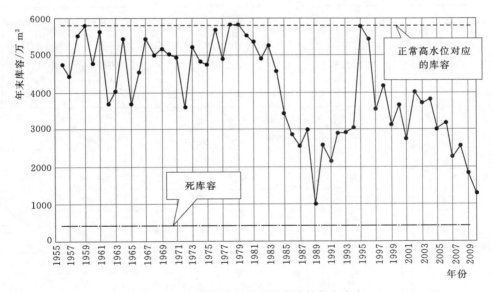

图 6.15　友谊水库长系列调节计算年末库容

友谊水库多年平均下泄水量 4133 万 m³，其中下泄生态水量 3523 万 m³，多年平均年末库容 4081 万 m³。下泄生态水量除个别年份不能满足生态水量目标，大部分年份均能超过。

1）平水年。平水年（P＝50％），选取 2003 年作为典型年，下泄水量为 4494 万 m³，其中生态水量 3753 万 m³，下泄河道外供水 741 万 m³，年初库容 4028 万 m³，年末库容 3716

万 m³，水库蓄水量减少 312 万 m³。平水年（2003 年）友谊水库调度情况见表 6.13。

表 6.13　　　　　　　　　平水年（2003 年）友谊水库调度情况　　　　　　　单位：万 m³

年份	月份	水库月末库容	生态需水量	下泄水量	下泄生态水量	缺水量
2002	12	4028				
2003	1	3762	50	185	50	0
2003	2	3510	50	180	50	0
2003	3	4227	50	50	50	0
2003	4	4850	50	50	50	0
2003	5	5733	50	50	50	0
2003	6	5623	275	275	275	0
2003	7	3700	275	2528	2528	0
2003	8	2838	275	678	275	0
2003	9	2999	275	275	275	0
2003	10	3322	50	50	50	0
2003	11	3872	50	50	50	0
2003	12	3716	50	123	50	0
合计			1500	4494	3753	0

2）枯水年。枯水年（$P=75\%$），选取 1972 年作为典型年，下泄水量为 3768 万 m³，其中生态水量 2549 万 m³，下泄河道外供水 1219 万 m³，年初库容 4946 万 m³，年末库容 3572 万 m³，水库蓄水量减少 1374 万 m³。枯水年（1972 年）友谊水库调度情况见表 6.14。

表 6.14　　　　　　　　　枯水年（1972 年）友谊水库调度情况　　　　　　　单位：m³

年份	月份	水库月末库容	生态需水量	下泄水量	下泄生态水量	缺水量
1971	12	4946				
1972	1	5035	50	50	50	0
1972	2	5190	50	50	50	0
1972	3	5636	50	50	50	0
1972	4	5192	50	585	50	0
1972	5	5244	50	50	50	0
1972	6	4850	275	406	275	0
1972	7	3700	275	1339	1324	0
1972	8	2880	275	812	275	0
1972	9	3098	275	275	275	0
1972	10	3311	50	50	50	0
1972	11	3512	50	50	50	0
1972	12	3572	50	50	50	0
合计			1500	3768	2549	0

3）特枯年。特枯年（$P=95\%$），选取 2007 年作为典型年，下泄水量为 2446 万 m³，其中生态水量 1500 万 m³，下泄河道外供水 946 万 m³，年初库容 3212 万 m³，年末库容 2242 万 m³，水库蓄水量减少 970 万 m³。特枯年（2007 年）友谊水库调度情况见表 6.15。

表 6.15　　　　　　　　　　特枯年（2007 年）友谊水库调度情况　　　　　　　单位：万 m³

年份	月份	水库月末库容	生态需水量	下泄水量	下泄生态水量	缺水量
2006	12	3212				
2007	1	2963	50	187	50	0
2007	2	2741	50	175	50	0
2007	3	3091	50	50	50	0
2007	4	2713	50	50	50	0
2007	5	2985	50	116	50	0
2007	6	2899	275	351	275	0
2007	7	2986	275	275	275	0
2007	8	1785	275	817	275	0
2007	9	1849	275	275	275	0
2007	10	1955	50	50	50	0
2007	11	2233	50	50	50	0
2007	12	2242	50	50	50	0
合计			1500	2446	1500	0

3. 响水堡水库生态水量调度

（1）水库基本情况。响水堡水库位于洋河干流宣化县境内，是由怀来县兴建管理用于灌溉的中型水库。总库容 5750 万 m³，兴利库容 2840 万 m³，为季调式缓洪蓄清水库，目前水库已淤积 1095 万 m³，汛期空库迎汛。

（2）调度规则。根据洋河响水堡上游水资源供需平衡结果和下游区间来水、供水情况，响水堡水库的生态水量调度主要考虑响水堡水库控制断面的基本生态需水量。考虑到三家店上游官厅水库为多年调节水库，调节库容较大，结合响水堡水库下泄生态水量年度目标，若响水堡下泄水量不满足年生态水量目标且年末库容较年初库容有所增加，为提高输水效率，安排各年度 10 月补充下泄生态水量。

响水堡水库按以下规则进行调度：

1）优先保证响水堡断面基本生态需水过程，非汛期各月下泄生态水量 300 万 m³，汛期各月下泄生态水量 1625 万 m³，若个别月份不能满足基本生态需水要求，于 10 月补充下泄生态水量。

2）遇枯水年、特枯年，下泄生态水量均应不少于基本生态需水量 8900 万 m³，年内尽量满足基本生态需水过程要求。

（3）长系列调度结果。采用 1956—2010 年下垫面修正后的逐月天然径流量，扣除响水堡水库上游各分区 2020 水平年耗水量之后作为水库的长系列入库径流量。经长系列逐月调节计算，响水堡水库逐年下泄水量如图 6.16 所示，各年年末水库库容如图 6.17 所示。

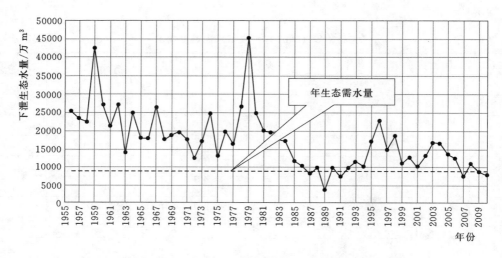

图 6.16　响水堡水库长系列调节计算年下泄水量

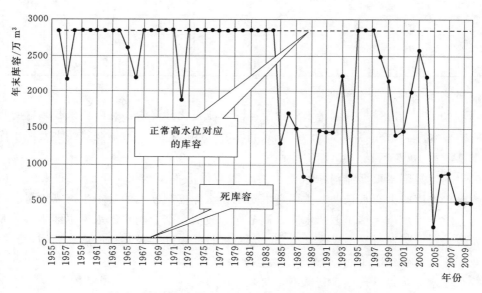

图 6.17　响水堡水库长系列调节计算各年年末库容

响水堡控制断面年生态需水量 8900 万 m³，水库多年平均下泄水量 16100 万 m³，年基本生态需水量亏缺次数为 6 次，多年平均年末库容 2178 万 m³。虽然年基本生态需水量亏缺次数不多，但由于水库为中型水库，调节库容有限，且汛期空库迎汛，基本生态需水量年内破坏次数较多，由于汛期生态需水较大，汛期亏缺次数较多，各年基本生态需水量月亏缺次数如图 6.18 所示，各月基本生态需水量亏缺次数如图 6.19 所示。

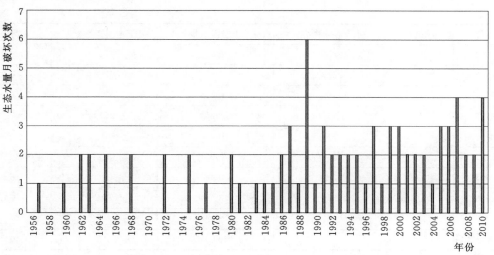

图 6.18 响水堡水库长系列调节计算各年生态水量月破坏次数

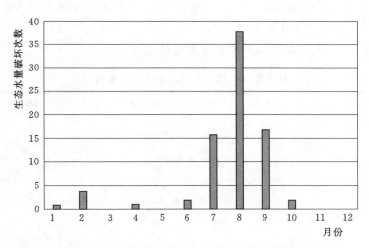

图 6.19 响水堡水库长系列调节计算各月生态水量破坏次数

1）平水年。平水年（$P = 50\%$），选取 2003 年作为典型年，下泄水量为 16700 万 m³，超过年基本生态需水量 8900 万 m³，但汛期 8、9 月由于来水量较少，下泄水量不能满足河道生态需水要求。水库年初库容 2005 万 m³，年末库容 2567 万 m³，水库增加蓄水562 万 m³。平水年（2003 年）响水堡水库调度情况见表 6.16。

表 6.16　　　　　平水年（2003 年）响水堡水库调度情况　　　　单位：万 m³

年份	月份	水库月末库容	生态需水量	下泄生态水量	缺水量
2002	12	2005			
2003	1	1549	300	300	0
2003	2	1106	300	300	0
2003	3	2853	300	1277	0

续表

年份	月份	水库月末库容	生态需水量	下泄生态水量	缺水量
2003	4	2853	300	2711	0
2003	5	2853	300	3730	0
2003	6	76	1625	3573	0
2003	7	76	1625	2540	0
2003	8	11	1625	0	1625
2003	9	11	1625	822	803
2003	10	1229	300	300	0
2003	11	2853	300	805	0
2003	12	2567	300	300	0
合计			8900	16659	0

2）枯水年。枯水年（$P=75\%$），选取1972年作为典型年，下泄水量为12907万 m^3，超过年基本生态需水量8900万 m^3，但汛期7、8月由于来水量较少，下泄水量不能满足河道生态需水要求。水库年初库容2853万 m^3，年末库容1881万 m^3，水库蓄水减少972万 m^3。枯水年（1972年）响水堡水库调度情况见表6.17。

表6.17　　　　　　　枯水年（1972年）响水堡水库调度情况　　　　单位：万 m^3

年份	月份	水库月末库容	生态需水量	下泄生态水量	缺水量
1971	12	2853			
1972	1	2853	300	789	0
1972	2	2853	300	1053	0
1972	3	2853	300	2148	0
1972	4	2638	300	300	0
1972	5	2853	300	945	0
1972	6	76	1625	3331	0
1972	7	11	1625	924	701
1972	8	11	1625	665	65
1972	9	76	1625	1852	0
1972	10	876	300	300	0
1972	11	1647	300	300	0
1972	12	1881	300	300	0
合计			8900	12907	0

3）特枯年。特枯年（$P=95\%$），选取2007年作为典型年，下泄水量为8900万 m^3，与基本生态需水量持平，主要是汛期7、8、9月亏缺量最大。水库年初库容869万 m^3，年末库容869万 m^3，水库蓄水量持平。官厅水库上游雨量特征见表6.18。

表 6.18 官厅水库上游雨量特征表 单位：mm

年份	月份	水库月末库容	生态需水量	下泄生态水量	缺水量
2006	12	869			
2007	1	407	300	300	0
2007	2	11	300	269	31
2007	3	1251	300	300	0
2007	4	1079	300	300	0
2007	5	1978	300	300	0
2007	6	76	1625	2783	0
2007	7	11	1625	1402	223
2007	8	11	1625	0	1625
2007	9	11	1625	660	965
2007	10	19	300	1984	0
2007	11	955	300	300	0
2007	12	869	300	300	0
合计			8900	8900	0

4. 官厅水库生态水量调度

（1）水库基本情况。官厅水库坝址位于官厅山峡入口处，控制流域面积 43402km²，占永定河流域总面积的 92.8%。官厅水库上游主要有发源于山西省宁武县的桑干河和发源于内蒙古自治区兴和县的洋河，以及发源于北京延庆县的妫水河三条支流，流经内蒙古自治区、山西省、河北省。

水库初建期于 1954 年 5 月竣工，总库容 22.7 亿 m³。主要建筑物包括大坝、泄洪洞、溢洪道和水电站。官厅水库 1989 年大坝除险加固后，死水位 472m（大沽高程），主汛期（6 月 15 日—8 月 10 日）控制水位 476m，非主汛期（8 月 11 日—9 月 15 日）控制水位 479m，正常蓄水位为 479m，设计洪水位为 484.8m，总库容为 41.6 亿 m³，兴利库容为 2.5 亿 m³，是防洪、灌溉、供水、发电等综合利用的水库。

根据 2001—2015 年官厅水库实测出库水量，各月出库水量变化不大，维持为 500 万～1000 万 m³。水库平均年下泄水量仅 0.78 万 m³，出库水量较小，不能满足下游河道生态需水要求，且水量逐年呈减少趋势。官厅水库多年平均逐月出库水量如图 6.20 所示，官厅水库各年出库水量如图 6.21 所示。

（2）调度规则。官厅水库的供水对象包括下游北京河道外生态环境供水，且直接通过水库下泄水量，因此官厅水库的生态水量调度应考虑官厅水库断面的基本生态需水和下游河道外生态环境供水，同时补充三家店 2.6 亿 m³ 的基本生态需水。

官厅水库按以下规则进行调度：

1）下泄水量应包括下游北京河道外生态环境供水和官厅水库断面基本生态需水量，同时补充三家店断面的基本生态环境需水。河道外供水按水资源供需平衡分析配置的水量进行下泄，下泄的生态水量应优先保障官厅水库断面基本生态需水过程，非汛期各月下泄

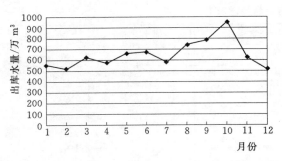

图 6.20　官厅水库多年平均逐月出库水量

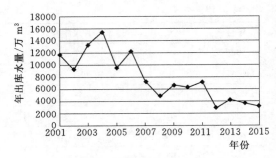

图 6.21　官厅水库各年出库水量

生态水量 862.5 万 m^3，汛期各月下泄生态水量 4375 万 m^3，若个别月份不能满足基本生态需水要求，于 10 月补充下泄生态水量。

2）遇枯水年，下泄生态水量均应不少于官厅水库基本生态需水量 2.44 亿 m^3，年内过程尽量满足官厅水库基本生态需水过程要求。

（3）长系列调度结果。采用 1956—2010 年下垫面修正后的响水堡、石匣里、官厅水库等断面逐月天然径流量，响水堡以上，响水堡、石匣里—官厅水库区间分别扣除各水资源分区 2020 水平年耗水量之后的径流量之和，加上册田水库的下泄水量，作为官厅水库的长系列入库径流量。经长系列逐月调节计算，官厅水库逐年下泄水量如图 6.22 所示，各年年末水库库容如图 6.23 所示。

图 6.22　官厅水库长系列调节计算年下泄水量

官厅水库多年平均下泄水量 3.56 亿 m^3，其中下泄生态水量 3.43 亿 m^3，多年平均年末库容 4.92 亿 m^3。由于官厅水库为多年调节水库，水库库容较大，枯水年可以充分利用之前丰水年的剩余水量，2004 年之后经历连续枯水年，年末库容逐年减少，2007 年之后下泄基本生态需水量出现亏缺状态。

1）平水年。平水年（$P=50\%$），选取 1971 年作为典型年，册田水库以上流域来水为枯水年，下泄水量 0.79 亿 m^3，响水堡以上流域来水为偏丰年份，下泄水量 1.77 亿

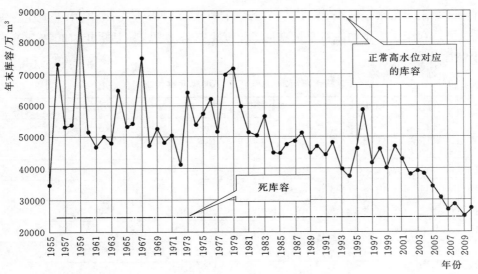

图 6.23 官厅水库长系列调节计算各年年末库容

m³。加上区间径流量的汇入，经官厅水库调节，官厅水库下泄水量为 3.42 亿 m³，其中
生态水量 3.11 亿 m³，年初库容 4.85 亿 m³，年末库容 4.86 亿 m³，水库蓄水基本持平。
平水年（1971 年）官厅水库调度情况见表 6.19。

表 6.19　　　　　　　　　平水年（1971 年）官厅水库调度情况　　　　　　　　单位：亿 m³

年份	月份	水库月末库容	生态需水量	下泄水量	下泄生态水量	生态缺水量
1970	12	4.85				
1971	1	4.97	0.09	0.10	0.09	0
1971	2	5.09	0.09	0.10	0.09	0
1971	3	5.50	0.09	0.10	0.09	0
1971	4	5.59	0.09	0.10	0.09	0
1971	5	5.48	0.09	0.10	0.09	0
1971	6	5.00	0.44	1.02	1.01	0
1971	7	5.00	0.44	0.55	0.53	0
1971	8	4.93	0.44	0.54	0.53	0
1971	9	4.81	0.44	0.54	0.53	0
1971	10	4.82	0.09	0.10	0.09	0
1971	11	4.79	0.09	0.10	0.09	0
1971	12	4.86	0.09	0.10	0.09	0
合计			2.44	3.42	3.30	

　　2）枯水年。枯水年（$P=75\%$），选取 2006 年作为典型年，册田水库以上流域来水
频率在枯水年与特枯年之间，下泄水量 0.69 亿 m³，响水堡以上流域为枯水年，下泄水量
1.22 亿 m³。加上区间径流量的汇入，经官厅水库调节，年初库容 3.41 亿 m³，年末库容

3.08亿 m³，水库蓄水量减少0.33亿 m³，年下泄水量2.57亿 m³，其中下泄生态需水量2.44亿 m³，利用水库年初库存水量满足了年度生态需水要求。枯水年（2006年）官厅水库调度情况见表6.20。

表6.20　　　　　　　　枯水年（2006年）官厅水库调度情况　　　　　　　单位：亿 m³

年份	月份	水库月末库容	生态需水量	下泄水量	下泄生态水量	缺水量
2005	12	3.41				
2006	1	3.47	0.09	0.10	0.09	0
2006	2	3.41	0.09	0.10	0.09	0
2006	3	3.51	0.09	0.10	0.09	0
2006	4	3.24	0.09	0.10	0.09	0
2006	5	3.48	0.09	0.10	0.09	0
2006	6	3.61	0.44	0.45	0.44	0
2006	7	3.45	0.44	0.45	0.44	0
2006	8	3.00	0.44	0.45	0.44	0
2006	9	2.90	0.44	0.45	0.44	0
2006	10	2.98	0.09	0.10	0.09	0
2006	11	3.08	0.09	0.10	0.09	0
2006	12	3.08	0.09	0.10	0.09	0
合计			2.44	2.57	2.44	

3）特枯年。特枯年（$P=95\%$），选取2009年作为典型年，册田水库以上流域来水频率在枯水年与特枯年之间，下泄水量0.54亿 m³，响水堡以上流域为特枯年，下泄水量0.87亿 m³。加上区间径流量的汇入，经官厅水库调节，年初库容2.90亿 m³，年末库容与年初持平，年下泄水量1.84亿 m³，其中下泄生态需水量1.71亿 m³，生态水量亏缺量0.73亿 m³。特枯年（2009年）官厅水库调度情况见表6.21。

表6.21　　　　　　　　特枯年（2009年）官厅水库调度情况　　　　　　　单位：亿 m³

年份	月份	水库月末库容	生态需水量	下泄水量	下泄生态水量	缺水量
2008	12	2.90				
2009	1	2.89	0.09	0.10	0.09	0.00
2009	2	2.85	0.09	0.10	0.09	0.00
2009	3	2.90	0.09	0.10	0.09	0.00
2009	4	2.63	0.09	0.10	0.09	0.00
2009	5	2.53	0.09	0.10	0.09	0.00
2009	6	2.77	0.44	0.26	0.25	0.19
2009	7	3.06	0.44	0.26	0.25	0.19
2009	8	2.85	0.44	0.27	0.26	0.18
2009	9	3.00	0.44	0.27	0.26	0.18

年份	月份	水库月末库容	生态需水量	下泄水量	下泄生态水量	缺水量
2009	10	3.00	0.09	0.10	0.09	0.00
2009	11	2.92	0.09	0.10	0.09	0.00
2009	12	2.90	0.09	0.10	0.09	0.00
合计			2.44	1.84	1.71	0.73

5. 三家店断面生态水量调度

三家店拦河闸最大调蓄能力仅 125 万 m^3，而三家店非汛期月生态需水量 925 万 m^3，汛期月生态需水量 4650 万 m^3，调蓄能力不能满足河道月生态需水量，几乎没有调节功能，三家店生态水量的保证主要依靠官厅水库的调节。

考虑到永定河官厅水库至三家店河段基本属于常年干涸状态，地下水超采，河道渗漏严重。而且，根据北京市综合治理与生态修复规划，该段规划为山峡湿地群，河道和湿地面积占 142 hm^2，蒸发水量也较大。鉴于目前地下水埋深和规划水面面积等情况，河道平均输水损失暂按 40%～50%考虑。

三家店选取的典型年与官厅水库一致，根据官厅水库下泄当地径流量，考虑输水损失情况下，分析三家店断面的生态水量亏缺状况。

（1）平水年。三家店生态缺水量为 0.69 亿 m^3，可以通过再生水进行补充，但由于再生水从三家店拦河闸闸下汇入，各月按稳定流量汇入永定河，无法调节，导致年生态水量满足，但存在非汛期富余、汛期亏缺状态。

（2）枯水年。三家店生态缺水量为 1.24 亿 m^3，非汛期每月亏缺 494 万 m^3，汛期每月亏缺 2113 万 m^3，非汛期的亏缺可由再生水补充，主要缺水时期为汛期。

（3）特枯年。三家店生态缺水量为 1.68 亿 m^3，非汛期每月亏缺 494 万 m^3，汛期每月亏缺约 3200 万 m^3，非汛期的亏缺可由再生水补充，主要缺水时期仍为汛期。三家店断面生态水量亏缺情况见表 6.22。

表 6.22　　　　三家店断面生态水量亏缺情况（当地径流）　　　单位：万 m^3

月份	基本生态环境需水量	平水年（1971年）		枯水年（2006年）		特枯年（2007年）	
		当地径流量	缺水量	当地径流量	缺水量	当地径流量	缺水量
1	925	450	475	431	494	431	494
2	925	431	494	431	494	431	494
3	925	431	494	431	494	431	494
4	925	431	494	431	494	431	494
5	925	431	494	431	494	431	494
6	4650	6043		2538	2113	1400	3250
7	4650	3207	1443	2538	2113	1400	3250
8	4650	3180	1470	2538	2113	1456	3194
9	4650	3180	1470	2538	2113	1456	3194

续表

月份	基本生态环境需水量	平水年（1971年）		枯水年（2006年）		特枯年（2007年）	
		当地径流量	缺水量	当地径流量	缺水量	当地径流量	缺水量
10	925	431	494	431	494	431	494
11	925	431	494	431	494	431	494
12	925	431	494	431	494	431	494
全年	26000	19079	6921	13600	12400	9162	16838

6.3.2.2 再生水调度

小红门污水处理厂设计日污水处理量为 60 万 m^3，按照城市总体规划，该厂主要承担着本市西部和南部大部分地区的城市污水处理任务，服务流域西起八大处，东到京沪高速公路，北起长河，南到南五环，横跨海淀、石景山、西城三区，规划流域面积为 223.5km^2，排水面积为 100.9km^2，服务人口约 241.5 万。

北京小红门再生水从三家店拦河闸闸下汇入永定河，水质可达到地表水Ⅳ类标准，主要补充三家店以下河段的生态用水。根据 2020 年预计日处理量，每年可补充 0.75 亿 m^3，平水年年基本生态环境需水量基本能够满足，枯水年仍亏缺 0.49 亿 m^3，特枯年仍亏缺 0.93 亿 m^3。

根据小红门污水处理厂的运行方式及日处理能力，再生水水量年内分布较为均匀，平均每天可向河道补充 20 万 m^3 再生水，各月可向河道补充 575 万～640 万 m^3 再生水，基本能弥补非汛期三家店断面的月基本生态环境需水量，且有富余。由于汛期基本生态环境需水量较大，又受来水影响，再生水又无法进行调度，来水过程仍难以满足汛期要求。三家店断面生态水量亏缺情况见表 6.23。

表 6.23　　　　　　三家店断面生态水量亏缺情况（当地径流＋再生水）　　　　单位：万 m^3

月份	基本生态环境需水量	平水年（1971年）		枯水年（2006年）		特枯年（2007年）	
		当地径流＋再生水	缺水量	当地径流＋再生水	缺水量	当地径流＋再生水	缺水量
1	925	1086		1067		1067	
2	925	1026		1026		1026	
3	925	1067		1067		1067	
4	925	1046		1046		1046	
5	925	1067		1067		1067	
6	4650	6658		3153	1497	2015	2635
7	4650	3843	808	3174	1477	2036	2615
8	4650	3816	835	3174	1477	2092	2559
9	4650	3795	855	3153	1497	2071	2579
10	925	1067		1067		1067	
11	925	1046		1046		1046	
12	925	1067		1067		1067	
全年	26000	26580	0	21103	4897	16665	9335

6.3.2.3　引黄水量调度

1. 调度水量

根据水资源供需平衡分析结果及河道内生态水量配置方案，多年平均来水条件下，通过合理调度当地径流和小红门再生水，即可满足河道生态用水，不需调度引黄水；75%来水条件下，通过万家寨引黄北干线向三家店补水 0.50 亿 m^3；95%来水条件下，通过万家寨引黄北干线向三家店补水 1.0 亿 m^3。考虑输水损失，75%、95%条件下，1 号隧洞引黄补水量分别为 1.09 亿 m^3、2.16 亿 m^3。

2. 调度时机

考虑到引黄输水效率，引黄水量的调度采用集中输水方式，利用册田水库和官厅水库富余库容存蓄黄河水。册田水库是年调节水库，根据册田水库逐月长系列调节计算结果，4—10 月基本生态需水量均发生过亏缺，4—5 月水库存蓄量较少的时候，若汛期来水量较少，基本生态需水量会发生连续亏缺，但仍能保证月最小生态需水量。根据官厅水库逐月长系列调节计算结果，由于官厅水库调节库容较大，当发生连续枯水年时，基本生态需水量会发生连续亏缺。为保证汛期防洪安全，避开汛期引黄补水，可安排 4 月或 10 月集中引黄补水，在各年度实施过程中，可以视情况而定。

若 4 月安排集中引黄补水，可以弥补年内基本生态需水量的亏缺，但无法判断当年度水文年型，准确确定引黄水量；若 10 月安排集中引黄补水，可以弥补年基本生态需水量的亏缺，结合水文年型判断，合理确定引黄水量，同时充分利用官厅水库的多年调节性能，弥补三家店下年度的年内基本生态需水的亏缺，但无法补充上游断面年内生态需水的亏缺。

（1）枯水年（$P=75\%$）引黄水量调度方案。遇枯水年（$P=75\%$），通过万家寨引黄北干线向三家店补水 0.50 亿 m^3，1 号隧洞引黄补水量 1.09 亿 m^3。

1）若 4 月安排集中引黄补水，可以补充册田水库断面年内亏缺水量 0.17 亿 m^3，通过册田水库存蓄 0.17 亿 m^3 的黄河水，弥补年内亏缺的基本生态需水，但应于 10 月增加下泄 0.17 亿 m^3 的当地径流量。剩余引黄水量 0.45 亿 m^3 由官厅水库存蓄，以满足三家店基本生态环境需水要求。考虑输水损失，各断面引黄水量及存蓄水量如图 6.24 所示。

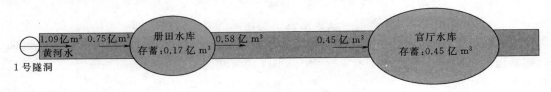

图 6.24　枯水年各断面引黄水量（4 月补水）

2）若 10 月安排集中引黄补水，直接通过官厅水库富余库容存蓄 0.58 亿 m^3 的黄河水，用于补充三家店基本生态环境需水要求。考虑输水损失，各断面引黄水量及存蓄水量如图 6.25 所示。

（2）特枯年（$P=95\%$）引黄水量调度方案。遇特枯年（$P=95\%$），通过万家寨引黄北干线向三家店补水 1.0 亿 m^3，1 号隧洞引黄补水量 2.16 亿 m^3。

1）若 4 月安排集中引黄补水，可以补充册田水库断面年内亏缺水量 0.44 亿 m^3，通

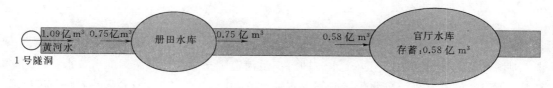

图 6.25　枯水年各断面引黄水量（10 月补水）

过册田水库存蓄 0.44 亿 m³ 的黄河水，弥补年内亏缺的基本生态需水，册田水库各月按基本生态需水量下泄，但应于 10 月增加下泄 0.07 亿 m³ 的当地径流量。剩余引黄水量 0.45 亿 m³ 由官厅水库存蓄，以满足三家店基本生态环境需水要求。考虑输水损失，各断面引黄水量及存蓄水量如图 6.26 所示。

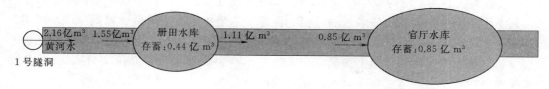

图 6.26　特枯年各断面引黄水量（4 月补水）

2）若 10 月安排集中引黄补水，直接通过官厅水库富余库容存蓄 1.19 亿 m³ 的黄河水，用于补充三家店基本生态环境需水要求。各断面引黄水量及存蓄水量如图 6.27 所示。

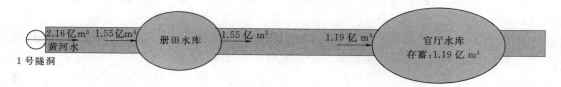

图 6.27　特枯年各断面引黄水量（10 月补水）

6.3.3　生态水量评价

《总体方案》为落实京津冀协同发展战略要求，以保障河湖生态环境用水为目标，将永定河打造为绿色生态河流廊道，逐步恢复为"流动的河、绿色的河、清洁的河、安全的河"。由于三家店以下河段常年干涸，河道渗漏严重，为达到永定河生态治理效果，需同时实施地下水回补。本次以《永定河 2019 年度调水实施方案》中的册田水库、石匣里、响水堡、官厅水库出库及三家店五个生态控制断面作为分析对象，评价 2019 年度生态水量满足情况。

6.3.3.1　评价方法

根据各生态控制断面水量监测资料，统计各控制断面的年度下泄水量。同时，根据相关测站水文资料，核算山西省、河北省出境水量。按年度水量与年度生态水量目标的比值，计算年度生态水量保证率：

$$年度生态水量保证率 = \frac{年度下泄水量}{年度生态水量目标} \times 100\%$$

根据各生态控制断面水质逐次监测资料,对照所在水功能区水质目标,按照《地表水资源质量评价技术规程》(SL 395—2007)计算水功能区达标率:

$$FD = \frac{FG}{FN} \times 100\%$$

式中　FD——水功能区达标率;

　　　FG——水功能区达标次数;

　　　FN——水功能区评价次数。

6.3.3.2　考核要求

将河流生态水量监管作为各级政府最严格水资源管理和河长制、湖长制执法监管工作的重要内容,将河流生态水量满足程度作为考核的核心指标,进一步强化河流生态水量保障在最严格水资源管理制度和河长制、湖长制工作中的地位,强化地方各级政府责任,严格考核评价和监督,逐级传递压力,形成齐抓共管的良好局面。

(1)水量考核要求。《总体方案》工程完全达效后,年度生态水量保证率应达到100%。工程达效前,视工程实施情况,由海河水利委员会合理确定年度生态水量保证率,原则上2018年、2019年不能低于60%、80%。

(2)水质考核要求。水功能区达标率达到80%。

6.3.3.3　考核结果

依据《总体方案》《官厅、密云水库上游省际下泄水量评估手册》等相关资料及历史降水资料,经综合评估,永定河官厅水库以上流域为一般枯水年。

官厅水库以上山西省理论下泄水量0.7亿 m³,全年出境水量1.63亿 m³,其中包括春季集中输水0.5亿 m³和秋季集中输水的0.6亿 m³,剩余的0.53亿 m³为基流量。与《总体方案》比较,在一般枯水年要求的出境水量为0.58亿 m³,完成《总体方案》要求,超额出境水量是为了满足下游三家店生态水量。

官厅水库以上河北省理论下泄水量1.45亿 m³,全年出境水量1.74亿 m³,其中包括春季集中输水0.39亿 m³和正在秋季集中输水的0.45亿 m³,剩余的0.9亿 m³为基流量。与《总体方案》比较,在一般枯水年要求的出境水量为1.45亿 m³,完成《总体方案》要求,超额出境水量是为了满足下游三家店生态水量。

6.3.3.4　生态水量评价

由于《总体方案》安排的一系列节水措施仍在实施,本年度引黄水和集中输水工作基本完成。由于调水线路受地方河道施工或水库除险工程影响,调度实际情况与调度方案存在不一致,因此根据生态控制节点径流量实测结果结合调水总量控制的方式进行评价。永定河流域2019年1—8月生态水量亏缺量情况见表6.24。

表6.24　　　　　　　　　**2019年1—8月生态水量亏缺量情况**　　　　　　　　单位:亿 m³

生态控制断面	河道径流量			生态需水量	生态需水亏缺量
	当地水	引黄水	总计		
册田水库	1.32	1.4	2.72	0.79	0
石匣里	1.71	1.16	2.87	1.33	0

续表

生态控制断面	河道径流量			生态需水量	生态需水亏缺量
	当地水	引黄水	总计		
响水堡	1.03		1.03	0.89	0
八号桥	1.74	0.91	2.65	—	—
官厅水库出库	3.51			2.44	0
三家店	1.32			2.6	−1.28

根据生态水量亏缺情况，通过全年两次集中向下游输水和引黄水，桑干河册田水库断面当地径流 1.32 亿 m³，引黄水 1.4 亿 m³，总计河道生态流量 2.72 亿 m³，桑干河上游册田水库控制断面生态水量已满足，达到生态水量需求的 344%；石匣里断面当地径流 1.71 亿 m³，引黄水 1.16 亿 m³，总计河道生态流量 2.87 亿 m³，桑干河上游石匣里控制断面生态水量已满足，达到生态水量需求的 216%。

第7章

生态水量监督管理

7.1 生态水量监督管理研究进展

7.1.1 遥感技术（RS）简介

河流是十分重要的水资源，人类从未停止对河流径流的监测与研究，以求能够更加充分地利用河流资源。传统水文监测方式是采用人工测量手段，通过在河流断面布设测量设备来获取实测资料。但是通过人工采集的站点水文数据，并不一定可以真实反映区域变化的特征。尤其对于大型河流来说，其流域广阔，地质结构复杂，现有的水文监测站点数量有限、依靠人力采集河流数据效率低、监测范围小，特别在洪涝、暴雨等极端环境下更是难以保证径流的监测任务。上述问题会导致对河流径流的监测结果不够全面，无法反映一个流域内的变化特征，难以满足当前对于河流径流监测研究中数据的需要。在这种情况下，遥感以其及时、高效、信息量大、观测范围广的优点，在区域河流径流监测实践中发挥了重要的作用。

遥感，从字面上理解即遥远的感知，它是一种空间探测技术，通过对地物目标物信息的感应和接受来识别地物。遥感作为一门综合技术是美国学者 E. L. Pruitt 于 1960 年提出，并随着摄影技术、航空测量技术、空间探测技术的发展而发展起来的。从 1610 年意大利科学家伽利略用自己研制的望远镜对月球首次观测，到 IKONOS 0.5m 分辨率的卫星发射，遥感技术已经走过了 400 多年的历史，广泛应用于土地资源调查、环境监测、测绘、城乡规划、农业生产和军事侦察等各个方面，并在向"多尺度、多频率、全天候、高精度、高效快速"的目标发展。从现实意义看，遥感分为广义遥感和狭义遥感，其中广义遥感是指通过任何不接触被观测物体的手段来获取信息的过程和方法；狭义遥感是指在高空和外层空间上，运用各种传感器（摄影仪、扫描仪和雷达）获取地表电磁波信息，通过分析、研究手段，揭示出地物的特征性质及变化的综合性探测技术。

在生态环境相关研究中，遥感技术主要用于土地资源、环境变化和评价研究过程中，是生态环境状况评价的重要信息源，其所具有的高度空间概括能力，有助于对区域环境的完整了解；不同卫星适宜的重访周期有利于对地表资源环境的动态监测和过程分析，以多光谱观测为主并辅以较高分辨率的全色数据，极大地提升了对地物的识别和分类。

近年来，随着信息技术与计算机图形学的快速发展，遥感技术也得到了长足的进步。遥感技术为流域生态健康评估工作提供了全天候、多时相、多平台的遥感影像，利用其不同空间分辨率、时间分辨率、光谱分辨率的特点，能够满足不同的研究需要，为生态系统动态监测提供经济、便捷、实时的数据来源。使得更加准确、科学的掌握生态系统的现状以及变化趋势、及时地做出恢复和管理措施、为预防生态系统的严重退化影响人类社会的健康发展提供科学依据成为可能。

7.1.2 生态水量监督研究进展

7.1.2.1 生态水量监测

2000 年，Huffman 等结合水资源的现状及其动态变化对水容量进行了监测。2003 年，乔平林等利用水文数据和遥感影像，建立水库水位-库容模型和水库面积-库容模型完成水库库容的测算。2005 年，张乃群等从微生物学的角度对南水北调中线水源区进行了生态监测。Liu and Yang 通过海河流域典型湖泊对其生态环境需水量进行了研究。2007 年，李世荣等分析了小流域水质水量的监测现状和其中所存在的问题，并对水质水量监测提出了相应的建议。2007 年，邓铭江利用遥感技术，基于塔里木河下游生态输水过程中的水资源监测，对植被恢复度进行了相应的研究。2008 年，Mahdi Zarghami 等对于伊朗东部出现的水资源供不应求的问题，通过结合当地水资源的供应状况，对水资源进行监测并且从经济角度出发建立了相应的模型，完成了合理的水利工程建设。2009 年，涂向阳等对湿地生态系统建立了健康指标的体系，并且构建了其生态需水量和补水量的模型，对湿地生态环境需水量进行了相应的研究。2010 年，刘昌利等对佛子岭水库水质进行生态学监测，并判别其水质级别和污染程度。2010 年，高凡、黄强、闫正龙等通过数据预处理、分类体系划分、解译、专题提取、建库及定性定量分析等步骤，得到研究区生态水平动态变化数据，应用潜水蒸发原理，计算相应生态水平下天然植被的生态需水量。2015 年，严开勇以遥感技术与地理信息系统技术为研究手段，参考河湖生态健康评估方法及原理，结合生态学原理及景观生态学相关知识，运用层次分析法（AHP）选取了能从自然状态、人类活动影响、社会经济等方面反映綦江流域生态健康状态的多个指标参数，如流域植被覆盖度、湿地面积比例变化、流域城镇化程度、水文生态过程（流量过程变异度、生态流量满足程度）、水环境质量指标（溶解氧、耗氧有机物、重金属）、水生生物多样性指标、单位面积化肥施用量、流域降雨量等参数指标，从与流域生态健康状态相关的面要素特征及线要素特征层面对綦江流域（重庆段）生态健康状态作了定量评价。2016 年，全占东通过现场监测、数据分析等方法对汤河流域水量进行实时监测，根据监测数据分析了该流域径流深和径流量的变化情况，对比分析了汤河东、西支径流深和径流量-集水面积变化曲线，通过概化方法将径流量过程线转化为三角形洪水过程线，为该流域防洪减灾等提供了数据支持和理论依据，对类似流域水量监测等具有借鉴作用。2016 年，买尔哈巴·买买提汗、玉素甫江·如素力等以博斯腾湖周围区域 1050m 等高线内的芦苇湿地为研究对象，以近 26 年（1990—2015 年）的 Landsat 解译数据与气象、水文数据相结合，应用线性回归建模、广义线性建模等方法，分析博斯腾湖芦苇湿地的时空变化及其成因。2017 年，陈国柱、杨杰等通过对国内目前已建水电工程生态流量实时监测系统的技术总结，识别生态流量实时监测目前存在的主要问题，从技术角度提出了未来生态流量实时监测技术的发展方向，为后续水电工程环境影响评价、环境保护设计、运行管理提供参考。2017 年，范辉、柳华武等介绍了海河流域省际河流省界断面水文监测现状，分析了海河流域省界水文监测存在的问题，并提出了进一步完善省界水文监测站网，建立水文监测信息发布机制等相关建议，对于提高流域水文的社会化服务水平具有一定借鉴意义。2017年，吴琼、梅军亚、杜耀东等以长江流域水资源监测管理为例，分析了长江流域水资源监测现状及存在的问题。面对实行最严格水资源管理制度要求下的水资源监测管理，通过实施技术装备、基础设施的建设管理，省界等重要控制断面的监测管理，取水户的监督管理，水资源监测信息发布等信息管理，制度、规范等技术文件的管理，建立了长江流域水资源监测一体化管理体系，从而加强了水资源监测管理工作，满足了长江流域实施最严格水资源管理的需要。2018年，陈昂、温静雅、王鹏远等基于国内外生态流量监测系统研究与实践的主要问题，提出了构建河流生态流量监测系统的几点思考，重点为监测系统构建时需考虑的方法和指标，旨在提高监测系统在设计、实施和监测等环节的有效性，实现河流生态系统可持续发展。2018年，喻婷以鄱阳湖中心的蛇山岛为基地，分析蛇山站人工观测水位和自动仪器监测水位同步资料，分析蛇山站自动仪器监测水位和棠荫站人工观测水位相关关系，建立蛇山站与棠荫站水位分析模型，分析蛇山站自动监测水温与人工观测水温误差，分析蛇山站自动监测水温和棠荫站人工观测水温相关关系，研究蛇山站、棠荫站水温代表性，建立棠荫站与蛇山站水温分析模型以及相应模型检验；对水温、pH值、电导率、溶解氧、高锰酸盐指数、氧化还原电位、浊度、总磷、总氮、氨氮、总有机碳共11项指标进行检测，用DF活体浮游植物及生态环境在线监测系统分析鄱阳湖蛇山断面藻类生物量及其优势种，与室内取样分析结果进行比对等。2018年，杨大卓、纪旭对青天河闸2017年6月进行了水量、水质监测，通过该研究为农业灌溉引水提供了参考。2019年，蒋元中、丁扬威、汤杭森等结合生态泄流设施和流量测量方式的分析和探讨，研究开发出一套农村水电站生态泄流在线监测系统，并利用信息化手段获取水电站可靠的下泄流量数据，监督电站最小下泄流量执行情况，为有关部门的监督管理提供科学依据，该系统在浙江省丽水市进行试点应用，监测系统运行稳定可靠。2019年，曾锡安以黑河流域黄藏寺至莺落峡段某一具体电站为研究对象，针对传统生态放流远程监测系统监测数据单一、数据共享率低、利用率差的问题，研究开发了基于C/S和B/S混合结构的生态放流远程监测系统。2019年，祁苗苗基于遥感影像根据冰和水在可见光-红外波段上反射率的差异，综合运用RS和GIS技术，对青海湖面积、水位、水量及湖冰物候特征变化进行研究，同时结合气象数据分析影响青海湖冰情变化的主要气候因子，明晰青藏高原大面积湖泊变化及湖冰变化对气候变化的响应。2019年，诸葛燕、方海泉为了更加有效利用大量取用水在线监测数据，对数据有效性进行了深入分析，首先，从监测数据的总量和时序变化两个方面进行异常值筛选；其次，从监测数据正常的监测点的个数和监测水量两个方面对取用水在线监测数据的有效性进行评估；最后，以G市的取用水在线监测数据为例进行实证分析，结果表明提出的异常值分析方法是有效的，并且建立的取用水在线监测数据有效性评估方法是可行的。2019年，莫祖澜、马玉、张格等以滴水湖流域为例，构建了基于模型优化的监测方案。该方案分成汇水分区、典型项目和典型设施3个层面，结合流域水质水量模型的构建分析，在满足监测要求的同时减少监测点数量，有效降低经济成本和设备维护难度。2019年，张丽花根据云南省河长制生态补偿机制的需求，采用现状调查规划法，结合滇池流域河（渠）湖库、重要水源地分布实际，在分析现状水质水量监测站网的基础上，依据各河（渠）湖库、水源地的重要性及河道干支流县区行政交界断面的位置分布和监测条件，在整合现有水质水量监测站点的同时，提出滇池流域河长制生态补偿机制水质水量监测站网布设及其监测方案，为滇池流域河道生态补偿机制监测体系的建立提供了参考。2019年，陆海明、丰华丽、邹鹰从流域基本概况、保护目标确定、方案制定过程、推荐方案、监测与评价等多个方面，系统介绍了美国东南部受水库调节的萨凡纳河生态流量的研究与管理实践经验，结合我国实际情况，提出尽快完善生态流量保障相关法律规章制度，制定科学合理的生态流量保障方案，尽早开展生态流量适应性管理，持续开展监测积累数据资料等对策建议。2020年，聂青、陆小明等选择太湖典型入湖河道，利用三种估算方法分析太湖入湖污染物通量计算精度，认为每月两次的水量水质巡测分析计算精度达到80%左右，能基本满足入湖污染物量估算要求，为太湖水环境治理提供支撑。2020年，袁媛结合当前主要的生态泄流方式和流量测量技术体系的分析和探讨，设计了一套江西省农村小水电站生态泄流省级在线监测平台，利用物联网、互联网技术获取农村小水电站的生态泄流数据，监督农村小水电站生态泄流执行情况，为江西省水利部门的监管提供数据支撑，为对农村小水电站形成层级分明、高效便捷的管理体系提供信息化支撑。2020年，裴梦桐以短历时情境下的城市水循环为研究对象，以概念解析-评价模型构建-实施方案-案例分析为主线开展了降雨产汇流过程下城市水循环健康监测与评价研究，在分析降雨产汇流过程下城市水循环结构基础上，尝试解析了其概念，运用层次分析法和关键绩效指标原理，构建了降雨产汇流过程下的城市水循环健康评价模型，将试验监测与城市雨洪模型相结合，制定了实施方案，为评价提供基础支撑。

7.1.2.2　雷达高度计监测

20世纪90年代卫星高度计数据的出现，给内陆水体水位监测提供了新的技术手段。

卫星雷达测高技术开始于20世纪70年代，最初是观测全球海平面的水位变化，经过了40多年的发展，如今的卫星测高技术已经可以实现对河流、湖泊、湿地等内陆水域水位的变化的观测。目前正在工作的部分卫星有Jason-2/3、SARAL、HY-2、CryoSat-2、Sentinel-3A卫星等，已经停止工作的部分卫星包括SKYLAB、ERS-1、ERS-2、GFO、GEOSAT、SEASAT卫星等。表7.1列举了部分目前已经发射过的卫星雷达高度计基本信息。

表7.1 卫星雷达高度计基本信息

卫星名称	在轨时间/（年.月）	所属机构	轨道高度/m	轨道倾角/（°）	重访周期/d	波段
SKYLAB	1973.05—1974.10	NASA	435	50		Ku
GEOS-3	1975.04—1979.07	NASA	845	115	23	Ku，C
SEASAT	1978.06—1978.10	NASA	800	108	17	Ku
GEOSAT	1985.03—1990.01	US Navy	800	108	17	Ku
ERS-1	1991.07—2000.03	ESA	785	98.52	35	Ku
TOPEX	1992.08—2005.10	NASA/CNES	1336	66	10	Ku，C
Poseidon	1992.08—2005.10	NASA	1336	66	10	Ku，C

续表

卫星名称	在轨时间 /(年.月)	所 属 机 构	轨道高度 /m	轨道倾角 /(°)	重访周期 /d	波段
ERS-2	1995.04—2011.07	ESA	785	98.52	35	Ku
GFO	1998.02—2008.10	US Navy/NOAA	800	108	17	Ku
Jason-1	2001.12—2013.06	NASA	1336	66	10	Ku, C
ENVISAT	2002.03—2012.04	ESA	800	98	35	Ku, S
ICESat	2003.01—2009	NASA	600	94	183	激光
CryoSat-1	2005.10（失败）	ESA	720	92	36928	Ku
Jason-2	2008.06 至今	CNES/NASA/Eumetsat/NOAA	1336	66	10	Ku, C
Cryosat-2	2010.04 至今	ESA	720	92	36928	Ku
HY-2	2011.09 至今	NMRSL/CSS/AR/CAS	965	99.3	14168	Ku, C
SARAL	2013.02 至今	ISRO/CNES	790	98.54	35	Ka
Jason-3	2016.01 至今	CNES/NASA/Eumetsat/NOAA	1336	66	10	Ku, C
Sentinel-3A	2016.02 至今	ESA	814.5	98.64	27	Ku, C
Sentinel-3B	2018.04 至今	ESA	814.5	98.64	27	Ku, C

1992 年，TOPEX/Poseidon（T/P）卫星成功发射之后，其高度计数据一直被广泛用来监测全球大型湖泊水位变化。1998 年，Cazenave 利用 1993—1996 年数据建立了非洲和北美 6 大湖泊水位与降雨数值关系；2002 年，Mercier 等利用 1993—1999 年 T/P 数据获取了非洲 12 个湖泊的水位变化信息。分别于 1991 年和 1995 年发射成功的 ERS-1 和 ERS-2 卫星高度计产品跟 T/P 数据一样，被用来监测内陆湖泊水位变化，该数据能在下垫面类型复杂区域快速获取监测目标的变化。2001 年、2008 年 Jason-1 和 Jason-2 卫星发射成功后，其高度计产品逐渐取代了 T/P 数据。2002 年，携带有第二代雷达高度计（RA-2）的 ENVISAT 卫星成功发射，该传感器设备能密集获取地面回波数据，因此，同样被大量用于内陆湖泊水位变化监测。而且其水位监测精度可达厘米级。2010 年，带有高级测高仪的 CryoSat-2 发射升空，该传感器的出现极大地丰富了卫星高度计产品数据集。上述这些高度计卫星给时空过程连续的内陆水域水位监测提供了可靠的长时间序列数据集。然而，由于他们的回波足迹面积一般在 2km² 左右，无法对中小型湖泊进行有效监测，限制了它们的应用。2003 年，携带 GLAS 激光高度计的 ICESat 卫星发射后，极大地改善了这一问题。该传感器地面足迹的直径为 70m，能获取大部分中小型湖泊或河流的水位变化信息。

7.1.2.3　SAR 监测

从 1978 年美国发射第一颗 SAR 卫星 SEASAT 开始，许多国家都在大力开展星载 SAR 系统的研究，先后发射了多颗 SAR 卫星，这其中包括欧空局 ERS-1、ERS-2、ENVISAT 和 Sentinel-1 卫星，日本 JERS-1 与 ALOS 系列卫星，加拿大 RADARSAT 系列卫星，德国 TanDEM-X 与 TerraSAR-X 卫星，意大利 COSMO-SkyMed 卫星，韩国 Kompsat-5 卫星以及我国 GF-3 卫星等。表 7.2 列举了目前已经发射过的典型

SAR 卫星基本信息。

表 7.2　　　　　　　　　　　　　　　　典型 SAR 卫星基本信息

卫星名称	在轨时间/年	所属机构	入射角/(°)	方位向分辨率/m	距离向分辨率/m	重放周期/d	波段
SEASAT	1978	NASA	23	6	20	24	L
JERS-1	1991—1998	JAXA	39	7.5	16	44	L
ERS-1	1991—2001	ESA	23	5	25	35	C
ERS-2	1995—2011	ESA	23	5	25	35	C
RADARSAT-1	1995—2013	CSA	20—50	7.5	20—30	24	C
ENVISAT	2002—2012	ESA	15—45	5	25—50	35	C
ALOS-1	2006—2011	JAXA	8—60	5	9—30	46	L
RADARSAT-2	2007 至今	CSA	20—49	7.5	20—30	24	C
COSMO-SkyMed	2007 至今	ASI	20—60	3	3—15	1—8	X
TerraSAR-X	2007 至今	DLR	20—45	2.4	1—3	11	X
TanDEM-X	2010 至今	DLR	20—55	2.4	1—3	11	X
Kompsat-5	2013 至今	KARI	20—45	3	3	28	X
Sentinel-1	2014 至今	ESA	18—46	14	3	6/12	C
ALOS-2	2014 至今	JAXA	8—70	5	6—10	14	L
GF-3	2016 至今	CASC	20—50	1—12	1—10	29	C

　　SAR 遥感技术的发展使得更多研究人员将 SAR 应用至监测河流径流的研究中。文江平等基于 SAR 图像的自适应水域分割的方法提取水体信息，表明基于 SAR 图像进行水陆分割提取河道边缘的可行性。虽然利用 SAR 图像代替光学图像可以克服因降雨、云雾等气象因素带来的问题，但是考虑到上述研究所采用 SAR 图像的分辨率受限，应采用分辨率更高的卫星数据作为监测系统的 SAR 图像数据源。冷英等提出了一种改进的 ACM 算法处理了鄱阳湖的 Sentinel-1A 数据，提高了对鄱阳湖水域水面的提取精度。王乐等提出了一种基于混合模糊的 SAR 图像水陆分割算法，并用该算法处理丹江口水库的 Sentinel-1A 卫星数据，对水库水面实现了精分割提取。

7.1.3　生态水量预警研究进展

7.1.3.1　国外研究进展

　　生态水量预警方面，对于预警，20 世纪 70 年代德国提出了预警原则概念，1991 年，傅伯杰提出了区域生态环境预警的概念，1991 年，邵东国等开展了内陆河流域生态环境预警方法研究，2003 年，刘强等研究了区域农业用水和需水量，并结合区域的水量发展趋势，得出了相应的预警等级；2000 年，王慧敏提出了流域可持续发展预警系统，并在淮河流域进行了预警研究和分析。在水量预警模型中，2002 年，Brekke 等通过回归方法对用水量进行预测，2003 年，D. Dayand、C. Howe 对最高日需水量影响因素进行了分析，并对最高日需水量进行了预测。2003 年，英国的 Leonid Shvarstel、Mordechai Feldrman 等人建立模式识别模型进行短期用水量预测，并应用于马德里等城市的生活用水和工业用水预测。1992 年，May 等将水价、人口、居民人均收入、年降雨量等作为相关因子，建立了中长期用水量与相关因子间的对数和半对数回归模型，并将此模型应用于美国 Texas 州中长期用水量预测中，获得了较好的效果。2002 年，澳大利亚的 S. L. Zhoua、T. A. McMahon、A. Walton、J. Lewis 等建立了时间序列预测方法用于 Melbourne 的日需水量预测，并取得了很好的效果。2002 年，S. L. Zhoua 和 T. A. McMahon 建立的时间序列模型将日需水量和时用水量模型进行了对比。2002 年，Brekke、Levi 等采用逐步回归法进行用水量预测，使得建模时间比重回归分析法大大减少。2002 年，Jain Ashu、Ormsbee、E. Lindell 对 8 种模型分别进行了评价，对短期用水量进行了预测，并用最高日需水量、最高温度日需水量及全天下雨时的日需水量进行了测试、检验。2003 年，D. Day 和 C. Howe 分析了对最高日需水量产生影响的非气候因素，并对最高日需水量进行了预测。

7.1.3.2　国内研究进展

国内方面，时间序列法、灰色模型研究及 BP 神经网络等几种方法是应用于水量预测的较完善的方法。1991 年，王彬等人对分类预测作了许多研究工作。1998 年，吕谋等建立了城市用水量预测实用动态模型。1998 年，张洪国、赵洪宾、袁一星、徐洪福等成功地将灰色模型应用到哈尔滨、牡丹江、郑州和大连的年供水量预测中，并取得了较好的结果。2001 年，单金林、戴雄奇等在某市的日需水量预测中应用了 BP 神经网络模型。2001 年，周建华、兰宏娟等将时间序列模型应用于某市的日需水量预测中，取得了很好的效果。2002 年，袁一星、兰宏娟等对 BP 神经网络进行研究后，采用 1 个隐层、40 个网络节点数，并将此神经网络模型应用到天津的月用水量预测中。2002 年，刘洪波、张宏伟等对华北某市的日需水量进行了预测，采用的是一个隐层、24 个输出的神经网络法。

7.1.3.3　永定河流域生态水量预警

1. 生态水量预警方法

流域的总蒸散量（ET）可分为自然耗水量与人类活动耗水量。其中，自然耗水量（ET_n）指的是流域内不因人类活动而改变的水资源消耗量，而人类活动耗水量（ET_h）指的是流域内因人类活动而新增加的水资源消耗量，即人类实际耗水量，表达式如下：

$$ET = ET_n + ET_h$$

基于用水量的流域水平衡分析方法，构建生态水量预警方法，当上游的人类活动耗水量（ET_h）大于可耗水量（ACW）时，生态水量就会出现不足的状态，可以根据超过的百分比多少，给予不同的预警等级。

预警有长期预警和年度预警两种，对于前者我们选取 2005—2014 年的平均数据进行分析，对于后者我们选取 2014 年当年的数据进行分析，以此来进行永定河流域生态水量的长期和年度预警，在当实际耗水量接近可耗水量目标并有进一步减小的趋势的时候应当立即发布预警，并进一步分析引起预警的原因。

2. 永定河流域生态水量预警分析

选取 2005—2014 年，统计永定河各流域的人类活动耗水量以及可耗水量（ACW），并计算它们的平均值以及差值（表7.3和表7.4）。对于永定河册田水库以上流域，近10年人类活动耗水量为 $1.39\times10^9\mathrm{m}^3$，可耗水量（ACW）为 $1.89\times10^9\mathrm{m}^3$。在2009年，人类活动耗水量超出可耗水量57.9%，在2005—2007年、2012—2014年间，人类活动可耗水量接近可耗水量目标并且呈现了进一步减小的趋势，分别减少了 $0.90\times10^9\mathrm{m}^3$ 和 $0.74\times10^9\mathrm{m}^3$。其中在2008—2009年和2010—2011年间减少的幅度较大，分别减少了 $2.21\times10^9\mathrm{m}^3$ 和 $1.47\times10^9\mathrm{m}^3$。在对应的年份之间应当进行生态水量的预警。

表7.3　　　　2005—2014年永定河册田水库以上流域人类活动耗水量以及ACW　　单位：$10^9\mathrm{m}^3$

年份	2005	2006	2007	2008	2009	2010	2011	2012	2013	2014	均值
ET_h	1.13	1.32	1.47	1.39	1.52	1.25	1.65	1.45	1.48	1.21	1.39
ACW	2.16	1.27	1.60	2.72	0.64	2.31	1.24	3.31	2.38	1.33	1.89
$ACW-ET_h$	1.03	−0.05	0.13	1.33	−0.88	1.06	−0.41	1.86	0.9	0.12	0.51

表7.4　　　2005—2014年永定河册田水库至三家店之间流域人类活动耗水量以及ACW

单位：$10^9\mathrm{m}^3$

年份	2005	2006	2007	2008	2009	2010	2011	2012	2013	2014	均值
ET_h	1.79	2.09	2.32	2.19	2.40	1.97	2.61	2.29	2.33	1.91	2.19
ACW	1.74	0.68	2.10	3.37	0.56	2.99	0.14	3.12	2.53	1.34	1.85
$ACW-ET_h$	−0.05	−1.41	−0.22	1.18	−1.84	1.02	−2.47	0.83	0.20	−0.57	−0.33

对于永定河流域册田水库至三家店之间流域，近10年人类活动耗水量为 $2.19\times10^9\mathrm{m}^3$，可耗水量（ACW）为 $1.85\times10^9\mathrm{m}^3$。在2005—2007年、2009年、2011年以及2014年都出现了人类活动耗水量超出了可耗水量（ACW）的现象，分别超出了 $0.05\times10^9\mathrm{m}^3$、$1.41\times10^9\mathrm{m}^3$、$0.22\times10^9\mathrm{m}^3$、$1.84\times10^9\mathrm{m}^3$、$2.47\times10^9\mathrm{m}^3$ 和 $0.57\times10^9\mathrm{m}^3$，在2009年和2011年超出的幅度较大。在2005—2006年、2012—2014年间，人类活动可耗水量接近可耗水量目标并且呈现了进一步减小的趋势，分别减少了 $1.58\times10^9\mathrm{m}^3$ 和 $1.74\times10^9\mathrm{m}^3$。纵观十年的平均水平，人类活动可耗水量超出了可耗水量 $0.33\times10^9\mathrm{m}^3$，对于此种情况，应当发布长期预警。

对于上述所出现的现象，应当及时发布预警，预警的类型为生态水量的长期预警，长期预警主要关注生态恢复、绿化建设和农业开发对生态水量的影响。2005—2014年，永定河流域的森林面积呈增加趋势，草地面积减少，湿地和耕地面积增加，城区也呈现增加趋势。供水量最小的是2009年，为18.05亿 m^3，最大的是2003年，为21.62亿 m^3。当地地表水供水与降水及径流丰枯有关，2011—2014年实施引黄供水之后，当地地表水供水平均维持在6.55亿 m^3 左右。2001—2010年，地下水供水基本为12亿～13亿 m^3，2010年达到最高，为13.84亿 m^3；2011年后，地下水供水呈逐步减少的趋势，至2014年地下水供水量减少至12.41亿 m^3。随着城市废污水再生利用水平的提高，再生水利用量逐年增加，非常规水利用量由2001年的0.06亿 m^3，增加至2014年的0.75亿 m^3。

三家店拦河闸最大调蓄能力仅为125万 m^3，而三家店非汛期月生态需水量925万 m^3，汛期月生态需水量4650万 m^3，调蓄能力不能满足河道月生态需水量，几乎没有调节能力，三家店生态水量的保证主要依靠官厅水库的调节。永定河官厅水库至三家店河段基本属于常年干涸状态，地下水超采，河道渗漏严重。而且该段规划为山峡湿地群，河道和湿地面积占 142hm²，蒸发水量也较大，对于预警措施，要做好相应的工作。2014 年永定河册田水库以上流域和永定河册田水库至三家店之间流域降水、人类活动耗水量以及 ACW 见表 7.5。

表 7.5　　　　　　　　　　　降水、人类活动耗水量以及 ACW　　　　　　　　　单位：10^9m^3

永定河册田水库以上流域		永定河册田水库至三家店之间流域	
年份	2014	年份	2014
ET_h	1.21	ET_h	1.91
ACW	1.33	ACW	1.34
$ACW-ET_h$	0.12	$ACW-ET_h$	-0.57

　　2014 年，永定河册田水库以上及册田水库至三家店之间降水较前一年都有一定的减少，分别减少了 2.1 亿 m³、1.92 亿 m³。林地、草地都有相对应的减少，分别占 6.72%、14.18%，耕地面积占 40.98%，建筑用地占 1.67%。永定河册田水库以上流域人类活动耗水量为 $1.21 \times 10^9 \text{m}^3$，可耗水量为 $1.33 \times 10^9 \text{m}^3$，虽然并未超出可耗水量值，但是相比前一年出现减少的趋势；永定河册田水库至三家店之间流域人类活动耗水量为 $1.91 \times 10^9 \text{m}^3$，可耗水量为 $1.34 \times 10^9 \text{m}^3$，超出可耗水量 $0.57 \times 10^9 \text{m}^3$，相比前一年也出现了减少的趋势，所以对于 2014 年的耗水情况，应当发布年度预警。

　　永定河册田水库以上流域总供水量为 9.87 亿 m³。其中，地表水供水量、地下水供水量、非常规水源供水量分别占总供水量的 33.8%、59.9%、6.3%；永定河册田水库至三家店之间流域总供水量为 10.00 亿 m³。其中，地表水供水量、地下水供水量、非常规水源供水量分别占总供水量的 33.8%、65%、1.2%。

　　永定河册田水库以上流域总用水量 9.87 亿 m³，其中：生活用水量、工业用水量、农业用水量（含林木渔畜）、生态用水量分别占总用水量的 14.6%、23.2%、56.4%、5.8%；永定河册田水库至三家店之间流域总用水量 10.00 亿 m³，其中：生活用水量、工业用水量、农业用水量（含林木渔畜）、生态用水量分别占总用水量 13.4%、10.7%、74.9%、1%。永定河册田水库以上流域供用水图如图 7.1 所示，永定河册田水库至三家店之间流域供用水图如图 7.2 所示。

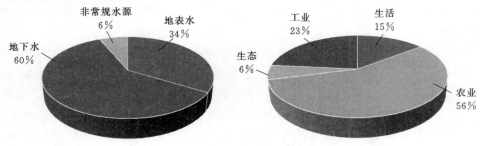

图 7.1　永定河册田水库以上流域供用水图

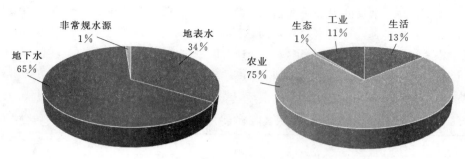

图 7.2　永定河册田水库至三家店之间流域供用水图

7.1.4　水资源遥感研究进展

7.1.4.1　国外研究进展

国外早期的研究主要是通过遥感技术获取水文研究中的某些参数，用于流域下垫面的定性分析或者作为水文模型需要输入的某些定量参数，如获取地表水资源信息，估算土壤含水量、融雪径流及蒸散发量等。1971 年，Strong 等利用多光谱遥感数据对冰雪消融的水文信息进行了探测分析。1980 年，Price 等基于热红外遥感数据对地表土壤含水量及蒸发量进行了估算。1976 年，Hollday 基于 Landsat 数据确定水体、森林以及河边植被等流域物理特征信息，对传统的回归方程进行改良，并成功地推算出美国东部地区的一些河川径流。进入 21 世纪，遥感在水文水资源的研究应用中更加成熟。2003 年，J. Liu 等建立了以遥感（包括叶面积指数、土壤持水量以及温度、湿度等气象数据）驱动的蒸散（ET）模型。2012 年，Sagintayev 等在缺乏实测数据的情况下，以巴基斯坦 Pishin Lora 盆地为研究区采用遥感数据建立了降水径流模型。

7.1.4.2　国内研究进展

国内遥感技术的应用较晚，因此在水资源的遥感研究起步略晚。

国内早期遥感技术在水文水资源的应用也是利用遥感信息确定某些水文模型的参数。1989 年，王燕生利用陆地卫星影像获取了流域的下垫面数据，将流域按土壤、植被和土地利用分区，并应用气象雷达探测雨区及相应降雨强度，采用 USDAHL 水文模型，以少郎河为例进行洪水预报研究。随着遥感技术的发展以及水文模型的改良，遥感信息与水文模型耦合度越来越高，定量化遥感在水文水资源的应用也逐渐成为研究热点。1992 年，陈秀万[145]分析了遥感技术在地下水评价中应用的可能性，建立起适合于常规资料短缺地区地下水遥感评价的系统研究模型（简称 GWARS 模型），利用 GWARS 模型对西藏年楚河流域地下水进行研究，估算出该流域地下水资源量，为流域规划提供了科学依据。1994 年，陈秀万、叶守泽等[146]通过探讨应用遥感技术的水资源调查评价方法和应用系统理论的水资源分析方法，建立起遥感技术支持下的区域水资源系统分析模型——WRAURS 模型，并用该模型对朝阳市水资源进行分析，为该区水资源管理提供了科学依据。1999 年，冯筠、黄新宇等[147]对遥感技术在资源调查与环境监测两大应用领域近年来国内外发展现状进行了归纳分析，以若干应用实例阐明遥感技术在实现对地球资源环境进行宏观、实时、动态、连续观测中的不可替代作用，在列表归纳未来 10 年国际卫星遥感计划的基础上，分析了卫星遥感技术的发展趋势，指出 21 世纪遥感技术将在全球资源环境中起到更重要的动态监测、业务预报、灾害预警等作用，遥感技术本身将得到进一步发展完善，为经济、社会可持续发展的决策提供客观准确的资料数据，成为指导政府行为的重要依据。1999 年，李秀云、傅肃性等[148]以湿润地区澜沧江支流黑江的景谷河流域为例，对遥感枯水下垫面要素进行了地理相关分析与其分区单元的建立，同时通过单元的波谱信息与水文参数信息转换研究，运用一定的算法，实施河流枯水资源量的估算。2001 年，肖芊、肖猛荣等[149]应用遥感技术为珲春矿区第二水源地提供了古河床的位置，为大雁矿务局三矿确定了希罗沟、胜利沟富水带以及金宝屯矿区水源地的资料。2001 年，关惠平[150]根据甘肃省河西走廊平原及沙漠边缘地区现有资料和遥感图像所反映出的色彩（色调）、地貌形态、水系形式等水文地质要素影像特征及其差异性，分析了该地区的水文地质条件和地下水资源状况。2004 年，张兰兰、赵文吉等[151]以 RS 和 GIS 技术为主，结合传统的常规监测资料，通过遥感数据处理、图像的解译和信息提取，系统研究石羊河流域水资源环境的变化，建立水资源环境评价指标体系，对区内水资源环境进行了评价。2004 年，李致家等利用雷达估测降雨，并与水文模型耦合，将耦合的水文模型应用到实时洪水预报中。2004 年，徐美等应用遥感与地理信息系统技术，基于加拿大 Radarsat 雷达卫星影像数据，对淮河水情进行实时监测，在短时间内对淹没区与内涝区的灾害情况进行了快速评估。2005 年，吴敏等以巢湖为研究对象，将 MODIS 的各个波段辐射率与水质参数叶绿素 a 浓度、悬浮物浓度和透明度进行拟合，研究表明 MODIS 波段辐射率的组合与巢湖水质参数能较好地进行匹配。2005 年，钟劭南、路京选通过对黑河流域土地利用及植被覆盖的遥感动态监测，从下游绿洲生态环境的变化分析评价自 2000 年开始连续 5 年实施调水对流域下游绿洲生态环境的影响。2008 年，贺中华、梁虹等[152]根据贵州省 ASTER 影像，利用 RS 和 GIS 技术，提取了 DEM 数据，以 DEM 数据、TM 影像和 CBERS 影像为基础，选取 28 个喀斯特流域，分析了影响喀斯特流域持水供水的十大因素，并进行量化处理，借助 MATLAB 和 SPSS 软件进行数据处理和分析，构建了喀斯特流域枯水资源遥感反演模型，通过方差分析和样区检验，取得了很好的识别效果。2008 年，刘明岗、万东辉等[153]在介绍遥感在水资源管理中的应用，如流域和水资源调查、洪涝灾害的动态监测和评估、旱情的监测和预警、生态环境保护和水土流失治理、农业节水灌溉以及水质监测和预警等的基础上，就遥感与地理信息系统的在水资源管理中的联合应用进行了若干讨论。2009 年，李昊、张颖等[154]通过对黄河水资源保护遥感技术业务需求分析，指出可以利用较为成熟的遥感监测技术，开展黄河流域水资源保护监督管理、水质监测、生态保护、水质模型等领域的基础研究，建立具有遥感监测、评价、预报、分析等功能的遥感监测应用系统，建立黄河生态系统数据库，初步实现流域重要河流湖库水域的水质信息动态监测，提高了流域范围内应对突发性污染事故的能力。2009 年，张正萍、马勇等[155]基于卫星遥感的水文水资源监测预报系统是依靠高科技手段，采用空间数据采集技术，充分利用卫星遥感等信息实现流域面上大尺度水文监测的一门新型技术。2010 年，李强子、闫娜娜等利用国产环境减灾卫星多光谱、热红外数据以及美国中分辨率 MODIS 数据建立了 2010 年春季我国西南地区的干旱及其影响的遥感监测与评估方法。2010 年，郝嘉凌、夏昊凉等[156]以 GIS 技术，数据库技术为技术手段，以水质遥感数据库为核心，实现了水质监测、水质评价、水环境预警和决策支持等功能，为水资源的开发、利用、水资源保护及治理等决策服务提供综合信息。2013 年，邱蕾[157]提出了基于 RS 和 GIS 对飞来峡水库进行水质遥感监测的具体技术方案，并开发了水库水质遥感监测模块，通过该技术的研究运用，定量提取了水库的浑浊度、COD 和叶绿素浓度，制作了水质分类空间分布图，实现了对飞来峡水库水质和水环境进行动态监控和管理，为水库水资源保护和利用提供科学依据。2014 年，吴爱民[158]在简要介绍地理信息系统的发展历程和主要历程的基础上，重点分析了地理信息系统在水文学和水资源管理中的具体应用。2016 年，王晨、姚延娟等[159]针对我国北方水资源短缺导致大量河流干涸断流的现状以及河湖水系连通性在水生态环境健康中的重要地位，利用高分辨率遥感影像以北京市为试点对河流干涸断流现状进行了遥感信息提取和空间分析，获取了北京市 2015 年丰水期河流干涸断流分布情况。2016 年，王浩[160]以解决"水资源量有多少"为目标，提出了耗水管理理念下的人类可持续耗水量估算方法。2017 年，陈引锋[161]结合遥感技术，以实际案例作为研究背景，以 2003—2012 年遥感数据作为数据来源，通过数据源图像的预处理，通过最大似然法对图像进行分类，最终得到图像的分类结果，将其与通过 GPS 手持终端实测数据对比，具有较高的精度。2017 年，许佳[162]通过收集有关资料信息，对遥感技术进行了叙述，然后对该技术在水利信息化中的应用情况展开了分析，从分析结果来看，遥感技术已经在水资源勘查、水利规划和水环境监测等多个方面得到了应用，能够完成对不同地区水资源变化情况的定量估算，并结合遥感图像中土壤湿度和地质构造等信息对区域的地下水资源分布情况进行分析和判断，同时也能完成水土流失、岩溶情况和生态环境等内容的监测，进而为水利规划管理和工程建设提供科学的参考依据。2019 年，方臣、胡飞等[163]在介绍高空间分辨率、高光谱分辨率和 SAR 遥感数据的基础上，综述遥感数据在土地、水、林草湿地和矿产等领域中的应用，并分析相关领域遥感技术应用的发展趋势，提出自然资源遥感监测应综合考虑土地、水、林草湿地、矿产等生态环境的一致性要求，充分考虑信息的综合集成，发挥多源遥感数据的复合协同作用，进一步提高了信息特征提取的精度。2019 年，杨定云[164]针对遥感技术在资源环境监测之中的应用现状，进行科学的分析，提出遥感技术在资源环境监测中的应用要点，保证遥感技术在我国资源环境监测中得到良好运用，为相关人员提供了一定的参考与研究意义。2020 年，金建文、李国元等[165]梳理了基于卫星遥感水资源的调查监测的相关研究成果，阐述了卫星遥感水资源调查监测的具体内容，着重介绍了卫星遥感在水体位置、面积、水位、储水量、径流量、水质等方面的应用现状，最后，分析了当前应用中存在的问题并对后续需要重点开展的工作进行了展望。2020 年，尹剑、邱远宏等[166]结合中国区域气候和土地利用特征，改进地表能量平衡系统（SEBS）模型，估算了长江流域多年蒸散发量，并结合基于模型树集成算法获得的全球蒸散发观测产品以及基于流域多年水量平衡的年蒸散发数据，验证了估算精度。

7.2　监测方案

7.2.1　监测规范

本次实行的监控方案所遵循的规范如下：

（1）《水文普通测量规范》（SL 58—2014）。

(2)《水位观测标准》(GB/T 50138—2010)。

(3)《河流流量测验规范》(GB 50179—2015)。

(4)《声学多普勒流量测验规范》(SL 337—2006)。

(5)《水文巡测规范》(SL 195—2015)。

(6)《地下水监测工程技术规范》(GB/T 51040—2014)。

(7)《地表水环境质量标准》(GB 3838—2002)。

(8)《地下水质量标准》(GB/T 14848—2017)。

(9)《水环境监测规范》(SL 219—2013)。

7.2.2 监测站网布设

根据近几年的水文实测资料,对永定河流域重点河湖近年生态水量满足度进行了评价,通过实测资料表明,永定河流域重要河流主要控制断面中60%以上断面生态水量满足度为100%,生态水量目标可以达到,其余40%断面生态水量不同程度的得不到满足。对于生态水量不能满足的断面,需要通过水资源配置实现生态水量目标。生态水量配置思路为:以水资源可利用量和用水总量为控制指标,优化水资源配置,合理利用地表水,优化水库调度,控制利用地下水,充分利用外调水和非常规水源。

各控制断面生态水量满足情况见表7.6。

表7.6　　　　　　　　　　永定河流域重点河湖近年生态水量满足度评价

河流	控制断面	生态水量目标	2012—2019年平均年径流量	是否满足目标	2017—2019年平均年径流量	是否满足目标
桑干河	册田水库	0.79	0.90	是	1.50	是
	石匣里（二）	1.33	1.25	否	1.72	是
洋河	响水堡	0.89	1.00	是	1.06	是
永定河	官厅水库	2.44	1.02	否	1.71	否
	三家店（二）	2.6	0.18	否	0.33	否

7.2.3 站网优化

7.2.3.1 监测站网优化原则

以流域现有水文站网为基础,结合有生态水量目标的河湖(河段)特性和水文测站特性,优化调整流域生态水量监控站网。

7.2.3.2 监测站优化调整

根据水文测站特性及分类,对永定河生态水量5处控制断面进行了站网优化调整。监控站网可根据河流生态水量目标的实际需要进一步优化调整。

1.现有水文测站分类

(1)山区站,包括响水堡、石匣里两处水文测站。

(2)水库闸坝站,包括册田水库、官厅水库、三家店三处水文测站。

2.建议调整生态水量目标管控水文测站

永定河系原桑干河石匣里站,位于册田水库和官厅水库之间,代表性较差,建议去

147

掉，调整为壶流河钱家沙洼站。

3. 水文测站更名迁移

名录中永定河系三家店断面命名不规范，应为三家店（二）。

站网优化调整建议方案见表7.7。

表7.7　　　　　　　　　　永定河流域重点河湖站网优化调整建议方案

河流	控制断面	建议说明	优化调整断面
桑干河	册田水库	无	无
	石匣里	建议去掉	石匣里（二）
洋河	响水堡	无	无
永定河	官厅水库	无	无
	三家店	规范断面名称	三家店（二）

7.2.3.3　河流生态水量控制站布设

（1）桑干河。桑干河河段共布设水量监测站1处，册田水库站位于桑干河中游山西省大同县，主要用于监控桑干河中游生态水量。

（2）洋河。洋河河段共布设水量监测站1处，响水堡站位于洋河下游河北省张家口市，主要用于监控洋河入官厅水库生态水量。

（3）永定河。永定河河段共布设水量监测站2处，官厅水库站位于永定河上游河北省怀来县，主要用于监控永定河上游生态水量；三家店（二）站位于永定河中游北京市门头沟区，主要用于控制永定河中游生态水量。

7.2.4　监测方式、项目与方法

（1）监测方式。基本水文站仍采用原有的监测方式不变。

（2）监测项目。监测项目包括水位和流量。

（3）水位观测方法。水位观测应以自记水位计为主，可根据测验河段具体情况，分别采用雷达水位计、浮子水位计、电子水尺、气泡式水位计等。

（4）流量测验方法。流量测验按《河流流量测验规范》（GB 50179—2015）要求开展，测验方法结合本站特性、条件及测站任务书规定的精度类别确定，目前主测方式多数为人工监测，有条件水文站可采用自动监测，可根据测验河段水流特性，分别采用固定式ADCP、走航式ADCP、雷达波测流系统、量水堰槽等，适当建设简易过河设施。控制断面流量测验基本情况见表7.8。

7.2.5　监测频次

水位观测采用自记水位计的测站监测频次为1次/小时，人工水位校测频次不少于1次/月。水位观测采用人工观测的测站，观测频次应控制水位变化过程，驻测期间水位观测频次不少于1次/天，巡测期间水位观测频次不少于1次/10天，水势平稳期可适当延长，但不少于1次/月。

表 7.8　　　　　　　　　　　控制断面流量测验基本情况表

序号	河流	控制断面	流量测验方法						
			流速仪	走航ADCP	电波流速仪	水工建筑物	测流堰槽法	比降面积法	实时在线测流
1	桑干河	册田水库	√						
		石匣里（二）	√						
2	洋河	响水堡	√			√			
3	永定河	官厅水库	√						
		三家店（二）			√				

流量测验采用在线自动监测的测站，监测频次为 1 次/小时。人工监测的站流量测次应以控制水量变化过程进行合理布置，初期监测频次可 1 次/2 天，平稳后可 1 次/10 天（基本水文站按照任务书执行），如遇闸门变化或水位变化较大时，随时加测，水势平稳期可适当延长，但不少于 1 次/月，并注意低、中、高水测次的分布。

7.2.6　信息传输方式

（1）水位、流量实时监测信息传输方式。一是可通过现有水情信息交换系统传送；二是以电子邮件的形式传送；三是可通过短信、4G 网络、北斗卫星等通信方式传送。

（2）信息报送时效。水位、流量实时监测信息，按测站任务书的要求报送。

7.3　永定河流域耗水评估

7.3.1　永定河流域供用水情况

2001—2014 年，永定河流域的供水量基本上维持在 20.0 亿 m³ 左右，供水量最小的是 2009 年，为 18.05 亿 m³，最大的是 2003 年，为 21.62 亿 m³。当地地表水供水与降水及径流丰枯有关，地表水供水量为 5.63 亿~8.19 亿 m³，2011—2014 年实施引黄供水后，当地地表水供水平均维持在 6.55 亿 m³ 左右。2001—2010 年，地下水供水基本为 12 亿~13 亿 m³，2010 年达到最高，为 13.84 亿 m³；2011 年后，地下水供水呈逐步减少的趋势，至 2014 年地下水供水量减少至 12.41 亿 m³。随着城市废污水再生利用水平的提高，再生水利用量逐年增加，非常规水利用量由 2001 年的 0.06 亿 m³，增加至 2014 年的 0.75 亿 m³。2001—2014 年永定河流域供用水变化情况见表 7.9。2001—2014 年永定河流域供水量变化趋势如图 7.3 所示。

2001—2014 年，永定河流域用水总体上呈现工农业用水逐渐减少，生活及生态环境用水逐渐增加的趋势，总的用水量基本维持在 20.0 亿 m³ 左右。农业用水从 2001 年的 14.38 亿 m³，逐步减少到 2014 年的 13.07 亿 m³；工业用水随着节水力度的增强和产业结构调整，呈逐渐减少趋势，从 2001 年的 3.90 亿 m³ 减少至 2014 年的 3.36 亿 m³；生活

表 7.9　　　　　　　　　2001—2014 年永定河流域供用水变化情况表　　　　　　　单位：亿 m³

年份	供 水 量					用 水 量							
	地表水		地下水	非常规	合计	生活		工业	农业		生态环境		合计
	小计	引黄水				小计	城镇生活		小计	农田灌溉	小计	城镇生态	
2001	8.19	0.00	12.15	0.06	20.40	2.10	1.26	3.90	14.38	13.23	0.02	0.00	20.40
2002	7.71	0.00	12.63	0.06	20.40	1.96	1.26	3.99	14.43	13.19	0.02	0.00	20.40
2003	7.90	0.00	13.61	0.11	21.62	1.99	1.34	3.86	15.72	14.43	0.05	0.02	21.62
2004	7.34	0.00	13.37	0.09	20.79	2.04	1.35	3.79	14.89	13.72	0.07	0.04	20.79
2005	7.93	0.00	11.76	0.24	19.92	2.17	1.54	4.12	13.54	12.58	0.10	0.07	19.92
2006	6.95	0.00	12.62	0.19	19.76	2.10	1.46	4.22	13.34	12.32	0.09	0.05	19.76
2007	6.68	0.00	13.03	0.22	19.93	2.01	1.39	4.02	13.80	12.82	0.10	0.06	19.93
2008	6.34	0.00	12.90	0.25	19.49	2.12	1.41	3.37	13.84	12.91	0.16	0.11	19.49
2009	5.63	0.00	12.15	0.27	18.05	2.21	1.46	3.18	12.55	11.69	0.12	0.07	18.05
2010	5.87	0.00	13.84	0.40	20.10	2.25	1.46	3.71	13.77	12.93	0.37	0.33	20.10
2011	6.71	0.24	13.46	0.58	20.76	2.41	1.62	3.41	14.58	13.59	0.35	0.23	20.76
2012	6.33	0.65	13.49	0.84	20.66	2.66	1.81	3.85	13.69	12.83	0.46	0.34	20.66
2013	6.45	0.41	12.42	1.39	20.25	2.79	1.91	3.66	13.21	12.41	0.59	0.39	20.25
2014	6.71	0.70	12.41	0.75	19.87	2.77	1.93	3.36	13.07	12.24	0.67	0.45	19.87
平均	6.91	0.14	12.85	0.39	20.14	2.25	1.51	3.75	13.92	12.92	0.23	0.15	20.14

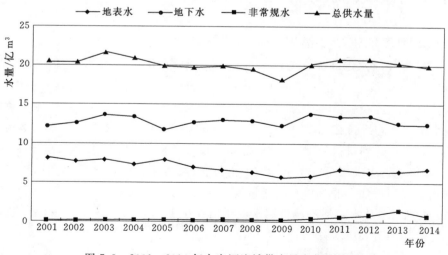

图 7.3　2001—2014 年永定河流域供水量变化趋势图

用水量呈增长趋势，其中：城镇生活用水由 2001 年的 1.26 亿 m³ 增加至 2014 年的 1.93
亿 m³，农村生活用水量基本维持在 0.6 亿～0.89 亿 m³ 之间。生态环境用水量，随着再生水向城市河湖补水量的增加，呈逐年增加的趋势，从2001年的0.02亿m³，增加至2014年的0.67亿m³。2001—2014年永定河流域用水变化趋势如图7.4所示。

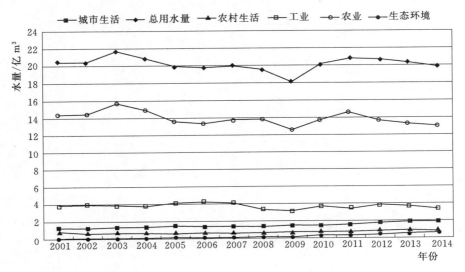

图7.4　2001—2014年永定河流域用水变化趋势图

在用水平衡方面，应该注意水资源管理三个方面。首先，要不断进行用水量平衡分析，合理控制旱年用水量，严格控制丰水年用水量，保证富余水回灌地下水；其次，农业休耕可以解决流域缺水问题，但对社会保障的影响无法评估，提高水生产力是实现农业高效用水的核心，但发展节水农业的标准不是增加灌溉面积，而是减少农业蒸散量，缓解地下水下降趋势；第三，长期以来，水资源管理专家对工业用水和生活用水都很重视，但却忽视了对用水数据的计量。在水资源紧缺地区，人们应该实现各过程的节水，特别是"调水—调水—补水"过程。

7.3.2　永定河流域耗水平衡

永定河流域面积4.7万km²，剩余水量达2.3×10^9 m³。虽然水资源处于过剩状态，但地下水严重超采，因此要把重点放在基础设施建设上。为了减少对地下水的开采，应该使用地表水进行灌溉。农业综合节水措施正在不断发展，以逐步恢复水位。为了了解用水量跨年变化趋势，保证长期动态平衡，减少地下水超采，实现水资源的可持续利用，应进行年度用水量平衡分析。

基于遥感数据、降雨、径流以及统计数据，应用上述方法，进行了永定河流域2001—2014年的耗水平衡分析（表7.10）。结果表明，永定河流域2001—2014年平均降水量为17.90×10^9 m³，平均耗水量为19.42×10^9 m³，流域水量收支明显不平衡，总体处于亏缺状态，蓄变量平均为-1.84×10^9 m³，永定河流域2001—2014年地下水供水量为1.285×10^9 m³，按海河流域水资源评价成果，该区域浅层地下水可开采量为1.37×10^9 m³，从总体平衡来看，超采尚不严重。但由于开采利用的不均衡性，在城市及其周边地区存在比较严重的超采问题。流域地下水位呈现持续下降的趋势，且下降幅度增加，流域水资源开发利用方式一直处于不可持续发展的态势。

表 7.10　　　　　　　　　2001—2014 年永定河流域耗水平衡分析表　　　　　　　单位：$10^9 m^3$

| 年份 | 降水 | 入境水量 | 实际耗水量 | | | | | | 入海水量 | 蓄变量 |
| | | | 遥感 ET | | | 工业耗水 | 生活耗水 | 耗水量总计 | | |
			自然耗水	农田人类活动耗水	居民地耗水					
2001	15.12	0.00	15.53	2.96	0.18	0.39	0.21	19.27	0.00	−4.15
2002	16.61	0.00	13.15	2.65	0.22	0.40	0.20	16.62	0.36	−0.37
2003	20.33	0.00	19.45	4.61	0.28	0.39	0.20	24.93	0.36	−4.96
2004	19.93	0.00	15.04	2.84	0.24	0.38	0.20	18.70	0.36	0.87
2005	16.34	0.00	13.32	2.07	0.22	0.41	0.22	16.24	0.36	−0.26
2006	15.38	0.00	14.85	2.54	0.24	0.42	0.21	18.26	0.36	−3.24
2007	17.66	0.00	15.71	2.93	0.26	0.40	0.20	19.50	0.36	−2.20
2008	20.02	0.00	15.45	2.74	0.29	0.34	0.21	19.03	0.36	0.63
2009	14.24	0.00	15.10	3.10	0.28	0.30	0.22	19.02	0.36	−5.14
2010	20.63	0.00	16.44	2.37	0.25	0.37	0.23	19.66	0.36	0.61
2011	15.77	0.02	16.54	3.39	0.29	0.34	0.24	20.80	0.36	−5.37
2012	20.84	0.07	15.98	2.80	0.28	0.39	0.27	19.72	0.36	0.83
2013	20.90	0.04	18.24	2.86	0.28	0.35	0.32	22.05	0.36	−1.47
2014	16.88	0.07	14.97	2.22	0.28	0.34	0.28	18.09	0.36	−1.50
平均	17.90	0.01	15.70	2.86	0.26	0.37	0.23	19.42	0.33	−1.84

7.4　生态流量监督

　　2001—2014 年间流域蓄变量年际间变化波动较大，尽管在某些年份年流域蓄变量有略微的增加，也无法弥补 2001—2002 年流域极显著的水资源量缺口，2006—2007 年的连续干旱使得流域区域蓄变量继续减少。利用耗水平衡方法得到的 2002—2008 年多年平均蓄变量下降 $9.53 \times 10^9 m^3$。耗水平衡方法主要用到降雨和蒸散数据，以及利用人口和工业产值估算的生活耗水数据，以及流域出口的流量数据，而不需要地下水观测数据。2001—2014 年永定河流域耗水平衡分析见表 7.10。

　　表 7.10 表明，流域耗水量以太阳能消耗为主，约占总实际耗水量的 98.2%，工业耗水量、人和牲畜耗水量占水资源消耗总量的比重很低，占 1.8%。自然耗水量占耗水量的80.8%，人类活动的耗水量占 19.2%，说明流域内降水的大部分是被森林、草地和湿地等自然系统消耗掉的。在人类活动耗水量中，以农田耗水量为主，2001—2014 年间农田耗水量平均为 $2.86 \times 10^9 m^3$，占据主导地位，占人类活动耗水量的 76.9%。这里有两个方面的数据需要引起重视，一是人类消耗的水资源量只占降雨量的 20.8%，大部分降雨被自然界消耗了；另外是农业耗水量占比高达 83.3%，远比人们的常识要高。

　　农田（农业区）是流域水资源消耗的主要大户，而这部分农田耗水量是可控的，主要依赖于灌溉活动引起。而相较于林业、草地等自然活动的耗水，种植作物增加的耗水量是可控的，这也是水管理中提出发展节水灌溉技术，建立节水型农业的主要原因。

7.5 管理措施

7.5.1 水文监测质量控制

严格按照所属精度级别和高中低水流量误差控制指标，根据水文站实际情况，不断优化测验方案，同时各水文站应根据河流水情变化情况，及时分析水文站控制特性，并根据特性变化情况，调整监测方案。水文站应加强水文监测仪器设备的检定和检测工作，全部设备必须持有效检定证书方可投入使用，及时检查测验设备，对可疑现象及时查找原因，确保设备运行正常。先进仪器设备使用前应进行比测和参数率定，以保证监测数据的精度。监测数据随测随分析，对异常的数据及时查找原因，及时开展补测，解决可能存在的误测、漏测现象，保证测验质量。

观测水位时，尽量靠近水边，身体蹲下，使视线尽量与水面平行，避免产生折光。有风浪时，观读浪波峰（最高）谷（最低）值，取平均作为观测值。消除观读（视线折光影响）、风浪影响对水文监测质量的影响。

应用流速仪法进行流量测验时，应选用合适重量的铅鱼，以减小测深、测速悬索的偏角；用绞车测速时保持仪器纵向顺流并稳定，测点位于桥侧向，绞车悬臂伸出桥边不小于 1m；流速仪与铅鱼间距不应小于 0.2m，固定点处要灵活，让流速仪有一定的上下旋动余地，以保持流速仪在水下呈水平状态；测速历时不小于 60s。消除水流脉动及仪器测具对流量测验成果质量影响。

应用走航式 ADCP 进行流量测验时，同一河段尽量选用同一型号的 ADCP，参数设置尽可能一致；船速尽可能低于平均流速；换能器安装距离船边尽量远一些，以减小磁场干扰；对噪声引起的流速误差和流速脉动引起的流速测量误差，采用含 30 个脉冲的数据组的平均值；一测回误差应满足规范要求，超限时要重测。消除船速、仪器安装偏角和采用流速分布经验公式进行盲区流速插补对流量测验成果质量的影响。

7.5.2 监督复核

建立健全海河流域生态流量监控监督复核机制。监督复核内容包括测站管理、信息报送、规范执行、成果质量和流量等现场复核。

监督复核方式包括专项检查和现场复核，可采取听取汇报、查阅资料及现场对比监测等方式。

监督复核时间为每季度 1 次，必要时根据需要随时安排。监测复核每次安排流量复核 1～2 站。

第 8 章

河 流 健 康 评 估

8.1 永定河河流健康评估研究进展

8.1.1 河流健康的内涵

　　健康的概念最早来源于人类健康，后引入河流生态环境评估体系，最早在 20 世纪 70 年代，美国《清洁水法修正》提出河流自身结构和功能健康主要通过水体的理化特性及生物的完整性来表明，河流健康的概念逐渐受到重视。1996 年 Schofield 等从河流的自然属性出发，认为河流健康状况为河流系统中生物的完整性、生态功能等特性与同类型的未受干扰河流的接近的程度。这些定义重点强调了河流系统的生态属性，重点考虑维持河流自然属性内容的健康。但是，人类是河流健康问题的主要创造者，世界范围内几乎不存在不受人类活动影响的河流。同时，人类研究河流健康的目的也是为了满足人类社会发展需求。1997 年，Meyer 认为河流健康应从河流自身结构功能完整性以及河流对人类社会发展的服务上考虑，即除了需要满足河流自身生态系统的结构与功能稳定外，还需维持生态系统的社会功能。澳大利亚的河流健康委员会（HRC）将健康的河流定义为符合社会对河流系统的经济需求、社会服务等要求的系统。1999 年，Rogers 等认为社会期望是河流健康管理的基础，认为河流的生态完整性和社会服务功能二者有机统一有利于河流生态系统良性循环和人类社会可持续发展，促进人与自然和谐。综合国外对于河流健康的定义可以看出，对于是否需要考虑社会服务功能上，将河流健康内涵分为广义和狭义。狭义的内涵更加注重河流自身结构和功能的完整，即河流健康应在时间和空间上能维持自身组织结构健全、具有自我调节能力，遭受外界胁迫在一定时间内能自我恢复。而广义的河流健康在考虑河流自身组织结构功能完整的基础上，将河流的社会属性纳入健康的指标中，将河流设定为人类社会发展的重要资源，考虑河流为人类社会发展提供的重要服务作用，并将河流作为社会-经济-自然复合系统，从自然与社会双重属性上体现河流健康。目前，广义的河流健康观点越来越受到认可。

　　我国对于河流健康的研究大多集中在人水关系上，由于我国社会经济处于高速发展的过程中，对水资源的依赖程度较高，虽然我国大量研究者已经意识到河流健康的重要性，但是在研究的过程中更加注重考虑水资源对社会经济的服务性，力求在经济社会发展与河流健康保护中间达到一个动态平衡。因此，我国现阶段提出的河流健康概念大多基于某条河流的具体健康状况。

河流健康的含义应该是动态的随着社会经济发展水平不断变化的，同时，应根据河流的具体状况进行具体定义，但是概括来讲，河流健康需要满足其自身自然功能的发挥，能达到人类索取与自身健康恢复的动态平衡。我国河流健康的定义符合我国国情。

8.1.2　国外研究进展

近年来，河流生态系统健康评价已在全球范围内大部分国家开展，1984年，Wright根据对研究区域特性的搜集，预测自然状态下与实测的大型无脊椎动物数量值的比值作为河流健康值，提出河流无脊椎动物预测和分类计划（RI-VAPACS）。英国于1998年通过对河流自然资源的多样性、天然性、代表性、稀有性、物种丰富度及特殊特征6个恢复标准为基础的35个属性数据构成的"河流保护评价系统"，并在全国范围内推广使用，取得了较好成果。澳大利亚政府于20世纪90年代"国家河流健康计划"对河流生态状况及现行河流管理政策进行检测和评价，并于1993年采用AUSRIVAS对全国水资源现状进行了第一次综合评价。

世界各国对河流健康的理解不同，采用的理论和方法有所差异，从评价原理上，河流健康评价的方法主要可分为两类。

1. 模型预测法

模型预测法首先选择人类活动干扰最小的点为参考点，比较观测点生物组成的实际值与参考值之间的比值进行评价，比值越接近1则该点健康状况越好，反之则越差。但是该种方法大多以鱼类、底栖等水生生物的种群和数量变化作为依据，并认为河流的任何变化都会反映到该物种上，该假设具有一定的局限性和理想化。

2. 多指标法

多指标法通过对不同指标对河流健康的相对重要程度确定权重，计算各指标实际值与参考值之间的比值，加权计算得到河流健康值。这一方法能全面和综合地反映河流健康状况，评价结果不易受主观因素影响，是河流健康状况评价重要的发展方向之一。然而，这种方法评价过程复杂，资料需求量大，同时也存在筛选的指标是否合理、评价结果对河流健康反映的真实度如何合理解释综合评价指标等问题。

8.1.3　国内研究进展

20世纪末，我国进入经济社会高速发展时期，城市化进程加快，大规模人类及水资源开发利用工程等使得河流水文、地形地貌、水质及水生物组成发生了较大变化，河流生态功能严重退化。严峻的水生态问题使得我国研究者开始广泛吸收国外先进思想和理念，并在不同流域开展了河流健康评价、河流生态修复可持续管理等方面的研究。2005年，李传哲、于福亮、秦大庸等[167]应用层次分析法建立河流健康评价指标体系，计算各指标的权重，确定6个主要评价指标，将模糊综合评价具体应用到河流健康评价中，通过建立因素集、评价集、权重集和隶属函数，实现对河流的综合评价。2005年，吴昊以河流生态系统为例，将生态系统健康评价指标分为系统本身特性指标和社会发展与人类健康指标两大类，阐述了系统本身特性中的生态指标，列举了以着生藻类、底栖无脊椎动物和鱼类为指示生物的评价方法。2006年，边博、程小娟等[168]介绍了城市河流生态系统健康的概念、内涵、特征以及研究尺度，阐述了河流生态系统健康评价的方法和评价指标体系，并指出了河流健康评价方法的发展方向，以及对我国河流管理的现实意义。2006年，庞治国、王世岩等在介绍生态系统健康概念和评价标准的基础上，概括了河流生态系统健康的涵义和开展河流健康评价研究的重要意义，分析评价了预测模型法和多指标法之间的优缺点与发展历程，提出了河流生态系统健康评价发展方向和亟待开展的工作。2006 年，殷会娟[169]探讨了河流生态需水量的理论内涵和计算方法，研究了河流生态系统健康状况的内涵及评价方法，并以海河为例进行了具体的研究。2007 年，曾小填、车越等[170]针对澳大利亚的溪流状况指数（ISC）、瑞典的农业景观区域河岸带与河道环境评估方法（RCE）、国内的城市河流健康评价体系（URHA）等河流健康评价方法，从理论及实证两方面系统比较了其在应用对象、指标选择、权重设定、标准设定、结果表达等方面的异同。2007 年，高永胜、王浩等[171]在探讨河流健康生命内涵的基础上，构建了河流健康生命评价指标体系，既考虑了人类社会需求的满足程度，又考虑了维持河流自身生命的需要，从生态学、河流地貌学、经济学、河流动力学等多学科综合角度，构建了分层次分类别反映河流结构和河流功能的 16 个具体指标，并明确相应指标的意义及确定方法。2007 年，符传君、涂向阳等[172]从河流系统健康的内涵着手，初步构建了考虑水量供应、水质、物理结构和生物指标状况、河流社会价值和人类感知等方面的河流健康状况评价理论体系，建立了基于多层次模糊理论的河流健康状况评判模型，给出相应的评价指标、量化标准和权重。2008 年，艾学山、王先甲等[173]从健康河流评价出发，着重探讨了水库调度与河流健康的关系，建立了以健康水流、健康水道和健康用水表征的健康河流的概念和筑坝河流健康评价指标体系，分析了水库调度对河流健康的影响，提出了水库生态调度的概念及调度原则；进行了健康河流评价与水库生态调度的集成探讨。2008 年，刘保[174]构建了包括目标层、准则层和指标层的南渡江下游河流生态系统健康评价模型，并根据国内外研究成果和南渡江下游河流的实际情况，划分了评价指标的评价标准及其刻度值。2008 年，杨馥、曾光明等[175]运用模糊层次分析法，建立了基于不确定性的模糊层次综合评判模型，构建包含生态特征指标、整体功能性指标和社会环境影响指标 3 大要素的城市河流生态系统健康评价指标体系，并以长沙市河流生态系统为例，按照"健康、较健康、一般病态、疾病"4 级评价标准，进行健康评价。2008 年，文科军、马劲等[176]在分析城市河流生态系统健康状况的基础上，概括了河流生态系统健康概念的含义，并从水安全、水生态、水经济 3 个方面构建了城市河流生态健康的递阶层次结构和评价指标体系，运用层次分析法对影响城市河流生态健康的各个指标进行权重计算和排序，得到了影响城市河流生态健康最主要的因素是非生物系统和生物系统。2008 年，涂敏[177]阐述了水功能区水质达标率的内涵及适用性问题，初步建立了水功能区水质达标率评价指标体系及河流健康评价方法，并以长江为例进行了应用研究。2008 年，吴龙华、杨建贵等[178]根据河流系统属性的特点，提出了基于系统对象的河流健康内涵，即在维持河流生态系统稳定或促使该系统朝着种类更加多样化、结构更加复杂化和功能更加完善化方向发展的基础上，在河流生态系统自我调节功能限度范围内发挥其社会属性功能。2008 年，毛明海、王亦宁运用健康河流评价理念，构建了具有供水功能、防洪功能、服务利用功能、环境功能、生态功能 5 个准则层和 25 个指标集的分水江河流健康评价体系，采用层次分析法对桐庐县分水江进行了全面的健康河流评价，得出各个指标的健康值，加总得到桐庐分水江河流健康综合指数。2008 年，胡晓雪、杨晓华等[179]基于集对分析理论，引入了能体现系统确定性与不确定性的同异反联系度（IDC）的计算公式，并建立了河流健康系统评价的集对分析模型（SPAM），从 3 个层次阐明评价过程中集对分析理论的具体意义并将多指标表示成一个能从总体上衡量河流健康的 n 元联系数，用层次分析法确定指标权重，从主客观两方面定量计算河流健康程度，并将 SPAM 应用于澜沧江健康系统的评价。2008 年，解莹、唐婷芳子等[180]采用层次分析法，基于海河流域"有河皆干、有水皆污"的现状，构造了海河流域河流生态系统健康评价指标体系，继而在 VC＋＋集成开发环境下，开发"河流生态系统健康评价软件"，并以北运河为例，基于提出的指标体系，应用该软件对其生态环境健康状况进行综合评判。2009 年，刘瑛、高甲荣等[181]介绍了美国的快速生物监测协议 RBPs，澳大利亚的溪流状况指数（ISC）和 GRS，瑞典的农业景观区域河岸带与河道环境评估方法（RCE）4 种河溪健康评价方法和操作程序。比较了这 4 种方法在应用对象、指标选择、标准设定、结果表达等方面的异同。探讨了各评价指标的优缺点，并在 7 个方面对各种评价方法进行了总结评估，为我国不同地区的河流健康评价提供了参考。2009 年，艾学山、董忠萍以水库月平均泄流量为基础，分析了 AAPFD 方法存在的不足，并在此基础上，提出了改进的 AAPFD 方法（AAAPFD 方法），并实例证明了以 AAAPFD 方法评价水库的泄流，其结果更加合理，且原理清晰，可操作性强，便于推广应用。2009 年，高学平、赵世新等考虑反映河流系统的动力状况、水质状况、河流地貌和生物指标状况、河流服务状况等 4 个方面，构建了河流系统健康状况评价体系，建立了基于模糊理论的河流健康状况多层次评价模型，给出了相应的评价指标、标准和权重，并以海河三岔口河段为例，应用已建的河流系统健康状况模糊综合评价模型，对河流系统的健康状况进行了评价，该评价体系能定量地从各层次分项指标和总体角度反映河流健康状况，为河流管理和生态修复工程提供了技术支持。2009 年，尤洋、许志兰等[182]针对传统的河道治理工程只侧重功利价值而导致生态环境遭到破坏的问题，以温榆河为例，研究生态河流健康评价指标体系的构建及评价方法，在综合国内外河流健康状况的评价方法及各项表征指标的基础上，构建基于多指标综合评价方法的河流健康状况评价的指标体系并确定了评价标准；设计河流健康评价指标重要度比较调查表确定了评价权重，根据隶属度的计算方法确定了定量指标的隶属度，建立河流健康评价的模糊综合评价模型，对温榆河河流健康状况进行了评价。2009 年，李向阳、林木隆等[183]通过分析河流健康研究历程及存在的主要问题，提出了一票否决与简单加权相结合的珠江河流健康综合评价方法。2009 年，张楠、孟伟等根据辽河流域 2005 年水生态监测数据，构建了涵盖水体物理化学、水生生物和河流物理栖息地质量要素的健康候选指标体系，采用主成分分析与相关性分析方法对评价指标进行了筛选，并以改进的灰色关联方法作为评价方法，评判多指标下的河流健康等级状况。2009 年，汪兴中、蔡庆华等[184]对南水北调中线水源区丹江口水库若干入库溪流的河流水文、河流形态、河岸带、水体理化和底栖生物进行调查并应用河流健康综合评价指数进行评价。2010 年，黄艺、文航等[185]从国内外研究对河流健康的内涵和河流健康评价的指标体系两个方面进行了综述和分析。2010 年，熊文、黄思平等[186]在充分研究和详细总结国内外河流生态系统健康指标及其评价研究成果的基础上，通过对河流生态系统结构、功能以及生态系统的物质和能量流动等方面的进一步识别，从河流生态系统活力、恢复力、组织、生态系统服务功能的维持、管理选择、外部输入减少、对邻近系统的影响及人类健康影响 8 个方面归纳总结了河流生态系统健康评价的理论、方法和标准，同时考虑河流生态系统强大的生态服务功能，在进行河流系统健康评价时增加了生态服务功能指标。通过系统分析河流生态系统健康指数系统，筛选了河流生态系统健康评价关键指标，提出了河流生态系统健康评价关键指标分级评价标准，并对河流生态系统健康总体评价进行了探讨，为河流生态系统健康评价提供了参考依据。2010年，祝东亮、李兰从河道生态环境、洪泛区生态环境和河口生态环境等3个方面的变化分析高坝水库运行对河流生态系统的影响，进而确定高坝下游河流生态系统健康评价的指标体系和评价标准，初步探讨高坝下游河流生态系统健康的评价程序与模型。2011年，李晓峰、刘宗鑫等[187]针对传统TOPSIS法在河流健康综合评价中存在的指标信息重复、主观赋权不合理、隶属度难以确定以及可能出现与理想解欧式距离近的方案与负理想解的欧式距离也近的不足，提出一种改进的算法，改进算法不仅能避免评价结果受主观判断的不确定性和随意性，而且可以避免距理想解近的方案与负理想解也近的问题，从而提高了TOPSIS模型的科学性和合理性。2011年，王波、梁婕鹏等[188]简要回顾了国内外河流健康评价的主要方法，并分阶段总结了其发展过程，结合河流健康评价的需要，对评价的空间尺度进行了等别划分，并对河流生态系统变化的时空相关性进行了探讨，初步建立了时空相关关系；按照空间尺度等别，对国内外各种评价方法的时空适应性进行了探讨，并推荐了适宜于大、中、小评价尺度的评价方法。2011年，周林飞、左建军等[189]考虑反映城市河流生态系统的水量、水质、河岸带、水生生物与物理结构等5个方面，构建了城市河流生态系统健康评价指标体系，城市河流生态系统健康评价模型采用模糊模式识别模型，各指标权重利用层次分析法确定，根据评价指标的选择原则，选取8个评价指标，提出5级评价标准，对浑河沈阳段2009年的河流生态系统健康状况进行评价。2011年，李文君、邱林等在分析河流生态健康概念的基础上，综合考虑水量、水质、生物状况、水体连通性以及防洪标准等因素，构建了河流生态健康评价指标体系和评价等级标准，建立起基于集对分析与可变模糊集的河流生态健康评价新方法。2011年，陈毅、张可刚等[190]在综述分析前人研究成果的基础上，简要介绍了生态系统健康评价的基础理论，分析了河流生态系统健康的概念内涵和河流生态系统健康评价的基本方法，并以潮白河为研究案例，按照"病态、不健康、亚健康、健康、很健康"5级评价标准，对其进行了生态系统健康评价。2011年，何兴军、李琦等[191]在全面总结国内外研究的基础上，对河流健康的概念进行了阐释，分析了评价河流健康的指标体系，及其标准和权重，列举了几种常用的评价模型，并指出了现阶段河流健康评价工作的不足及其未来的发展方向。2011年，王佳、郭纯青等[192]除涵括常规水质参数及河流形态、结构功能等参数作为评价因子之外，还引入了河流沉积物的生态风险作为评价因子，并结合沉积物中重金属及有机氯农药的环境地球化学行为，综合评价了漓江河流生态健康程度，获得了更全面科学的评估结果，为流域生态可持续发展提供依据。2012年，张又、刘凌等[193]基于模糊物元分析原理，建立河流健康评价模型，并根据海明距离提出改进的从优隶属度计算方法，从水文特征、生态特征、环境特征和服务功能4个方面构建河流健康评价指标体系，并将其用于秦淮河健康评价实例中。2012年，高宇婷、高甲荣等[194]基于河流健康评估，针对威胁河流生态健康及河流治理的问题，提供关于河流健康及其问题河段的科学解释与依据，在综合国内外河流健康状况评价方法及各项表征指标的基础上，建立了基于模糊矩阵法的河流健康评价体系，并应用模糊关系合成原理，从多个因素对河流隶属等级状况进行综合评判。2012 年，殷旭旺、渠晓东等[195]以辽宁省太子河流域为研究范例，调查了全流域范围内 69 个样点的着生藻类群落和水环境理化特征，并在此基础上应用硅藻生物评价指数（DBI）和生物完整性评价指数（P－IBI），同时结合栖息地环境质量评价指数（QHEI），对太子河流域水生态系统进行健康评价。2012 年，张明、周润娟等[196]在综述河流系统健康状况传统评价方法的基础上，建立了基于随机训练样本的 BP 神经网络评价模型，该模型采用随机方式分别在各标准评价等级上、下限之间随机产生若干评价样本，再经过建模、训练步骤得到用于河流系统健康状况评价的模型，一定程度上减少了由于评价样本较少带来的评价结果不确定性影响。2012 年，龚蕾婷[197]借鉴国内外河流健康评价体系的研究，结合太湖流域平原河网地区的特点，构建了适用于太湖入湖河流的河流健康评价体系，并对西太湖区域的三条入湖河流进行健康评价，以期为区域的河流整治恢复、可持续发展及河流管理提供科学的理论依据及实践意义。2012 年，李兴德[198]探讨了水库型小流域生态需水量的构成和计算方法，研究了流域生态健康的内涵及评价方法，并以黄前水库流域为例进行了具体的研究。2012 年，刘楠楠[199]通过分析水电建设项目对河流生态系统的健康、河流的自净能力、河道来水来沙条件和输沙的动力等方面的损害，研究工程建设给河流的自然性和健康性带来的不良影响，并对怎样能更好地管理河流作出讨论。2012 年，金鑫、郝彩莲等[200]在国内外相关研究成果的基础上，系统剖析了河流健康的概念及内涵，并从河流廊道基本环境、河流生态支撑功能及社会经济服务功能三方面出发，综合分析河道形态结构、水量、水质、水沙、水生态、河岸带、社会经济等因素，构建了河流健康综合评价指标体系。2012 年，张朝从国内外河流健康评价的研究综述出发，介绍了国内外关于河流健康评价的研究动态和存在的一些问题，并简要阐述了河流健康的内涵，从河流的生态和人类可持续发展利用两个角度对河流健康进行了辨析，明确了河流健康评价需要的关键因子，为下一步构建指标体系提供依据。2012 年，刘玉玉、许士国等[201]综合考虑影响河流健康的各方面因素，采用驱动力压力状态影响响应（DPSIR）模型建立河流健康评价指标体系，运用可变模糊集理论建立评价模型对浑河上游河段河流健康状况进行评价。2013 年，王蒙蒙[202]结合国内外河流健康评价研究成果，对所提出的山地城市河流健康评价指标体系进行了完善，然后重点对山地城市河流健康评价 GIS 进行了开发。2013 年，马爽爽[203]以杭嘉湖地区为研究对象，基于河流地貌学、地理水文学、图论及景观生态学等学科理论，综合运用空间分析、统计学、时间序列分析、景观网络与景观格局分析、水文变异分析、熵值分析等技术与方法，对城市化进程下杭嘉湖地区水系格局与连通的变化特征、水系变化对河流健康的影响进行分析探讨，并据此提出水系格局与连通的改善措施，为基于河流健康的河流管理与修复、水生态规划以及水系连通的改善提供理论参考和方法支持。2013 年，杜东[204]以太湖流域的 15 条主要入湖河流为研究对象，在野外调查和资料收集分析的基础上，借鉴了国外学者提出的溪流健康指数与河流健康计划评价河流健康的评价标准与国家地表水环境质量标准，结合太湖流域河流的具体现状，制定河流水环境健康的评价标准，根据整体性、科学性、实用性等原则剔除难以获得的评价指标，构建了包涵河流水文、河岸带状况、河流形态结构、河流水质理化参数、水生生物指标五项指标的河流水环境健康评价体系，采用定量分析与定性分析相结合的方法，确定由"健康、亚健康、病态、差"四个等级所构成的健康评价等级标准，采用层次分析法确定各项评价指标的权重系数，并用等权相加法和模糊综合评估法建立河流水环境健康综合评价的模型，最终形成完整的太湖流域主要入湖河流水环境健康评价体系，针对太湖流域的主要河流水环境进行健康评价。2013 年，魏明华、郑志宏等[205]针对河流健康评价中诸多评价方法在指标权重确定方面存在困难的问题，应用改进主成分分析评价方法，实现河流健康等级评价。该方法从原始数据标准化处理方法上进行分析，用新的数据标准化方法代替传统的数据标准化方法，克服了原始数据部分信息丢失的问题，用主成分贡献率作为评价权重，克服了主观赋权的人为干扰，使评价结果更加客观真实。2014 年，刘倩、董增川等[206]在深入理解河流健康内涵的基础上，从河流形态特征、河流水量特征、河流水质特征、河流生境特征、水生生物特征、河岸带特征、防洪安全和河流供水水平 8 个方面构建了河流健康评价指标体系，基于可拓物元法的递阶层次架构和改进模糊优选理论中的隶属度建立了模糊物元河流健康评价模型，并将其应用于滦河河流健康评价中。2014 年，茹彤、韦安磊等[207]从河流健康概念出发通过对国内外河流健康评价进展的综合分析研究提出了包括水文特性、水质特性、河流地貌特性、生物以及河流连通性这 5 个具有一定代表性的指标来进行河流健康评价，探索性把河流连通性作为评价指标加入了这一评价标准。2014 年，颜涛、李毅明等[208]介绍了国外研究与应用进展，叙述了国内研究情况，并着重探讨了我国环境部门如何以环境管理为目的来理解和研究河流生态健康评价问题。2014 年，郝利霞、孙然好等[209]以海河流域 2010 年 73 个采样点的水质、营养盐和底栖动物指标为例，采用指标体系法，从化学完整性和生物完整性两方面评价了流域内河流生态系统健康。2015 年，孙大鹏[210]综述了国内外城市河流生态健康评价与环境污染修复技术的研究进展，为城市河流污染整治提供了参考。2015 年，李自明[211]从河流健康的概念出发，构建了河流健康评价指标体系和多层次灰色聚类综合评价模型，并选取实际流域进行了初步研究。2015 年，胡金、万云等[212]构建了适合沙颍河流域的水生态健康评价综合指标体系，包括河岸带状态、河流形态、营养盐、氧平衡、着生藻类、大型底栖无脊椎动物 6 个方面共计 19 项指标，体现了流域水生态系统的物理完整性、化学完整性和生物完整性。2015 年，孙博结合辽宁省河流现状与特点，对水利部全国重要河湖健康评估指标体系进行优化，选取并增加具有主导性的指标，构建辽宁省典型河流生态健康评价指标体系和 5 级评价标准，应用模糊物元模型，通过熵权法确定指标权重，提出基于熵权模糊物元河流生态健康评价模型，并以大凌河为例进行验证。2015 年，徐昕、董壮等[213]针对某省河流健康状况，提出了改进的物元分析模型，该模型克服了传统物元分析法主观性和指标间不相容的缺陷。2015 年，朱召军以漓江上游流域为研究区域，分析该水域鱼类物种组成及其多样性的时空变化特征，探讨鱼类群落组成的时空分布特征及其与溶解氧、水温、流速等环境因子的关系，构建了漓江上游基于鱼类生物完整性评价河流健康指标体系，为漓江上游流域的鱼类资源保护及河流生态环境质量评价和管理提供科学依据。2015 年，王德鹏[214]以甘南牧区夏河县为例，通过野外调研、室内实验、多元统计分析、模糊综合评价等方法，分析了夏河县地表水和地下水的水化学特征并对其水质状况进行了评价，以系统思想为指导构建了甘南牧区水环境健康评价的指标体系，应用模糊综合评价模型对夏河县水环境健康现状进行评估，首次对甘南牧区水环境健康理论进行探讨，构建了甘南牧区水环境健康评价的指标体系，在保障甘南牧区水环境健康、维持甘南牧区生态平衡、促进甘南牧区社会经济可持续发展、实现甘南牧区水草资源的永续利用等方面具有重要的理论意义和实际应用价值。2015年，康世磊以太平河流域为研究范围，平原区段为研究对象，从河流廊道和景观生态学相关理论出发，通过实地调查及数据分析，对太平河平原区段河流生态系统进行河流健康评价，提出导致太平河平原区段生态退化的本质问题，并对造成这些问题的生态过程进行分析，提出改善生态过程的控制格局。2015年，王春勇通过引入结构方程模型（SEM）并基于 B-IBI 指数算法，在辽河保护区干流构建 B-IBI-SEM 河流生态健康评价模型，以求将传统的 B-IBI 指数法改进并对辽河保护区干流生态健康进行更合理地评价。2016年，刘培斌、高晓薇等[215]在调查山区典型河流生态状况的基础上，建立了山区河流生态健康评价指标体系、评价标准和评价模型，并在北京拒马河进行了应用。2016年，刘金珍、李斐等[216]以嘉陵江中游河段为例，结合河段主要开发任务和河流环境特征，遴选出12个指标，建立河流健康评价指标体系通过计算得到嘉陵江中游段河流健康等级介于亚健康与健康之间。2016年，李艳利、李艳粉等[217]基于浑太河流域鱼类与大型底栖动物群落结构和功能层面上的指标，构建了多指标指数评价河流健康状况，首先，基于土地利用指数、水质和栖息地质量指数构建 ILWHQ 指数定量筛选参照点位，然后，采用判别分析、逐步回归分析、相关分析筛选对不同压力响应敏感的核心参数，最后，采用比值法计算其多指标指数（MMI-HT）。2016年，张娟、鞠伟等[218]通过对城市河流健康内涵的探讨，利用层次分析法从河流自然状况、生态系统、社会服务功能三方面着手研究，建立11类量化指标的评价体系及评价模型，对京杭大运河淮安市区段进行健康评价。2016年，王蔚、徐昕等[219]为消除由于人为主观臆断性对评价结果造成的偏差，将投影寻踪法和可拓集合理论进行尝试性结合，提出了投影寻踪-可拓集合理论这一新的河流健康评价模型，并运用此模型对太湖流域湖州市区4个年份序列的河流健康状况进行了评价。2016年，刘麟菲、徐宗学等[220]于2012年10月对渭河流域60个点位进行采样调查，应用 Spearman 相关分析法分析硅藻指数与水环境因子的关系，并根据硅藻指数生态健康分类标准对渭河流域水生态健康状况进行评价。2016年，邱祖凯、黄天寅等[221]为准确评价洱海入湖河流白鹤溪的健康状况，综合考虑河流水文、河岸带状况、河流形态、水质、水生生物、景观旅游6个方面，构建了白鹤溪河流健康评价指标体系，并确定了评价标准，采用层次分析法与熵权法相结合的形式，确定了各指标的权重，随即采用综合指数评价法评价了白鹤溪8个监测断面的健康状况。2016年，李瑶瑶、于鲁冀等[222]在国内外河流生态系统健康评价和生态修复研究的基础上，以淮河流域（河南段）河流生态系统作为研究对象，使用频度分析法和理论分析法，从水文特征、水质状况、地貌特征和生物状况4个方面，筛选得到17项指标作为健康评价指标体系，并创新性地采用 T-S 模糊神经网路法评判淮河流域（河南段）河流生态系统的健康状况。2017年，王丹丹、冯民权等[223]为识别汾河下游河流健康状况，以汾河下游段为研究对象进行了河流健康评价，构建了基于支持向量机（SVM）的河流健康评价模型，对不同样本容量的模型性能进行比选后，计算不同级别及不同指标的评价决策函数，确定河流健康状况级别，并采用熵权物元模糊法评价结果对支持向量机的评价结果进行验证，评价结果反映出该河段生态系统本底环境非常脆弱，健康状态较差。2017年，吕爽、齐青青等[224]为了合理、客观评价城市河流生态健康状态，选取河流水资源、水质、水系结构、水生态以及水系利用与管理五方面20个指标，建立了郑州市河流生态健康评价指标体系，采用突变理论标准量化底层评价指标，再根据相应的归一化公式推求突变级数值，从而确定城市河流生态健康状态。2017年，刘勇丽、刘录三等[225]基于水生植物的三种评价方法——指示物种法、多指标植物指数法和预测模型法，阐述了三种评价方法的研究现状，分析了其特点和适用性，指出了现有水生植物评价方法所存在的问题，得出我国今后应该建立水生植物多要素综合评价方法，根据各评价指标对河流生态系统健康状况的贡献大小，对指标体系内的指标进行赋权，进而计算其综合得分，提出了今后我国利用水生植物评价河流健康状况的措施。2018年，章晶晶、陈波等[226]从生态文化健康角度出发，选取自然生态、社会经济和景观文化3个因素12个因子构建城市河流健康评价的指标体系，以期能为城市河流健康评价做有益探索。2018年，刘娟、王飞等[227]为综合整治汾河流域生态环境，依据汾河流域2016年水生态监测数据，从涵盖水体物理化学和水生生物特性等方面构建生态系统健康的候选指标体系，采用主成分与相关性分析方法对评价指标进行筛选，得出包含底栖动物多样性指数、鱼类多样性指数、石油类、溶解氧、硝态氮、化学需氧量、五日生化需氧量、总氮、总磷、氟化物、阴离子表面活性剂、锌、铬、铜和镉这15个指标构成的河流健康综合评价指标体系，采用改进的灰色关联方法对河流生态系统健康进行评价，评判综合多指标条件下的河流健康等级情况。2018年，刘营[228]运用模糊评价法对河流的健康做了评估，采用层次分析法建立了河流健康评价三级指标体系，先对每个指标进行权重的计算，紧接着对其进行综合运算，将其运用于河流实例中。2018年，李添意、肖秀婵等以成都平原重点河流蒲阳河为例，阐明河流健康状况的内容和意义，从河流的水量、水质、形态结构及河岸带等4个方面综合评价了蒲阳河的健康状况。2019年，李永光[229]通过分析河流的物理化学指标、社会经济价值、人类健康和生态功能，结合河道健康现有研究成果选择17项代表性指标，基于因素层、准则层与目标层框架结构构建了综合评价体系，并以喀左县大凌河河段为例，对河道健康状态利用模糊数学法综合评价，为实现河道健康水平的快速便捷评价研发了基于VS平台的C++软件，为河道治理规划和完善河流健康评价方法提供了科学依据。2019年，裴青宝、黄监初等[230]以萍乡市海绵城市建设示范区为研究对象，通过构建评价体系，采用对层次分析法和模糊综合评价法，实现示范区河流健康状况的综合评价。2020年，傅春、邓俊鹏等为了对河流的健康状况进行评价，以解决河流健康评价中评价指标权重人为主观性太强的问题，采用BP神经网络对袁河的自然生态状况和社会服务功能分别进行模拟，并结合协调度来判断两者之间是否和谐发展。2020年，李海霞、王育鹏等[231]以辽河保护区沈阳段为例，建立了包含河流自然形态状况、水质状况、底质状况、水生生物及生态环境状况、社会服务状况五大类共24个指标的指标体系，以层次分析法确定权重，构建了五元联系数综合评价模型，对辽河保护区沈阳段河流健康状况进行评价。2020年，李海霞、韩丽花等[232]基于水生态健康内涵和辽河保护区河流实际情况，构建了由河流自然形态状况、水质状况、底质状况、水生生物及生态环境状况四大类共20个指标组成的河流水生态健康评价指标体系，采用层次分析法（AHP）确定权重，结合灰色关联分析法对辽河保护区水生态健康状况进行评价。2020年，于英潭、王首鹏等[233]以太子河本溪城区段流域为研究对象，基于2017年的平水期（4月）、丰水期（8月）、枯水期（11月）18个监测断面的监测数据，结合太子河本溪城区段的实际情况和特点，利用层次分析法的评价指标体系，对太子河本溪城区段进行水生态系统健康评价。2020年，张宇航、渠晓东等[234]基于采样点的水质等级、栖息地质量综合评估指数、人类干扰强度和河岸土地利用评估等标准，构建了浑河流域 B-IBI 生物完整性指数，分析结果表明浑河流域由于受城市工业区的分布影响，大型底栖动物生物完整性呈现出明显的空间分布差异，上游区河流生物完整性较好、中下游底栖动物群落呈现出明显的退化趋势。2020 年，何建波、李婕好等[235]把河流荧光溶解性有机质（FDOM）不同组分的荧光强度作为新型指标引入河流评价体系中，并基于河流水文、水体理化性质、水体重金属、河流生物 5 个层面选取 23 个指标，运用加权平均法和层次分析法（AHP），构建了浦阳江流域（浦江段）河流生态系统健康评价指标体系。

8.2 永定河河流健康评价方法

本次评价方法主要参考水利部《河流健康评估指标、标准与方法（试点工作用）》（以下简称《河流标准》），通过卫星遥感监测方法的引入，对不同指标层与准则层权重根据评估指标体系进行了计算与确定，也对部分指标评估体系计算方法等做了改进。永定河河流健康评价采用的技术路线如图 8.1 所示。

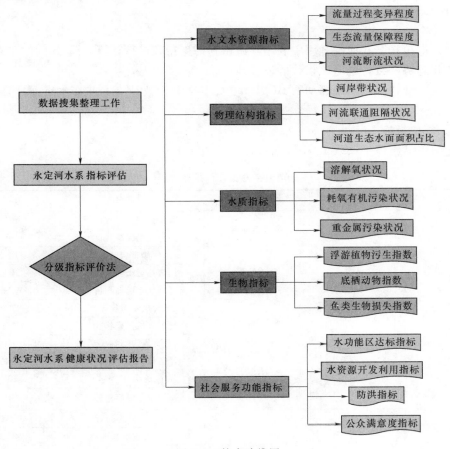

图 8.1 技术路线图

8.2.1　河流评价系统

8.2.1.1　评估体系

按照《河流标准》及永定河系的具体情况，筛选出永定河易于获取的评价指标，并根据指标特点进行了评估和计算的合理性调整，使之更符合河流实际情况。

健康评估体系中将河流属性分为生态完整性和社会服务功能两个属性，包含水文水资源、物理结构、水质、生物和社会服务功能 5 个准则层，根据永定河的基本特征以及数据的可获取性，共筛选出 15 个评估指标，根据评估指标体系开展资料搜集、现场勘察与调查、取样监测等工作，获取评估数据，基于监测点位（断面）获取的数据作为整个评估河段的代表数据。

8.2.1.2　评估指标体系改进

1．水文水资源

利用大尺度分布式水文（VIC）模型对河流天然径流量进行还原，评估河流水文水资源准则层状况，降低了因用水量数据调查而产生的人为误差。

2．物理结构

构建了基于卫星遥感信息产品的物理结构指标，并根据遥感产品空间化特点，修订了指标赋分公式及评估方法。

3．生物

（1）浮游植物。在河湖健康中利用浮游植物污生指数进行计算和赋分，该指数与水环境状况变化趋势一致，说明该指数能较好地反映水环境状况。

（2）底栖动物。利用底栖动物 BI 指数进行多样性指数计算，并在永定河评估体系中获得应用。

8.2.1.3　评估指标

永定河系健康评估选取 15 个评估指标，见表 8.1。

表 8.1　　　　　　　　　　　永定河系健康评估指标体系

目标层	亚层	准则层	指　标　层	代码
永定河系河流健康状况	生态完整性	水文水资源	流量过程变异程度	FD
			生态流量保障程度	EF
		物理结构	河岸带状况	RS
			河流连通阻隔状况	RC
			河道现状水面面积占比	WAP
		水质	溶解氧水质状况	DO
			耗氧有机污染状况	HMP
			重金属污染状况	PHP
		生物	浮游植物污生指数	ZOE
			底栖动物 BI 指数	BI
			鱼类生物损失指数	FOE
	社会服务	社会服务功能	水功能区达标指标	WFZ
			水资源开发利用指标	WRU
			防洪指标	FLD
			公众满意度	PP

8.2.1.4 健康评估权重设置

根据《河流标准》海河流域重要河湖健康评估体系，将海河流域河湖健康河湖生态完整性亚层权重确定为0.7，社会服务亚层权重确定为0.3。各个指标的权重主要参考《河流标准》进行确定，为保证健康评估结果的准确性和客观性，还参考《海河流域重要河湖健康评估体系与实践》，对各指标层评估权重进行合理性调整，永定河系健康评估权重见表8.2。

表 8.2 永定河系健康评估权重

目标层	亚层	权重	准则层	权重	指标层	代码	权重
永定河系河流健康状况	生态完整性	0.7	水文水资源	0.2	流量过程变异程度	FD	0.3
					生态流量保障程度	EF	0.7
			物理结构	0.2	河岸带状况	RS	0.4
					河流连通阻隔状况	RC	0.3
					河道现状水面面积占比	WAP	0.3
			水质	0.2	溶解氧水质状况	DO	最小值
					耗氧有机污染状况	HMP	
					重金属污染状况	PHP	
			生物	0.4	浮游植物污生指数	ZOE	最小值
					底栖动物BI指数	BI	
					鱼类生物损失指数	FOE	
	社会服务	0.3	社会服务功能	1	水功能区达标指标	WFZ	0.25
					水资源开发利用指标	WRU	0.25
					防洪指标	FLD	0.25
					公众满意度	PP	0.25

8.2.2 水文水资源

8.2.2.1 流量过程变异程度

流量过程变异程度由评估年逐月径流量与天然月径流量的平均偏离程度表达。计算公式如下：

$$\begin{cases} FD = \left\{ \left[\dfrac{q_m - Q_m}{\overline{Q_m}} \right]^2 \right\}^{\frac{1}{2}} \\ \overline{Q_m} = \dfrac{1}{12} \sum_{n=i}^{12} Q_m \end{cases}$$

式中 q_m——评估年月径流量，m^3/s；

Q_m——评估年天然月径流量，m^3/s；

$\overline{Q_m}$——评估年天然月径流量年均值，m^3/s，天然径流量按照水资源调查评估相关技术规划得到的还原量。

流量过程变异程度指标赋分标准详见下表 8.3。

表 8.3　　　　　　　　　　　流量过程变异程度指标赋分表

FD	赋分	FD	赋分
0.05	100	1.5	25
0.1	75	3.5	10
0.3	50	5	0

8.2.2.2　生态流量保障程度

定义：河流生态流量是指为维持河流生态系统的不同程度生态系统结构、功能而必须维持的流量过程。采用最小生态流量进行表征。

EF 指标表达式为

$$EF1 = \min\left[\frac{q_d}{\overline{Q}}\right]_{m=4}^{9}, EF2 = \min\left[\frac{q_d}{\overline{Q}}\right]_{m=10}^{3}$$

式中　q_d——评估年日径流量，m³/s；

$\overline{Q}$——生态流量，m³/s；

EF1——4—9 月日径流量占生态流量的最低百分比；

EF2——10 月至次年 3 月日径流量占生态流量的最低百分比。

赋分标准见表 8.4。

表 8.4　　　　　　　　　　　分期基流标准与赋分表

分级	栖息地等定性描述	生态流量 EF1：一般水期（10 月至次年 3 月）	生态流量 EF2：鱼类产卵育幼期（4—9 月）	赋分
1	最大	200%	200%	100
2	最佳	60%～100%	60%～100%	100
3	极好	40%	60%	100
4	非常好	30%	50%	100
5	好	20%	40%	80
6	一般	10%	30%	40
7	差	10%	10%	20
8	极差	<10%	<10%	0

8.2.3　物理结构

物理结构指标（PRr）利用河岸带状况（RS）、河流连通阻隔状况（RC）和河道现状水面面积占比（WAP）3 个指标进行评价，该指标的构建主要基于遥感影像解译数据进行，并建立相应的赋分标准及评估体系，物理指标提取如图 8.2 所示。

8.2.3.1　河岸带状况

河岸带状况是指河岸带植被覆盖度和人类活动强度情况。

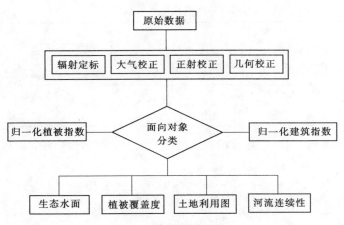

图 8.2 物理指标提取

1. 河岸带植被覆盖度

河岸带植被覆盖度是河岸带结构和功能处于良好状态的重要表征，对河流邻近陆地给予河流胁迫压力具有较好的缓冲作用。

植被覆盖度基于归一化植被指数（NDVI）进行提取，其计算公式如下：

$$NDVI = \frac{NIR - Red}{NIR + Red}$$

式中　NIR——遥感影像的近红外波段反射率；

　　　Red——遥感影像的红光波段反射率。

将植被覆盖度划分成 5 个等级并赋予相应的分数，植被覆盖度指标评估赋分标准见表 8.5。

表 8.5　　　　　　　　　　　　植被覆盖度指标评估赋分标准

评价指标	植被覆盖度		评价指标	植被覆盖度	
	说明	赋分		说明	赋分
0	基本无植被覆盖	0	40%～75%	植被高度覆盖	75～100
0～10%	植被覆盖稀疏	0～25	＞75%	植被极高度覆盖	100
10%～40%	植被中度覆盖	25～75			

2. 河岸带人类活动强度

人类活动强度指标通过对永定河河道内建设用地、交通用地、裸地、农业用地、河滩地、草地、林地、水体等土地利用类型进行人类活动强弱等级划分来构建，见表 8.6。

表 8.6　　　　　　　　　　　　人类活动强度赋值

类型	建设用地	交通用地	裸地	农业用地	河滩地	草地	林地	水体
人类活动强度	9	8	7	5	4	3	2	1

将人类活动强度划分成 5 个等级并赋予相应的分数，见表 8.7。

表 8.7 人类活动强度指标评估赋分标准

评价指标	人类活动强度		评价指标	人类活动强度	
	说明	赋分		说明	赋分
0	基本无人类活动影响	100	40%～75%	人类活动影响较大	0～25
0～10%	人类活动影响较小	75～100	＞75%	人类活动影响极大	0
10%～40%	人类活动影响适中	25～75			

最终的河岸带状况（RS）通过植被覆盖度和人类活动强度两个指标进行表征，其计算公式为

$$RSr＝RSVr×RSVw＋RDr×RDw$$

式中　RSr——河岸带状况赋分；

RVSw——植被覆盖度；

RDw——人类活动强度指标权重；

RSVr——植被覆盖度赋分结果；

RDr——人类活动强度赋分结果。

8.2.3.2 河流连通阻隔状况

河流连通阻隔状况是指监测断面以下至河口（干流、湖泊、海洋）河段的闸坝阻隔特征，把阻隔分为四类情况：

（1）完全阻隔（断流）。

（2）严重阻隔（无鱼道、下泄流量不满足生态基流要求）。

（3）阻隔（无鱼道、下泄流量满足生态基流要求）。

（4）轻度阻隔（有鱼道、下泄流量满足生态基流要求）。

对永定河河道内水库大坝、河流拦水坝、橡胶坝和水闸数量进行遥感监测与调查，并统计不同河段工程的数量。水库大坝对河流阻隔作用较大，根据原水利电力部颁发的《水利水电枢纽工程等级划分及设计标准》（山丘、丘陵区部分）（SDJ 12—78）的试行规定，水利水电枢纽根据其工程规模、效益和在国民经济中的重要性，划分为五等，水利水电枢纽工程等级划分见表 8.8。

表 8.8 水利水电枢纽工程等级划分

工程等别	水　库		工程等别	水　库	
	工程规模	总库容/亿 m³		工程规模	总库容/亿 m³
Ⅰ	大（1）型	≥10	Ⅳ	小（1）型	0.10～0.01
Ⅱ	大（2）型	10～1.0	Ⅴ	小（2）型	0.01～0.001
Ⅲ	中型	1.0～0.1			

利用卫星遥感解译得到的流域水库分布数据对永定河河道内的水库进行统计，得到Ⅰ、Ⅱ和Ⅲ三种等级水库共 21 个。永定河河道内水库大坝等效换算及分类等级见表 8.9。

将河流连通阻隔状况划分成 4 个等级并赋予相应的分数，见表 8.10。

表 8.9　　　　　永定河河道内水库大坝等效换算及分类等级

水　库	等　级	水　库	等　级
斋堂水库	Ⅱ	文瀛水库	Ⅲ
大宁水库	Ⅲ	赵家窑水库	Ⅱ
珠窝水库	Ⅱ	皂火口水库	Ⅱ
官厅水库	Ⅰ	鄂卜坪水库	Ⅱ
壶流河水库	Ⅱ	皂火口水库	Ⅲ
响水堡水库	Ⅱ	友谊水库	Ⅰ
册田水库	Ⅰ	东榆林水库	Ⅱ
恒山水库	Ⅱ	十里河水库	Ⅱ
孤峰山水库	Ⅱ	巨宝庄水库	Ⅱ
西洋河水库	Ⅱ	九龙湾水库	Ⅱ
镇子梁水库	Ⅱ		

表 8.10　　　　　闸 坝 阻 隔 赋 分 表

评价指标	鱼类迁徙阻隔特征	水量及物质流通阻隔特征	赋分
0～10%	无阻隔	对径流没有调节作用	100
10%～40%	有鱼道，且正常运行	对径流有调节，下泄流量满足生态基流	75～100
40%～75%	无鱼道，对部分鱼类迁徙有阻隔作用	对径流有调节，下泄流量不满足生态基流	25～75
>75%	迁徙通道完全阻隔	部分时间导致断流	0

8.2.3.3　河道现状水面面积占比

提取河道现状水面面积，是基于遥感影像采用面向对象的分类方法，利用改进的归一化差异水体指数（MNDWI）进行提取。具体公式如下：

$$MNDWI = \frac{Green - MIR}{Green + MIR}$$

式中　Green——Landsat8 - OLI 遥感影像的绿光波段反射率；

　　　MIR——Landsat8 - OLI 遥感影像的中红外波段反射率。

由于 GF1 - PMS 遥感影像没有中红外波段，因此典型河段现状水面提取使用归一化差异水体指数（NDWI）进行提取。具体公式如下：

$$NDWI = \frac{Green - NIR}{Green + NIR}$$

式中　Green——GF1 - PMS 遥感影像的绿光波段反射率；

　　　NIR——GF1 - PMS 遥感影像的近红外波段反射率。

河道现状水面面积占比为河道现状水面面积与河流左右堤防或历史最高洪水位左右岸间面积的比值，计算公式如下：

$$WAP = \frac{WA}{RA}$$

式中　WAP——河道现状水面面积占比；

　　　WA——河流现状水面面积；

　　　RA——河流左右堤防或历史最高洪水位左右岸间面积。

将河道现状水面面积占比情况划分成 5 个等级并赋予相应的分数，见表 8.11。

表 8.11 现状水面面积占比指标评估赋分标准

现状水面面积占比/%	说明	赋分	现状水面面积占比/%	说明	赋分
0	河道干涸	0	40～75	河道水量较多	75～100
0～10	河道水量较少	0～25	>75	河道水量丰富	100
10～40	河道水量中等	25～75			

8.2.3.4 物理结构指标赋分

最终的物理结构指标（PRr）赋分采用下式计算：

$$PRr = RSr \times RSw + RCr \times RCw + WAPr \times WAPw$$

式中 PRr——物理结构指标赋分；

RSr——河岸带状况的赋分；

RSw——河岸带状况的权重；

RCr——河流连通阻隔状况的赋分；

RCw——河流连通阻隔状况的权重；

WAPr——河道现状水面面积的赋分；

WAPw——河道现状水面面积的权重。

8.2.4 水质

8.2.4.1 溶解氧状况

依据《地表水环境质量标准》（GB 3838—2002）进行赋分评估，见表 8.12。

表 8.12 溶解氧状况指标赋分标准

DO/(mg/L)（>）	饱和率90%（或7.5）	6	5	3	2	0
DO 指标赋分	100	80	60	30	10	0

8.2.4.2 耗氧有机物污染状况

评价河流耗氧有机物污染状况主要为高锰酸盐指数、化学需氧量、五日生化需氧量和氨氮。

采用《地表水环境质量标准》（GB 3838—2002），对永定河高锰酸盐指数、化学需氧量、五日生化需氧量和氨氮四项指标进行监测，并将各项指标按汛期和非汛期进行平均，分别评估汛期和非汛期赋分，取其最低赋分为水质项目的赋分。赋分标准见表 8.13。

表 8.13 耗氧有机物染污状况指标赋分标准

高锰酸盐指数/(mg/L)	2	4	6	10	15
化学需氧量/(mg/L)	15	17.5	20	30	40
五日生化需氧量/(mg/L)	3	3.5	4	6	10
氨氮/(mg/L)	0.15	0.5	1	1.5	2
赋分	100	80	60	30	0

8.2.4.3 重金属污染状况

重金属污染是指含有汞、镉、铬、铅及砷等生物毒性显著的重金属元素及其化合物对水的污染。

采用《地表水环境质量标准》（GB 3838—2002），对汞、镉、铬、铅和砷等五项指标进行监测，并将各项指标按汛期和非汛期进行平均，分别评估汛期和非汛期赋分，取其最低赋分为水质项目的赋分。赋分标准见表 8.14。

表 8.14　　重金属污染状况指标赋分标准

砷/(mg/L)	0.05	0.075	0.1
汞/(mg/L)	0.00005	0.0001	0.001
镉/(mg/L)	0.001	0.005	0.01
铬（六价）/(mg/L)	0.01	0.05	0.1
铅/(mg/L)	0.01	0.05	0.1
赋分	100	60	0

8.2.5　生物

8.2.5.1　浮游植物污生指数

浮游植物污生指数是根据浮游植物指示种及相应数量的多寡来进行生物学评价的指数。污生指数 S 计算公式如下：

$$S = \frac{\sum h \times s}{\sum h}$$

式中　　S——群落的污生指数；

s——某种指示生物的污生指数取值，寡营养型＝1，中营养型＝2，富营养型＝3，富营养重污型＝4；

h——该种生物的个体丰度，可用等级表示：1 级—个体丰度极少，2 级—个体丰度少，3 级—个体丰度较多，4 级—个体丰度多，5 级—个体丰度极多。

污生指数 $S=1.0\sim1.5$ 时为轻污带，$S=1.5\sim2.5$ 时为中污带，$S=2.5\sim3.5$ 时为重污染，$S=3.5\sim4.0$ 时为严重污染，赋分标准见表 8.15。

表 8.15　　浮游植物污生指数赋分标准

评估等级	污生指数 S	等级描述	赋分
Ⅰ	3.5～4.0	严重污染	0～25
Ⅱ	2.5～3.5	重污染	25～50
Ⅲ	1.5～2.5	中污带	50～75
Ⅳ	1.0～1.5	轻污带	75～100

8.2.5.2　底栖动物 BI 指数

基于 BI 指数的水质评价方法首先由 Hilsenhoff 提出并应用，杨莲芳等首次将耐污值（Tolerance Value）引入到国内，目前国内已建立和核定的底栖动物有 370 余个分类单元的耐污值。BI 指数的计算公式为

$$BI = \sum_{n=1}^{s} \frac{a_i n_i}{N}$$

式中　　n_i——第 i 分类单元（属或种）的个体数；

a_i——第 i 分类单元（属或种）的耐污值；

N——各分类单元（属或种）的个体总和；

S——种类数；

BI——底栖动物耐污值，BI=0.00～3.50，为极清洁；BI=3.51～4.50，为很清洁；BI=4.51～5.50，为清洁；BI=5.51～6.50，为一般；BI=6.51～7.50，为轻度污染；BI=7.51～8.50，为污染；BI=8.51～10.00，为严重污染。

底栖动物 BI 指数指标赋分标准见表 8.16。

表 8.16 底栖动物 BI 指数指标赋分标准表

评估等级	BI	等级描述	赋分
Ⅰ	8.51～10.00	严重污染	0
Ⅱ	7.51～8.50	污染	1～20
Ⅲ	6.51～7.50	轻度污染	20～40
Ⅳ	5.51～6.50	一般	40～60
Ⅴ	4.51～5.50	清洁	60～80
Ⅵ	3.51～4.50	很清洁	80～100
Ⅶ	0.00～3.50	极清洁	100

BI 指数既考虑了底栖动物的耐污能力，又考虑了底栖动物的物种多样性，弥补了某些生物评价指数的不足。由于 BI 指数为各分类单元的加权平均求和，偶然因素影响较小，所以用于底栖动物水质评价比较客观。

8.2.5.3 鱼类生物损失指数

鱼类生物损失指数指评估河段内鱼类种数现状与历史参考系鱼类种数（不包括外来种）的差异状况，反映流域开发后，河流生态系统中顶级物种受损状况。

鱼类生物损失指数的建立采用历史背景调查方法确定，以 20 世纪 80 年代为历史基点，按照鱼类取样调查方法开展样品采集。指标表达式如下：

$$FOE = \frac{FO}{FE}$$

式中 FOE——土著鱼类生物损失指数；

FO——评估河段调查获得的鱼类种类数量；

FE——20 世纪 80 年代评估河段的鱼类种类数。

土著鱼类生物损失指数赋分标准见表 8.17。

表 8.17 土著鱼类生物损失指数赋分标准表

土著鱼类生物损失指数	FOE	1	0.85	0.75	0.6	0.5	0.25	0
指数赋分	FOEr	100	80	60	40	30	10	0

8.2.6 社会服务功能

8.2.6.1 水功能区达标指标

按照《地表水资源质量评价技术规程》（SL 395—2007）规定的技术方法确定的水质达标个数比例。表达式如下：

$$WFZr = WFZP \times 100$$

式中　WFZr——评估河流水功能区水质达标率指标赋分；

　　　WFZP——评估河流水功能区水质达标率。

8.2.6.2　水资源开发利用指标

　　评估河流流域内供水量、流域水资源量，用评估河流流域内供水量占流域水资源量的百分比表示。表达式如下：

$$WRU = \frac{WU}{WR}$$

式中　WRU——评估河流流域水资源开发利用率；

　　　WR——评估河流流域水资源总量；

　　　WU——评估河流流域水资源开发利用量。

　　利用水资源开发利用率指标健康评估概念模型，指标赋分公式如下：

$$WRUr = |a \times (WRU)^2 - b \times (WRU)|$$

式中　WRUr——水资源利用率指标赋分；

　　　WRU——评估河段水资源利用率；

　　　a、b——系数，分别为 $a = 1111.11$，$b = 666.67$。

8.2.6.3　防洪指标

　　防洪指标指防洪工程措施完善率，用以评估河道的安全泄洪能力。指标表达式如下：

$$FLD = \frac{\sum_{n=1}^{NS} (RIVLn \times RIVWFn \times RIVBn)}{\sum_{n=1}^{NS} (RIVLn \times RIVWFn)}$$

式中　　FLD——河流防洪指标；

　RIVNLn——河段 n 的长度，评估河流根据防洪规划划分的河段数量；

　　RIVBn——根据河段防洪工程是否满足规划要求进行赋值：达标，RIVBn$=1$；不达标，RIVBn$=0$；

　RIVWFn——河段规划防洪标准重现期（如 100 年）。

　　防洪指标赋分标准见表 8.18。

表 8.18　　　　　　　　　　　　　　防洪指标赋分标准表

赋分	100	75	50	25	0
防洪指标	95%	90%	85%	70%	50%

8.2.6.4　公众满意度指标

　　公众满意度指标反映公众对评估河流水质、水量、鱼类、河岸带等状况的满意程度。河湖健康评估公众调查表见表 8.19。根据下面公式对公众满意度调查综合赋分进行计算：

$$pPr = \frac{\sum_{n=1}^{NPS} (PERr \times pERw)}{\sum_{n=1}^{NPS} pERw}$$

式中　pPr——公众满意度指标赋分；

　　　PERr——不同公众类型有效调查评估赋分；

pERw——公众类型权重，其中：沿河居民权重为 3，河道管理者权重为 2，河道周边从事生产活动为 1.5，旅游经常来河道为 1，旅游偶尔来河道为 0.5。

河湖健康评估公众调查表见表 8.19。

表 8.19 **河湖健康评估公众调查表**

姓名		性别		年龄	
文化程度		职业		民族	
住址		联系电话			
河流对个人生活的重要性		与河流的关系	沿河居民（河岸以外 1km 以内范围）		
很重要			非沿河居民	河道管理者	
较重要				河道周边从事生产活动	
一般				旅游经常来河道	
不重要				旅游偶尔来河道	
河流状况评估					
河流水量		河流水质		河滩地	
太少		清洁		树草状况	太少
还可以		一般			还可以
太多		比较脏		垃圾堆放	无垃圾
不好判断		太脏			有垃圾
鱼类数量		大鱼		本地鱼类	
少很多		重量小很多		鱼的名称	
少了一些		重量小一些		以前有，现在没有了	
没有变化		没有变化		以前有，现在部分没有了	
数量多了		重量大了		没有变化	
河流适应性状况					
河道景观	优美		与河流相关的历史及文化保护程度	历史古迹或文化程度了解情况	不清楚
	一般				知道一些
	丑陋				比较了解
近水难易程度	容易安全			历史古迹或文化名胜保护与开发情况	没有保护
	难或不安全				有保护，但不对外开放
散步与娱乐休闲活动	适宜				有保护，也对外开放
	不适宜				
对河流的满意程度调查					
总体评估赋分标准		不满意的原因是什么？		希望的河流状况是什么样的？	
很满意	100				
满意	80				
基本满意	60				
不满意	30				
很不满意	0				
总体评估赋分					

8.3 永定河河流健康评估成果

8.3.1 水文水资源

分别从流量过程变异程度、生态流量满足程度 2 个指标对永定河水文水资源准则层进行评估。

8.3.1.1 流量过程变异程度

流量过程变异程度由评估年逐月径流量与天然月径流量的平均偏离程度表达。

由于未能收集到三家店水文站上游农业灌溉用水量、水库蓄变量、工业和生活用水量、地下水开采量等数据，本报告选取大尺度分布式水文模型——VIC（variable infiltration capacity）模型对三家店评估年天然月径流过程进行还原。

VIC 模型是由 Washington 大学、California 大学 Berkely 分校以及 Princeton 大学的研究者基于 Wood 等人的思想共同研制的大尺度半分布式水文模型，它有很多显著的特点：

（1）同时考虑陆-气间水分收支和能量收支过程。

（2）采用 Mosaic 方法，考虑次网格内地面植被类型不均匀性。

（3）考虑次网格内土壤蓄水能力的空间分布不均匀性。

（4）考虑基流退水的非线性。

（5）考虑了山区地形对降雨和气温的影响。

自研发以来 VIC 模型已经在流域径流模拟、气候变化对水资源的影响、陆气耦合、流域土壤含水量的模拟、水资源管理等方面得到了广泛应用。

1. 桑干河

收集了石匣里站 1956—1996 年的逐月天然径流资料，评估年石匣里站 2015 年逐日平均流量资料；收集了全国 756 个基本气象站 1951—2015 年的逐日降水量、最高气温和最低气温等数据。

以全国基本气象站的逐日降水量、最高气温和最低气温驱动 VIC 模型，采用 1957—1976 年石匣里站逐月天然径流资料对 VIC 模型的参数进行率定、1977—1996 年石匣里站逐月天然径流资料对 VIC 模型的参数进行验证，模拟结果统计见表 8.20。参数率定期和验证期模拟的逐月径流过程分别如图 8.3（a）和图 8.3（b）所示。

表 8.20　　　　　石匣里水文站 VIC 模型逐月径流模拟结果统计表

测站	率　定　期			验　证　期		
	时段	相对误差	确定性系数	时段	相对误差	确定性系数
石匣里	1957—1976 年	−3.42%	0.77	1977—1996 年	3.26%	0.56

从图 8.3 中可以看出，参数率定期和验证期模拟的逐月径流过程都和天然径流量基本一致，VIC 模型可以用于石匣里站以上流域逐月天然径流过程还原。

石匣里站 2015 年流量过程变异程度指标赋分计算情况见表 8.21。

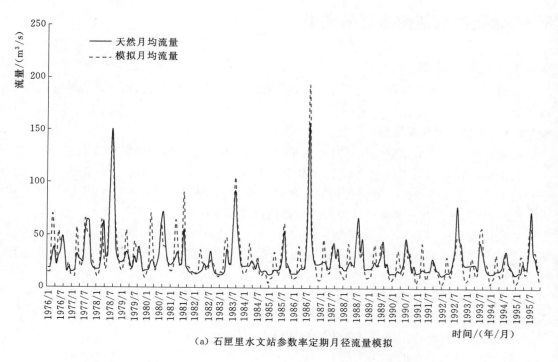

（a）石匣里水文站参数率定期月径流量模拟

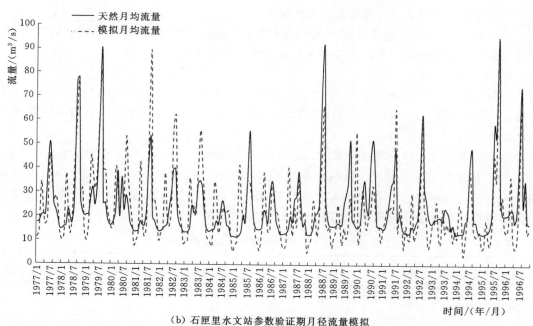

（b）石匣里水文站参数验证期月径流量模拟

图 8.3　石匣里水文站逐月径流量模拟结果

表 8.21 石匣里站流量过程变异指标赋分计算表

测站	石匣里				
年份	2015				
项目	径流量 /万 m³	天然径流量 /万 m³	天然－径流 /万 m³	[（天然－径流） /天然平均]	[（天然－径流） /天然平均]²
1 月	356	3809	3453	1.1499	1.3222
2 月	334	4102	3768	0.8694	0.7559
3 月	739	4154	3415	0.3794	0.1440
4 月	394	5140	4746	0.8846	0.7826
5 月	380	7928	7548	1.9483	3.7960
6 月	500	8141	7641	1.6645	2.7705
7 月	69	8726	8657	0.9266	0.8585
8 月	167	11506	11339	0.9805	0.9614
9 月	565	18141	17576	2.2604	5.1096
10 月	632	9907	9275	1.4411	2.0768
11 月	3110	6980	3870	0.8061	0.6498
12 月	410	6948	6538	1.7946	3.2206
全年径流量	7656	95483	87827	15.1055	
全年平均	638	7957	7319	1.2588	
FD	指标计算值	4.74			
FDr	指标赋分	1.7			

从表 8.21 中可以看出石匣里站径流量与天然径流量偏差较大，上游水资源开发利用程度较高，流量过程变异程度指标赋分为 1.7。

2. 洋河

收集了响水堡站 1956—1995 年的逐月天然径流资料，评估年响水堡站 2015 年逐日平均流量资料；收集了全国 756 个基本气象站 1951—2015 年的逐日降水量、最高气温和最低气温等数据。

以全国基本气象站的逐日降水量、最高气温和最低气温驱动 VIC 模型，采用 1956—1975 年响水堡逐月天然径流资料对 VIC 模型的参数进行率定、1976—1995 年响水堡站逐月天然径流资料对 VIC 模型的参数进行验证，模拟结果统计见表 8.22。参数率定期和验证期模拟的逐月径流过程分别如图 8.4 (a) 和图 8.4 (b) 所示。

表 8.22 响水堡水文站 VIC 模型逐月径流模拟结果统计表

测站	率 定 期			验 证 期		
	时段	相对误差	确定性系数	时段	相对误差	确定性系数
响水堡	1956—1975 年	1.71%	0.68	1976—1995 年	0.00%	0.62

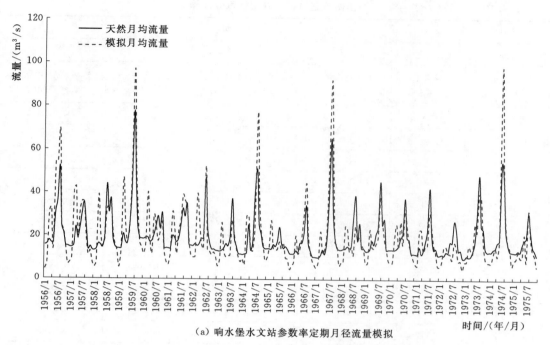

（a）响水堡水文站参数率定期月径流量模拟

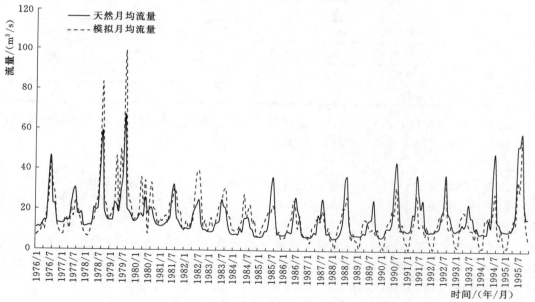

（b）响水堡水文站参数验证期月径流量模拟

图 8.4　响水堡水文站逐月径流量模拟结果

　　从图 8.4 中可以看出，参数率定期和验证期模拟的逐月径流过程都和天然径流量基本一致，VIC 模型可以用于响水堡站以上流域逐月天然径流过程还原。

　　响水堡站 2015 年流量过程变异程度指标赋分计算情况见表 8.23。

表 8.23　　　　洋河流量过程变异指标赋分计算表

测站	响水堡				
年份	2015				
项目	径流量/万 m^3	天然径流量/万 m^3	天然－径流/万 m^3	[(天然－径流)/天然平均]	[(天然－径流)/天然平均]^2
1 月	240	2611	2371	1.5182	2.3050
2 月	219	2633	2414	1.4541	2.1144
3 月	924	2858	1934	0.4131	0.1706
4 月	1734	3447	1713	0.3906	0.1526
5 月	951	5298	4347	1.1174	1.2485
6 月	759	7011	6252	1.2339	1.5224
7 月	742	6233	5491	0.9437	0.8906
8 月	281	7738	7457	0.9393	0.8823
9 月	275	11667	11392	1.9777	3.9113
10 月	225	6964	6739	1.8752	3.5165
11 月	1763	4590	2827	0.8923	0.7962
12 月	184	4532	4348	2.4651	6.0766
全年径流量	8297	65583	57286	15.2207	
全年平均	691.4	5465.2	4773.8	1.2684	
FD	指标计算值	4.85			
FDr	指标赋分	1.0			

从表 8.23 中可以看出响水堡站径流量与天然径流量偏差较大，上游水资源开发利用程度较高，流量过程变异程度指标赋分为 1.0。

3. 永定河

永定河收集了三家店站 1956－1995 年的逐月天然径流资料，评估年三家店站 2015 年逐日平均流量资料；收集了全国 756 个基本气象站 1951—2015 年的逐日降水量、最高气温和最低气温等数据。

以全国基本气象站的逐日降水量、最高气温和最低气温驱动 VIC 模型，采用 1956—1975 年三家店站逐月天然径流资料对 VIC 模型的参数进行率定、1976—1995 年三家店站逐月天然径流资料对 VIC 模型的参数进行验证，模拟结果统计见表 8.24。参数率定期和验证期模拟的逐月径流过程分别如图 8.5（a）和图 8.5（b）所示。

表 8.24　　　　三家店水文站 VIC 模型逐月径流模拟结果统计表

测站	率定期			验证期		
	时段	相对误差	确定性系数	时段	相对误差	确定性系数
三家店	1956—1975 年	－4.24%	0.74	1976—1995 年	0.68%	0.69

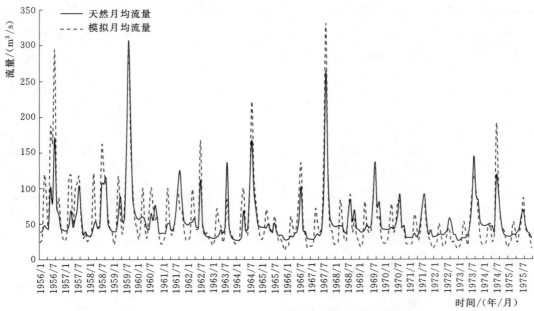

（a）三家店水文站参数率定期月径流量模拟

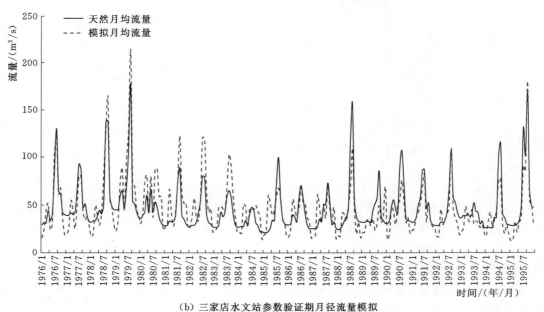

（b）三家店水文站参数验证期月径流量模拟

图 8.5　三家店水文站逐月径流量模拟结果

　　从图 8.5 中可以看出，参数率定期和验证期模拟的逐月径流过程都和天然径流量基本一致，VIC 模型可以用于三家店站以上流域逐月天然径流过程还原。

　　三家店站 2015 年流量过程变异程度指标赋分计算情况见表 8.25。

表 8.25　　　　　　　　　　　永定河流量过程变异指标赋分计算表

测站	三家店				
年份	2015				
项目	径流量/万 m³	天然径流量/万 m³	天然－径流/万 m³	(天然－径流)/天然平均	[(天然－径流)/天然平均]²
1 月	0	8542	8542	1.3573	1.8423
2 月	0	8743	8743	1.3079	1.7106
3 月	0	9140	9140	2.1260	4.5199
4 月	0	10423	10423	1.1945	1.4268
5 月	0	15053	15053	0.3632	0.1319
6 月	0	17540	17540	1.3269	1.7607
7 月	0	17981	17981	3.2060	10.2784
8 月	0	22008	22008	2.1945	4.8158
9 月	0	36651	36651	0.5327	0.2838
10 月	0	24116	24116	1.4690	2.1580
11 月	0	16605	16605	0.4117	0.1695
12 月	0	16545	16545	0.6204	0.3849
全年径流量	0	203347	203347	16.1101	
全年平均	0	16945.6	16945.6	1.34	
FD	指标计算值	5.42			
FDr	指标赋分	0			

从表 8.25 中可以看出三家店站径流量与天然径流量偏差较大，上游水资源开发利用程度较高，流量过程变异程度指标赋分为 0。

8.3.1.2　生态流量满足程度

永定河系以河段为单元，分山区河流、平原河流分别确定生态水量。山区河流水量较多，以河道生态基流保护为主线，维持河流良好生境维持功能。平原河流以河流水面维持为重点，修复河流水体连通、景观环境和生境维持功能。

对于生境维持功能的永定河山区段要保障一定的生态基流，原则上采用 Tennant 法计算，取多年平均天然径流量的 10%～20%作为生态水量；对于水体连通、景观环境功能的永定河平原段，原则上采用槽蓄法计算，结合治理目标，以维持水面的蒸发渗漏量（扣除降雨量）和换水量作为生态水量。河槽段计算用满足生态水量的百分比进行计算。

根据评价年日径流量占生态流量的百分比来赋分，具体赋分标准见表 8.26。

根据石匣里、响水堡、三家店 3 个水文站多年水文系列（1956—2013 年）计算，永定河山区段洋河维持生态基流 2.9m³/s、桑干河维持生态基流 3.1m³/s，永定河官厅水库坝下至三家店生态基流为 1.1m³/s。根据永定河中下游河槽状况计算，永定河（三家店—屈家店）维持长 148km、宽 200m、深 1.5m 的槽蓄水量，永定新河（屈家店—防潮闸）维持长 62km、宽 240m、深 1.5m 的槽蓄水量。

表 8.26　　　　　　　　　　　生态流量满足程度赋分表

分级	栖息地等定性描述	生态流量		赋分
		EF1：一般水期 （10月至次年3月）	EF2：鱼类产卵育幼期 （4—9月）	
1	最大	200%	200%	100
2	最佳	60%～100%	60%～100%	100
3	极好	40%	60%	100
4	非常好	30%	50%	100
5	好	20%	40%	80
6	一般	10%	30%	40
7	差	10%	10%	20
8	极差	<10%	<10%	0

根据石匣里、响水堡、三家店 3 个水文站 2015 年水文年鉴资料数据计算。计算结果见表 8.27。

表 8.27　　　　　　　　　永定河系生态流量保障程度指标赋分计算表

测站	生态流量 /(m³/s)	最小日径流量/(m³/s)		分指标计算值		分指标赋分		指标赋分
		一般水期 （10月至次年3月）	鱼类产卵育幼期 （4—9月）	EF1	EF2	EF1r	EF2r	EFr＝min (EF1r, EF2r)
石匣里	3.1	1.5	1.0	49.7	33.2	100.0	52.9	52.9
响水堡	2.9	0.8	1.8	26.0	60.6	92.1	100.0	92.1
三家店	1.1	0.0	0.0	0.0	0.0	0.0	0.0	0.0

因此永定河系生态流量满足程度桑干河赋分为 52.9 分，洋河赋分为 92.1 分，永定河中游由于河干及常年断流赋分为 0 分。

官厅水库常年维持较高的水位，赋分为 100 分，永定新河生态水量为 1.48 亿 m³，当地可下泄生态水量 0.67 亿 m³，缺水 0.81 亿 m³，下泄水量不能满足生态水量，赋分为 45 分。

8.3.1.3　水文水资源准则层赋分

根据计算公式得到永定河水文水资源层赋分，具体计算见表 8.28。

表 8.28　　　　　　　　永定河水文水资源准则层赋分计算表

监测点位	流量过程 变异程度	流量过程 变异程度权重	生态流量 保障程度	生态流量 保障程度权重	水文水资源 准则层
付家夭	1.0	0.3	92.1	0.7	64.8
友谊水库坝上	1.0	0.3	92.1	0.7	64.8
牛家营村	1.0	0.3	92.1	0.7	64.8
东洋河村	1.0	0.3	92.1	0.7	64.8
第九屯村	1.0	0.3	92.1	0.7	64.8
马连堡村洋河大桥	1.0	0.3	92.1	0.7	64.8
上两间房村	1.0	0.3	92.1	0.7	64.8
张家口林场	1.0	0.3	92.1	0.7	64.8

续表

监测点位	流量过程变异程度	流量过程变异程度权重	生态流量保障程度	生态流量保障程度权重	水文水资源准则层
新垣桥	1.0	0.3	92.1	0.7	64.8
太平寨	1.0	0.3	92.1	0.7	64.8
响水铺	1.0	0.3	92.1	0.7	64.8
暖泉村-八号桥	0.0	0.3	52.9	0.7	37.0
水磨头村	1.7	0.3	52.9	0.7	37.5
东榆林水库坝前	1.7	0.3	52.9	0.7	37.5
西朱庄村	1.7	0.3	52.9	0.7	37.5
新桥村	1.7	0.3	52.9	0.7	37.5
固定桥	1.7	0.3	52.9	0.7	37.5
册田水库坝前	1.7	0.3	52.9	0.7	37.5
东册田村	1.7	0.3	52.9	0.7	37.5
揣骨疃大桥	1.7	0.3	52.9	0.7	37.5
大渡口村	1.7	0.3	52.9	0.7	37.5
朝阳寺村	1.7	0.3	52.9	0.7	37.5
保庄村	1.7	0.3	52.9	0.7	37.5
官厅水库坝上	0.0	0.3	100.0	0.7	70.0
三家店	0.0	0.3	0.0	0.7	0.0
卢沟桥	0.0	0.3	0.0	0.7	0.0
固安永定河大桥	0.0	0.3	0.0	0.7	0.0
罗古判村	0.0	0.3	0.0	0.7	0.0
屈家店闸下	0.0	0.3	45.0	0.7	31.5
大张庄	0.0	0.3	45.0	0.7	31.5
东堤头闸下	0.0	0.3	45.0	0.7	31.5
金钟河闸下	0.0	0.3	45.0	0.7	31.5
宁车沽闸下	0.0	0.3	45.0	0.7	31.5
永定新河闸上	0.0	0.3	45.0	0.7	31.5

通过对永定河水文水资源指标评估可以看出，永定河系水资源开发利用程度较高的影响，流量过程变异程度较大，中游生态流量得不到保障，不利于水生生物群落的建立，河流健康状况很不理想。建议优化供用水关系，加强水环境保护，保障河流生态基流，以建立稳定的水生态环境，提高整个流域的生态功能。

8.3.2 物理结构

物理结构准则层各个指标数据基于遥感影像数据获取。物理结构指标包括河岸带状况、河流连通阻隔状况、河道水面现状水面。

以永定河河道中、高空间分辨率卫星影像为数据源，解译和提取全流域河道和典型河段河道现状水面、植被覆盖度、人类活动强度、河流连续性等信息。高空间分辨率卫星影像如图8.6所示。

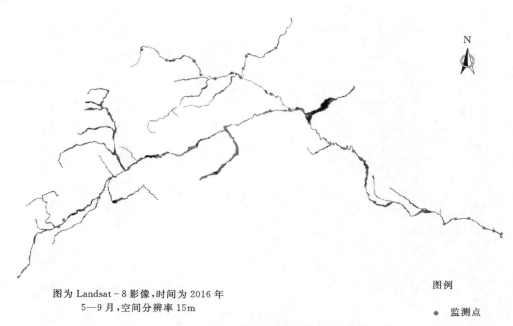

图为 Landsat - 8 影像,时间为 2016 年
5—9 月,空间分辨率 15m

图例
● 监测点

图 8.6 永定河河道影像专题图（后附彩图）

8.3.2.1 河岸带状况

河岸带状况评估包括河岸带植被覆盖度、河岸带人类活动强度两个方面。

1. 河岸带植被覆盖度

基于 Landsat - 8 - OLI 和 GF1 - PMS 遥感影像提取的河道植被覆盖度，影像解译和信息提取关键区域为河流左右堤防或历史最高洪水位左右岸之间向两侧延伸 10m 的陆向

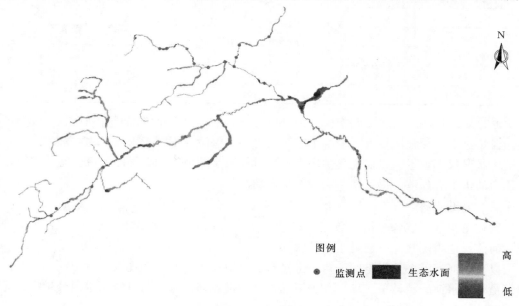

图例
● 监测点 ■ 生态水面

高
低

图 8.7 河岸带植被覆盖度（后附彩图）

区域，参考植被覆盖度指标评估赋分标准对各断面进行赋分，结果见表8.29。

表 8.29 河岸带植被覆盖度赋分表

序号	监测点	植被覆盖度/%	赋分
1 号	付家夭	36	68.3
2 号	友谊水库坝上	69.2	95.9
3 号	牛家营村	69.6	96.2
4 号	东洋河村	76.5	100.0
5 号	第九屯村	74.7	99.8
6 号	马连堡村洋河大桥	70.2	96.5
7 号	上两间房村	62.1	90.8
8 号	张家口林场	84.0	100.0
9 号	新垣桥	66.6	94.0
10 号	太平寨	65.2	93.0
11 号	响水铺	75.8	100.0
12 号	暖泉村-八号桥	88.0	100.0
13 号	水磨头村	82.1	100.0
14 号	东榆林水库坝前	75.4	100.0
15 号	西朱庄村	60.3	89.5
16 号	新桥村	76.3	100.0
17 号	固定桥	77.3	100.0
18 号	册田水库坝前	72.9	98.5
19 号	东册田村	80.7	100.0
20 号	揣骨疃大桥	76.7	100.0
21 号	大渡口村	74.3	99.5
22 号	朝阳寺村	81.6	100.0
23 号	保庄村	86.7	100.0
24 号	官厅水库坝上	84.2	100.0
25 号	三家店	86.1	100.0
26 号	卢沟桥	86.1	100.0
27 号	固安永定河大桥	73.2	98.7
28 号	罗古判村	71.1	97.2
29 号	屈家店闸下	70.8	97.0
30 号	大张庄	69.4	96.0
31 号	东堤头闸下	88.5	100.0
32 号	金钟河闸下	75.8	100.0
33 号	宁车沽闸下	58.4	88.2
34 号	永定新河闸上	63.3	91.7

2. 河岸带人类活动强度

基于遥感影像提取的河岸带及其邻近陆域土地利用类型，包括：建设用地、交通用地、裸地、农业用地、河滩地、草地、林地、水体等，根据各个利用类型上的人类活动强度（图8.8），求取各断面的均值并参考人类活动强度指标评估赋分标准进行赋分，结果见表8.30。

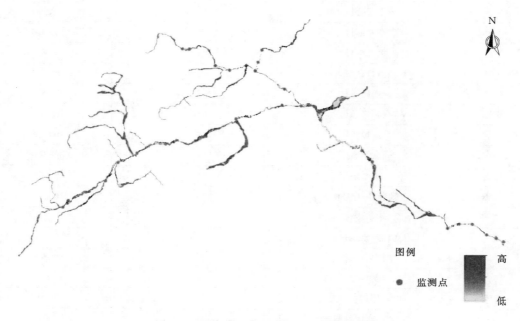

图 8.8 河岸带人类活动强度（后附彩图）

表 8.30　　　　　　　　　　　　河岸带人类活动强度赋分表

序号	监测点	人类活动强度/%	赋分
1号	付家夭	41.2	24.1
2号	友谊水库坝上	28.3	44.5
3号	牛家营村	37.7	28.8
4号	东洋河村	37.8	28.7
5号	第九屯村	31.6	39.1
6号	马连堡村洋河大桥	52.3	16.2
7号	上两间房村	54.7	14.5
8号	张家口林场	48.4	19.0
9号	新垣桥	42.3	23.4
10号	太平寨	39.7	25.5
11号	响水铺	52.8	15.9
12号	暖泉村-八号桥	39.8	25.3

续表

序号	监测点	人类活动强度/%	赋分
13 号	水磨头村	40.0	25.0
14 号	东榆林水库坝前	15.2	66.3
15 号	西朱庄村	44.2	22.0
16 号	新桥村	38.5	27.5
17 号	固定桥	31.9	38.5
18 号	册田水库坝前	33.4	36.0
19 号	东册田村	46.8	20.1
20 号	揣骨疃大桥	46.9	20.1
21 号	大渡口村	43.7	22.4
22 号	朝阳寺村	45.4	21.1
23 号	保庄村	38.7	27.2
24 号	官厅水库坝上	30.6	40.7
25 号	三家店	31.7	38.8
26 号	卢沟桥	39.8	25.3
27 号	固安永定河大桥	46.9	20.1
28 号	罗古判村	49.1	18.5
29 号	屈家店闸下	43.1	22.8
30 号	大张庄	19.6	58.9
31 号	东堤头闸下	27.5	45.9
32 号	金钟河闸下	38.2	27.9
33 号	宁车沽闸下	32.3	37.8
34 号	永定新河闸上	27.6	45.7

3. 河岸带状况赋分

根据河岸带状况（RS）计算公式，基于植被覆盖度和人类活动强度赋分结果，两者的权重分别取 0.5，计算得到河岸带状况赋分表，见表 8.31。

表 8.31　　　　　　　　　　　河 岸 带 状 况 赋 分 表

序号	监测点	植被覆盖度/%	植被覆盖度权重	人类活动强度/%	人类活动强度权重	河岸带状况赋分
1 号	付家天	95.9	0.5	24.1	0.5	60.0
2 号	友谊水库坝上	96.2	0.5	44.5	0.5	70.3
3 号	牛家营村	100.0	0.5	28.8	0.5	64.4
4 号	东洋河村	99.8	0.5	28.7	0.5	64.2
5 号	第九屯村	96.5	0.5	39.1	0.5	67.8

序号	监测点	植被覆盖度/%	植被覆盖度权重	人类活动强度/%	人类活动强度权重	河岸带状况赋分
6 号	马连堡村洋河大桥	90.8	0.5	16.2	0.5	53.5
7 号	上两间房村	100.0	0.5	14.5	0.5	57.3
8 号	张家口林场	94.0	0.5	19.0	0.5	56.5
9 号	新垣桥	93.0	0.5	23.4	0.5	58.2
10 号	太平寨	100.0	0.5	25.5	0.5	62.8
11 号	响水铺	100.0	0.5	15.9	0.5	57.9
12 号	暖泉村-八号桥	100.0	0.5	25.3	0.5	62.7
13 号	水磨头村	100.0	0.5	25.0	0.5	62.5
14 号	东榆林水库坝前	89.5	0.5	66.3	0.5	77.9
15 号	西朱庄村	100.0	0.5	22.0	0.5	61.0
16 号	新桥村	100.0	0.5	27.5	0.5	63.8
17 号	固定桥	98.5	0.5	38.5	0.5	68.5
18 号	册田水库坝前	100.0	0.5	36.0	0.5	68.0
19 号	东册田村	100.0	0.5	20.1	0.5	60.1
20 号	揣骨疃大桥	99.5	0.5	20.1	0.5	59.8
21 号	大渡口村	100.0	0.5	22.4	0.5	61.2
22 号	朝阳寺村	100.0	0.5	21.1	0.5	60.6
23 号	保庄村	100.0	0.5	27.2	0.5	63.6
24 号	官厅水库坝上	100.0	0.5	40.7	0.5	70.3
25 号	三家店	100.0	0.5	38.8	0.5	69.4
26 号	卢沟桥	98.7	0.5	25.3	0.5	62.0
27 号	固安永定河大桥	97.2	0.5	20.1	0.5	58.6
28 号	罗古判村	97.0	0.5	18.5	0.5	57.8
29 号	屈家店闸下	96.0	0.5	22.8	0.5	59.4
30 号	大张庄	100.0	0.5	58.9	0.5	79.5
31 号	东堤头闸下	100.0	0.5	45.9	0.5	73.0
32 号	金钟河闸下	88.2	0.5	27.9	0.5	58.1
33 号	宁车沽闸下	91.7	0.5	37.8	0.5	64.7
34 号	永定新河闸上	94.6	0.5	45.7	0.5	70.2

8.3.2.2　河流连通阻隔状况

根据遥感影像和现场调查的不同类型水利工程数量，永定河河道闸坝分布如图 8.9 所示。

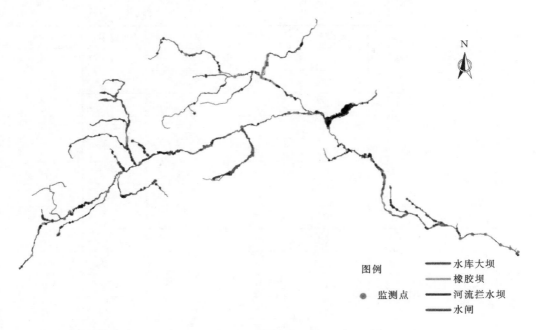

图例

　　━━━━　水库大坝
　　━━━━　橡胶坝
● 监测点　━━━━　河流拦水坝
　　━━━━　水闸

图 8.9　永定河河道闸坝分布图（后附彩图）

　　以不同拦河工程，参考闸坝阻隔赋分标准，计算得到河流连通阻隔状况赋分表，结果见表 8.32。

表 8.32　　　　　　　　　　　　河流连通阻隔状况赋分表

序号	监测点	水库大坝	水闸	河流拦水坝	橡胶坝	河段赋值
1 号	付家夭	0	0	0	0	100
2 号	友谊水库坝上	1	0	0	0	0
3 号	牛家营村	0	0	0	0	100
4 号	东洋河村	0	0	2	0	50
5 号	第九屯村	0	0	0	0	100
6 号	马连堡村洋河大桥	0	0	0	3	75
7 号	上两间房村	0	0	0	0	100
8 号	张家口林场	0	0	3	17	50
9 号	新垣桥	0	0	4	8	50
10 号	太平寨	0	0	7	13	50
11 号	响水铺	1	0	1	0	0
12 号	暖泉村-八号桥	0	0	3	0	50
13 号	水磨头村	0	0	0	0	100

续表

序号	监测点	水库大坝	水闸	河流拦水坝	橡胶坝	河段赋值
14号	东榆林水库坝前	1	0	0	0	0
15号	西朱庄村	0	0	5	0	50
16号	新桥村	0	0	0	0	100
17号	固定桥	0	0	0	0	100
18号	册田水库坝前	1	0	0	0	0
19号	东册田村	3	0	2	0	0
20号	揣骨疃大桥	1	0	1	0	0
21号	大渡口村	0	0	2	0	50
22号	朝阳寺村	0	0	2	0	50
23号	保庄村	0	0	2	4	50
24号	官厅水库坝上	1	0	0	0	0
25号	三家店	0	3	8	0	25
26号	卢沟桥	0	0	12	2	50
27号	固安永定河大桥	0	0	1	0	50
28号	罗古判村	0	1	10	0	25
29号	屈家店闸下	0	1	3	0	25
30号	大张庄	0	1	0	0	25
31号	东堤头闸下	0	1	0	0	25
32号	金钟河闸下	0	1	0	0	25
33号	宁车沽闸下	0	1	0	0	25
34号	永定新河闸上	0	1	0	0	25

8.3.2.3 河道现状水面

利用河道现状水面面积占比公式计算出不同河段的现状水面指数,并参考现状水面面积占比指标评估赋分标准对各河段进行赋分,结果详见表8.33。

表8.33 河道现状水面赋分表

序号	监测点	河段左右岸间面积/km²	现状水面面积/km²	现状水面指数	赋分
1号	付家天	1.3	0.0	0.0	0.0
2号	友谊水库坝上	12.5	4.9	38.8	73.0
3号	牛家营村	23.4	0.1	0.2	0.5
4号	东洋河村	5.8	0.1	2.4	6.0
5号	第九屯村	10.3	2.5	24.6	49.3

续表

序号	监测点	河段左右岸间面积/km²	现状水面面积/km²	现状水面指数	赋分
6 号	马连堡村洋河大桥	2.3	0.2	8.2	20.4
7 号	上两间房村	25.7	0.0	0.1	0.3
8 号	张家口林场	3.4	1.0	30.2	58.7
9 号	新垣桥	2.7	1.0	35.2	66.9
10 号	太平寨	16.7	6.5	38.7	72.8
11 号	响水铺	3.0	0.0	0.3	0.8
12 号	暖泉村-八号桥	30.9	4.7	15.3	33.9
13 号	水磨头村	3.4	0.7	19.5	40.9
14 号	东榆林水库坝前	4.8	4.2	87.1	100.0
15 号	西朱庄村	71.4	4.7	6.5	16.3
16 号	新桥村	23.5	1.1	4.8	12.1
17 号	固定桥	4.2	0.8	18.5	39.1
18 号	册田水库坝前	55.8	16.4	29.5	57.4
19 号	东册田村	16.0	1.5	9.4	23.4
20 号	揣骨疃大桥	82.8	2.9	3.5	8.7
21 号	大渡口村	38.5	0.6	1.7	4.2
22 号	朝阳寺村	17.7	0.0	0.0	0.0
23 号	保庄村	15.4	1.0	6.6	16.5
24 号	官厅水库坝上	167.7	77.8	46.4	79.6
25 号	三家店	50.4	3.9	7.8	19.4
26 号	卢沟桥	88.9	8.7	9.8	24.6
27 号	固安永定河大桥	40.8	0.4	0.9	2.3
28 号	罗古判村	62.2	1.8	2.9	7.3
29 号	屈家店闸下	10.2	1.6	15.6	34.4
30 号	大张庄	8.1	3.4	41.6	76.1
31 号	东堤头闸下	7.1	3.8	52.7	84.0
32 号	金钟河闸下	9.3	4.0	43.3	77.4
33 号	宁车沽闸下	5.7	3.2	55.9	86.4
34 号	永定新河闸上	4.2	2.5	59.9	89.2

8.3.2.4 物理结构准则层赋分

根据物理结构指标赋分公式，利用河岸带状况、河流连通阻隔状况和河道现状水面面积的赋分结果，分别以 0.4、0.3 和 0.3 为三者的权重，加权求和得到各断面物理结构赋分表，结果见表 8.34。将得到的赋分结果赋值给各河段段面矢量，渲染得到永定河物理结构空间分布图，如图 8.10 所示。

表 8.34　　　　　　　　　　　　　　永定河各监测断面物理结构赋分表

序号	监测点	河岸带状况	河岸带状况权重	河流连续性	河流连续性权重	现状水面	现状水面权重	物理结构层赋分
1 号	付家夭	60.0	0.4	100	0.3	0.0	0.3	54.0
2 号	友谊水库坝上	70.3	0.4	0	0.3	73.0	0.3	50.0
3 号	牛家营村	64.4	0.4	100	0.3	0.5	0.3	55.9
4 号	东洋河村	64.2	0.4	50	0.3	6.0	0.3	42.5
5 号	第九屯村	67.8	0.4	100	0.3	49.3	0.3	71.9
6 号	马连堡村洋河大桥	53.5	0.4	75	0.3	20.4	0.3	50.0
7 号	上两间房村	57.3	0.4	100	0.3	0.3	0.3	53.0
8 号	张家口林场	56.5	0.4	50	0.3	58.7	0.3	55.2
9 号	新垣桥	58.2	0.4	50	0.3	66.9	0.3	58.4
10 号	太平寨	62.8	0.4	50	0.3	72.8	0.3	62.0
11 号	响水铺	57.9	0.4	0	0.3	0.8	0.3	23.4
12 号	暖泉村-八号桥	62.7	0.4	50	0.3	33.9	0.3	50.2
13 号	水磨头村	62.5	0.4	100	0.3	40.9	0.3	67.3
14 号	东榆林水库坝前	77.9	0.4	0	0.3	100.0	0.3	61.2
15 号	西朱庄村	61.0	0.4	50	0.3	16.3	0.3	44.3
16 号	新桥村	63.8	0.4	100	0.3	12.1	0.3	59.1
17 号	固定桥	68.5	0.4	100	0.3	39.1	0.3	69.1
18 号	册田水库坝前	68.0	0.4	0	0.3	57.4	0.3	44.4
19 号	东册田村	60.1	0.4	0	0.3	23.4	0.3	31.1
20 号	揣骨疃大桥	59.8	0.4	0	0.3	8.7	0.3	26.5
21 号	大渡口村	61.2	0.4	50	0.3	4.2	0.3	40.7
22 号	朝阳寺村	60.6	0.4	50	0.3	0.0	0.3	39.2
23 号	保庄村	63.6	0.4	50	0.3	16.5	0.3	45.4
24 号	官厅水库坝上	70.3	0.4	0	0.3	79.6	0.3	52.0
25 号	三家店	69.4	0.4	25	0.3	19.4	0.3	41.1
26 号	卢沟桥	62.0	0.4	50	0.3	24.6	0.3	47.2
27 号	固安永定河大桥	58.6	0.4	50	0.3	2.3	0.3	39.2
28 号	罗古判村	57.8	0.4	25	0.3	7.3	0.3	32.8
29 号	屈家店闸下	59.4	0.4	25	0.3	34.4	0.3	41.6
30 号	大张庄	79.5	0.4	25	0.3	76.1	0.3	62.1
31 号	东堤头闸下	73.0	0.4	25	0.3	84.0	0.3	61.9
32 号	金钟河闸下	58.1	0.4	25	0.3	77.4	0.3	53.9
33 号	宁车沽闸下	64.7	0.4	25	0.3	86.4	0.3	59.3
34 号	永定新河闸上	70.2	0.4	25	0.3	89.2	0.3	62.3

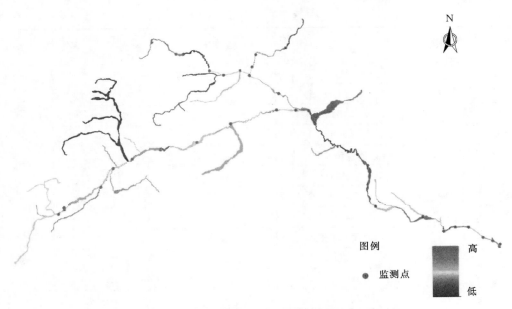

图8.10 永定河物理结构空间分布图（后附彩图）

将各个监测断面赋分结果根据监测断面代表河长所占权重加权求和得到永定河物理结构赋分，经计算得到物理结构层赋分为45.0分，物理结构为"亚健康"状态，结果见表8.35。

表8.35 永定河物理结构层赋分表

序号	河段	监测点	物理结构层赋分	断面代表河长 /km	总得分
1号	洋河	付家夭	54.0	3.0	45.0
2号		友谊水库坝上	50.0	6.5	
3号		牛家营村	55.9	9.2	
4号		东洋河村	42.5	36.8	
5号		第九屯村	71.9	10.2	
6号		马连堡村洋河大桥	50.0	14.0	
7号		上两间房村	53.0	3.4	
8号		张家口林场	55.2	6.8	
9号		新垣桥	58.4	2.7	
10号		太平寨	62.0	25.6	
11号		响水铺	23.4	28.0	
12号		暖泉村-八号桥	50.2	41.0	
13号	桑干河	水磨头村	67.3	6.0	
14号		东榆林水库坝前	61.2	5.8	
15号		西朱庄村	44.3	71.1	

续表

序号	河段	监测点	物理结构层赋分	断面代表河长/km	总得分
16 号		新桥村	59.1	14.3	
17 号		固定桥	69.1	44.7	
18 号		册田水库坝前	44.4	32.0	
19 号	桑干河	东册田村	31.1	42.0	
20 号		揣骨疃大桥	26.5	36.8	
21 号		大渡口村	40.7	57.1	
22 号		朝阳寺村	39.2	20.3	
23 号		保庄村	45.4	15.7	
24 号		官厅水库坝上	52.0	30.5	
25 号		三家店	41.1	92.0	45.0
26 号	永定河	卢沟桥	47.2	57.6	
27 号		固安永定河大桥	39.2	46.0	
28 号		罗古判村	32.8	88.0	
29 号		屈家店闸下	41.6	22.0	
30 号		大张庄	62.1	14.5	
31 号	永定新河	东堤头闸下	61.9	17.7	
32 号		金钟河闸下	53.9	17.2	
33 号		宁车沽闸下	59.3	10.4	
34 号		永定新河闸上	62.3	8.2	

8.3.3 水质

分别从溶解氧状况（DO）、耗氧有机污染状况（OCP）、重金属污染状况（HMP）3个指标对永定河水质准则层进行评估。

8.3.3.1 溶解氧状况

根据溶解氧状况指标评估标准，将永定河各断面溶解氧监测数据分汛期（4—9月）和非汛期（10月至次年3月）分别进行赋分，再取各监测断面汛期和非汛期的最低赋分值作为该项赋分。永定河各监测断面溶解氧状况评估结果详见表8.36。

表8.36　　　　　　　　　　永定河各监测断面溶解氧状况赋分表

序号	样点名称	时间	溶解氧/(mg/L)	赋分	溶解氧赋分
1 号	付家天	非汛期	17.85	100.0	100
		汛期	9.18	100.0	
2 号	友谊水库坝上	非汛期	10.40	100.0	86.9
		汛期	6.52	86.9	

续表

序号	样点名称	时间	溶解氧/(mg/L)	赋分	溶解氧赋分
3 号	牛家营村	非汛期	11.21	100.0	100
		汛期	8.27	100.0	
4 号	东洋河村	非汛期	8.62	100.0	96.0
		汛期	7.20	96.0	
5 号	第九屯村	非汛期	6.79	90.5	90.5
		汛期	7.33	97.7	
6 号	马连堡村洋河大桥	非汛期	11.07	100.0	100
		汛期	9.60	100.0	
7 号	上两间房村	非汛期	10.56	100.0	100
		汛期	8.35	100.0	
8 号	张家口林场	非汛期	断流	0	0
		汛期	7.39	98.5	
9 号	新垣桥	非汛期	12.01	100.0	100
		汛期	7.87	100.0	
10 号	太平寨村	非汛期	14.36	100.0	27.2
		汛期	2.86	27.2	
11 号	响水铺	非汛期	10.79	100.0	99.1
		汛期	7.43	99.1	
12 号	暖泉村-八号桥	非汛期	5.74	74.8	74.8
		汛期	7.77	100.0	
13 号	水磨头村	非汛期	10.21	100.0	86.8
		汛期	6.51	86.8	
14 号	东榆林水库坝前	非汛期	10.48	100.0	100
		汛期	10.60	100.0	
15 号	西朱庄村	非汛期	10.76	100.0	100
		汛期	8.02	100.0	
16 号	新桥村	非汛期	3.13	32.0	32.0
		汛期	6.44	85.9	
17 号	固定桥	非汛期	8.57	100.0	100
		汛期	7.56	100.0	
18 号	册田水库坝前	非汛期	10.22	100.0	100
		汛期	14.17	100.0	
19 号	东册田村	非汛期	断流	0.0	0
		汛期	10.64	100.0	

续表

序号	样点名称	时间	溶解氧/(mg/L)	赋分	溶解氧赋分
20 号	揣骨疃大桥	非汛期	6.90	92.00	92.0
		汛期	10.60	100.00	
21 号	大渡口村	非汛期	10.11	100.00	100
		汛期	8.59	100.0	
22 号	朝阳寺村	非汛期	10.26	100.0	100
		汛期	7.92	100.0	
23 号	保庄村	非汛期	14.69	100.0	100
		汛期	7.82	100.0	
24 号	官厅水库坝上	非汛期	9.23	100.0	100
		汛期	10.5	100.0	
25 号	三家店	非汛期	18.36	100.0	100
		汛期	7.61	100.0	
26 号	卢沟桥	非汛期	10.61	100.0	100
		汛期	8.73	100.0	
27 号	固安永定河大桥	非汛期	断流	0.0	0
		汛期	断流	0.0	
28 号	罗古判村	非汛期	2.78	25.6	0
		汛期	断流	0.0	
29 号	屈家店闸下	非汛期	10.02	100.0	100
		汛期	7.91	100.0	
30 号	大张庄	非汛期	6.39	85.2	24.4
		汛期	2.72	24.4	
31 号	东堤头闸下	非汛期	4.95	59.3	59.3
		汛期	5.19	63.8	
32 号	金钟河闸下	非汛期	14.14	100.0	100
		汛期	9.12	100.0	
33 号	宁车沽闸下	非汛期	17.56	100.0	100
		汛期	7.92	100.0	
34 号	永定新闸上	非汛期	12.96	100.0	100
		汛期	12.37	100.0	

从表 8.36 中可以看出，张家口林场、东侧田村、固安永定河大桥、罗古判断流，除太平寨村、新桥村以及大张庄监测断面溶解氧状况赋分值较低外，永定河其他监测断面溶解氧状况较好。

8.3.3.2 耗氧有机污染状况

根据耗氧有机污染状况指标赋分标准，分别对永定河各监测断面氨氮、高锰酸盐指数、五日化学需氧量以及化学需氧量4个水质项目汛期和非汛期进行赋分，取其最低赋分为各自水质项目赋分，再取4个水质项目赋分的平均值作为耗氧有机污染物状况赋分。耗氧有机污染状况赋分计算公式如下：

$$OCPr = \frac{NH_3Nr + COD_{Mn}r + BOD_5r + CODr}{4}$$

永定河各监测断面耗氧有机污染状况评估结果见表8.37。

表8.37　　　　　永定河各监测断面耗氧有机污染状况指标赋分　　　　单位：mg/L

序号	样点名称	时间	氨氮	氨氮赋分	高锰酸盐指数	高锰酸盐指数赋分	五日生化需氧量	五日生化需氧量赋分	化学需氧量	化学需氧量赋分	耗氧有机污染状况赋分
1号	付家夭	非汛期	0.14	100.0	3.4	86.0	<2.0	100.0	17.5	80.0	76.2
		汛期	1.02	58.8	5.4	66.0	<2.0	100.0	11.0	100.0	
2号	友谊水库坝上	非汛期	0.01	100.0	3.4	86.0	<2.0	100.0	11.8	100.0	94.5
		汛期	0.24	94.9	3.7	83.0	<2.0	100.0	<10.0	100.0	
3号	牛家营村	非汛期	0.02	100.0	1.2	100.0	<2.0	100.0	<10	100.0	100.0
		汛期	<0.01	100.0	2.0	100.0	<2.0	100.0	<10.0	100.0	
4号	东洋河村	非汛期	0.02	100.0	1.1	100.0	<2.0	100.0	10.2	100.0	100.0
		汛期	0.02	100.0	1.6	100.0	<2.0	100.0	<10.0	100.0	
5号	第九屯村	非汛期	0.62	75.2	2.4	96.0	<2.0	100.0	11.6	100.0	91.1
		汛期	0.02	100.0	3.1	89.0	<2.0	100.0	<10.0	100.0	
6号	马连堡村洋河大桥	非汛期	0.04	100.0	1.5	100.0	<2.0	100.0	<10	100.0	97.4
		汛期	0.30	91.4	2.2	98.0	<2.0	100.0	<10.0	100.0	
7号	上两间房村	非汛期	1.22	46.5	3.4	86.0	<2.0	100.0	12.7	100.0	81.6
		汛期	0.01	100.0	4.0	80.0	<2.0	100.0	<10.0	100.0	
8号	张家口林场	非汛期	断流		断流		断流		断流		0.0
		汛期	0.02	100.0	2.7	93.0	<2.0	100.0	<10.0	100.0	
9号	新垣桥	非汛期	0.49	80.5	4.6	74.0	<2.0	100.0	14.8	100.0	41.1
		汛期	2.73	0.0	8.3	42.75	<2.0	100.0	32.8	21.6	
10号	太平寨村	非汛期	0.43	83.9	4.2	78.0	<2.0	100.0	19.3	65.6	63.8
		汛期	0.18	98.3	8.2	43.5	<2.0	100.0	30.7	27.9	
11号	响水铺	非汛期	0.14	100.0	4.1	79.0	2.0	100.0	11.0	100.0	94.8
		汛期	<0.01	100.0	1.8	100.0	2.1	100.0	<10.0	100.0	
12号	暖泉村-八号桥	非汛期	8.47	0.0	6.3	57.8	2.7	100.0	24.4	46.8	51.1
		汛期	0.01	100.0	3.3	87.0	<2.0	100.0	<10.0	100.0	

续表

序号	样点名称	时间	氨氮	氨氮赋分	高锰酸盐指数	高锰酸盐指数赋分	五日生化需氧量	五日生化需氧量赋分	化学需氧量	化学需氧量赋分	耗氧有机污染状况赋分
13号	水磨头村	非汛期	0.08	100.0	2.1	99.0	2.0	100.0	<10.0	100.0	95.3
		汛期	0.02	100.0	3.9	81.0	<2.0	100.0	10.8	100.0	
14号	东榆林水库坝前	非汛期	0.15	100.0	2.1	99.0	<2.0	100.0	<10	100.0	73.5
		汛期	<0.01	100.0	2.6	94.0	<2.0	100.0	10.2	100.0	
15号	西朱庄村	非汛期	0.39	86.3	19.8	0.0	4.7	49.5	68.2	0.0	33.9
		汛期	0.12	100.0	3.9	81.0	<2.0	100.0	15.3	97.6	
16号	新桥村	非汛期	44.60	0.0	24.9	0.0	5.1	43.5	155.0	0.0	10.9
		汛期	0.01	100.0	5.4	66.0	<2.0	100.0	17.4	80.8	
17号	固定桥	非汛期	11.70	0.0	10.4	27.6	3.0	100.0	39.8	0.6	32.1
		汛期	0.05	100.0	5.8	62.0	<2.0	100.0	20.1	59.7	
18号	册田水库坝前	非汛期	0.87	65.2	10.9	24.6	2.7	100.0	58.4	0.0	47.3
		汛期	0.76	69.5	11.0	24.0	<2.0	100.0	39.2	2.4	
19号	东册田村	非汛期	断流		断流		断流		断流		0
		汛期	0.09	100.0	4.4	76.0	<2.0	100.0	17.3	81.6	
20号	揣骨疃大桥	非汛期	0.47	81.7	9.8	31.5	3.1	96.0	38.8	3.6	18.0
		汛期	5.66	0.0	36.3	0.0	3.7	72.0	145.0	0.0	
21号	大渡口村	非汛期	0.13	100.0	3.3	87.0	2.2	100.0	<10.0	100.0	96.8
		汛期	0.02	100.0	3.1	89.0	<2.0	100.0	13.0	100.0	
22号	朝阳寺村	非汛期	0.10	100.0	2.5	95.0	2.1	100.0	11.8	100.0	98.0
		汛期	0.01	100.0	2.8	92.0	<2.0	100.0	<10.0	100.0	
23号	保庄村	非汛期	0.09	100.0	1.9	100.0	2.2	100.0	11.9	100.0	99.3
		汛期	0.01	100.0	2.3	97.0	<2.0	100.0	<10.0	100.0	
24号	官厅水库坝上	非汛期	0.10	100.0	4.5	75.0	2.4	100.0	17.9	76.8	80.1
		汛期	0.20	97.1	4.9	71.0	<2.0	100.0	22.6	52.2	
25号	三家店	非汛期	2.18	0.0	5.8	62.0	<2.0	100.0	16.0	92.0	50.5
		汛期	3.36	0.0	6.6	55.5	2.1	100.0	24.5	46.5	
26号	卢沟桥	非汛期	<0.01	100.0	5.5	65.0	<2.0	100.0	18.2	74.4	72.1
		汛期	0.23	95.4	6.8	54.0	<2.0	100.0	27.0	39.0	
27号	固安永定河大桥	非汛期	断流		断流		断流		断流		0.0
		汛期	断流		断流		断流		断流		
28号	罗古判村	非汛期	断流		断流		断流		断流		0.0
		汛期	断流		断流		断流		断流		

续表

序号	样点名称	时间	氨氮	氨氮赋分	高锰酸盐指数	高锰酸盐指数赋分	五日生化需氧量	五日生化需氧量赋分	化学需氧量	化学需氧量赋分	耗氧有机污染状况赋分
29号	屈家店闸下	非汛期	0.14	100.0	7.1	51.8	<2.0	100.0	23.9	48.3	75.0
		汛期	<0.01	100.0	5.8	62.0	2.1	100.0	18.6	71.2	
30号	大张庄	非汛期	<0.01	100.0	2.7	93.0	<2.0	100.0	<10.0	100.0	78.0
		汛期	0.03	100.0	6.0	60.0	2.2	100.0	22.7	51.9	
31号	东堤头闸下	非汛期	5.76	0.0	11.0	24.0	2.1	100.0	30.0	30.0	38.5
		汛期	0.02	100.0	5.7	63.0	2.1	100.0	20.4	58.8	
32号	金钟河闸下	非汛期	<0.01	100.0	7.1	51.8	<2.0	100.0	20.0	60.0	76.4
		汛期	0.03	100.0	5.9	61.0	2.3	100.0	22.1	53.7	
33号	宁车沽闸下	非汛期	<0.01	100.0	7.9	45.8	2.0	100.0	25.8	42.6	72.1
		汛期	0.02	100.0	5.1	69.0	2.1	100.0	18.5	72.0	
34号	永定新河闸上	非汛期	0.03	100.0	12.0	18.0	3.0	100.0	29.6	31.2	62.3
		汛期	0.01	100.0	5.7	63.0	<2.0	100.0	26.1	41.7	

从表 8.37 中可以看出，永定河耗氧有机污染指标整体较差，西朱庄村、固定桥、侧田水库、揣骨疃大桥、东堤头闸下等部分监测断面耗氧有机污染状况为病态、不健康等级，主要原因在于永定河流域生态环境恶劣，流域降水量少，来自大同、朔州等地区的灌溉用水、工业城镇用水、生态环境用水、发电及其他用水对水资源的消耗等产生的污水主要进入永定河，导致永定河耗氧有机污染情况较为严重。

8.3.3.3 重金属污染状况

根据重金属污染状况指标评估标准，将永定河各监测断面砷、汞、镉、铬（六价）、铅 5 种不同金属按汛期和非汛期分别进行赋分，取汛期和非汛期中 5 个重金属参数的最低赋分为重金属污染状况赋分。永定河重金属污染状况指标赋分结果见表 8.38。

表 8.38　　　　　　　　永定河各监测断面重金属状况指标赋分　　　　　单位：mg/L

序号	样点名称	时间	砷	砷赋分	汞	汞赋分	镉	镉赋分	铬（六价）	铬（六价）赋分	铅	铅赋分	重金属污染状况赋分
1号	付家天	非汛期	<0.0002	100	<0.00001	100	<0.00005	100	0.005	100	<0.00009	100	100
		汛期	0.0005	100	<0.00001	100	<0.00005	100	0.006	100	<0.00009	100	
2号	友谊水库坝上	非汛期	0.0004	100	<0.00001	100	<0.00005	100	0.006	100	<0.00009	100	100
		汛期	0.0009	100	0.00001	100	<0.00005	100	<0.004	100	<0.00009	100	
3号	牛家营村	非汛期	<0.0002	100	<0.00001	100	<0.00005	100	<0.004	100	<0.00009	100	100
		汛期	0.0004	100	0.00001	100	<0.00005	100	<0.004	100	<0.00009	100	
4号	东洋河村	非汛期	<0.0002	100	<0.00001	100	<0.00005	100	<0.004	100	<0.00009	100	100
		汛期	0.0004	100	0.00001	100	<0.00005	100	<0.004	100	<0.00009	100	

续表

序号	样点名称	时间	砷	砷赋分	汞	汞赋分	镉	镉赋分	铬(六价)	铬(六价)赋分	铅	铅赋分	重金属污染状况赋分
5号	第九屯村	非汛期	<0.0002	100	<0.00001	100	<0.00005	100	<0.004	100	<0.00009	100	100
		汛期	0.0004	100	<0.00001	100	<0.00005	100	<0.004	100	<0.00009	100	
6号	马连堡村洋河大桥	非汛期	<0.0002	100	<0.00001	100	<0.00005	100	<0.004	100	<0.00009	100	100
		汛期	0.0005	100	<0.00001	100	<0.00005	100	<0.004	100	<0.00009	100	
7号	上两间房村	非汛期	<0.0002	100	<0.00001	100	<0.00005	100	<0.004	100	<0.00009	100	100
		汛期	0.0005	100	0.00002	100	<0.00005	100	0.01	100	<0.00009	100	
8号	张家口林场	非汛期	断流		断流		断流		断流		断流		0
		汛期	0.0005	100	0.00001	100	<0.00005	100	0.005	100	0.00013	100	
9号	新垣桥	非汛期	0.0007	100	<0.00001	100	<0.00005	100	<0.004	100	<0.00009	100	100
		汛期	0.0014	100	0.00002	100	<0.00005	100	0.01	100	<0.00009	100	
10号	太平寨村	非汛期	0.0002	100	<0.00001	100	<0.00005	100	0.005	100	<0.00009	100	100
		汛期	0.0009	100	0.00002	100	<0.00005	100	0.005	100	<0.00009	100	
11号	响水铺	非汛期	0.0003	100	<0.00001	100	<0.00005	100	<0.004	100	<0.00009	100	100
		汛期	0.0006	100	0.00002	100	<0.00005	100	0.004	100	<0.00009	100	
12号	暖泉村-八号桥	非汛期	<0.0002	100	<0.00001	100	<0.00005	100	<0.004	100	0.00012	100	100
		汛期	0.0004	100	<0.00001	100	<0.00005	100	0.004	100	<0.00009	100	
13号	水磨头村	非汛期	<0.0002	100	<0.00001	100	<0.00005	100	<0.004	100	<0.00009	100	97.1
		汛期	0.0002	100	<0.00001	100	<0.00005	100	0.016	97.1	0.00015	100	
14号	东榆林水库坝前	非汛期	<0.0002	100	<0.00001	100	<0.00005	100	<0.004	100	<0.00009	100	100
		汛期	0.0004	100	<0.00001	100	<0.00005	100	<0.004	100	<0.00009	100	
15号	西朱庄村	非汛期	<0.0002	100	0.00001	100	<0.00005	100	0.007	100	0.0001	100	100
		汛期	0.0003	100	<0.00001	100	<0.00005	100	0.005	100	<0.00009	100	
16号	新桥村	非汛期	<0.0002	100	0.00006	68.9	<0.00005	100	0.03	90	0.00022	100	68.9
		汛期	0.0005	100	0.00008	88	<0.00005	100	0.005	100	<0.00009	100	
17号	固定桥	非汛期	<0.0002	100	0.00005	100	<0.00005	100	0.029	90.5	<0.00009	100	90.5
		汛期	0.0006	100	<0.00001	100	<0.00005	100	0.005	100	<0.00009	100	
18号	册田水库坝前	非汛期	<0.0002	100	0.00003	100	<0.00005	100	0.009	100	0.00011	100	100
		汛期	0.0003	100	0.00002	100	<0.00005	100	0.008	100	0.0001	100	
19号	东册田村	非汛期	断流		断流		断流		断流		断流		0
		汛期	0.0005	100	<0.00001	100	<0.00005	100	<0.004	100	<0.00009	100	
20号	揣骨疃大桥	非汛期	<0.0002	100	0.00001	100	<0.00005	100	0.005	100	0.00022	100	88.8
		汛期	0.0006	100	0.00003	100	<0.00005	100	0.032	88.8	<0.00009	100	
21号	大渡口村	非汛期	<0.0002	100	0.00001	100	<0.00005	100	0.005	100	<0.00009	100	100
		汛期	0.001	100	0.00002	100	<0.00005	100	0.007	100	<0.00009	100	

续表

序号	样点名称	时间	砷	砷赋分	汞	汞赋分	镉	镉赋分	铬（六价）	铬（六价）赋分	铅	铅赋分	重金属污染状况赋分
22 号	朝阳寺村	非汛期	<0.0002	100	0.00001	100	<0.00005	100	<0.004	100	<0.00009	100	100
		汛期	0.0006	100	0.00001	100	<0.00005	100	0.007	100	<0.00009	100	
23 号	保庄村	非汛期	<0.0002	100	0.00001	100	<0.00005	100	<0.004	100	<0.00009	100	100
		汛期	0.0005	100	0.00001	100	<0.00005	100	<0.004	100	<0.00009	100	
24 号	官厅水库坝上	非汛期	<0.0002	100	0.00001	100	<0.00005	100	<0.004	100	<0.00009	100	100
		汛期	0.0003	100	0.00005	100	<0.00005	100	0.005	100	<0.00009	100	
25 号	三家店	非汛期	<0.0002	100	<0.00001	100	<0.00005	100	0.005	100	<0.00009	100	100
		汛期	0.0008	100	0.00002	100	<0.00005	100	0.006	100	<0.00009	100	
26 号	卢沟桥	非汛期	<0.0002	100	<0.00001	100	<0.00005	100	0.004	100	<0.00009	100	100
		汛期	0.0008	100	0.00001	100	<0.00005	100	0.007	100	0.00018	100	
27 号	固安永定河大桥	非汛期	断流		断流		断流		断流		断流		0
		汛期	断流		断流		断流		断流		断流		
28 号	罗古判村	非汛期	断流		断流		断流		断流		断流		0
		汛期	断流		断流		断流		断流		断流		
29 号	屈家店闸下	非汛期	0.0002	100	<0.00001	100	<0.00005	100	0.014	98	<0.00009	100	98
		汛期	0.0004	100	<0.00001	100	<0.00005	100	0.004	100	<0.00009	100	
30 号	大张庄	非汛期	<0.0002	100	<0.00001	100	<0.00005	100	0.005	100	<0.00009	100	100
		汛期	0.0007	100	<0.00001	100	<0.00005	100	0.004	100	<0.00009	100	
31 号	东堤头闸下	非汛期	<0.0002	100	<0.00001	100	<0.00005	100	0.019	95.5	<0.00009	100	95.5
		汛期	0.0004	100	<0.00001	100	<0.00005	100	<0.004	100	<0.00009	100	
32 号	金钟河闸下	非汛期	<0.0002	100	<0.00001	100	<0.00005	100	0.01	100	<0.00009	100	100
		汛期	0.0006	100	<0.00001	100	<0.00005	100	<0.004	100	<0.00009	100	
33 号	宁车沽闸下	非汛期	0.0002	100	<0.00001	100	<0.00005	100	0.013	98.5	<0.00009	100	98.5
		汛期	0.0005	100	<0.00001	100	<0.00005	100	0.005	100	<0.00009	100	
34 号	永定新河闸上	非汛期	0.0004	100	0.00002	100	<0.00005	100	0.016	97	<0.00009	100	97
		汛期	0.0005	100	<0.00001	100	<0.00005	100	0.005	100	<0.00009	100	

　　从表 8.38 中可以看出，张家口林场、东侧田村、固安永定河大桥、罗古判断流，新桥村汞、铬（六价）均超标，此外除水磨头村、固定桥、揣骨疃大桥、屈家店、东堤头闸下、宁车沽闸下以及永定新河闸下铬（六价）超标外，永定河其他监测断面重金属污染状况整体较好。

8.3.3.4　水质准则层赋分

　　水质准则层包括溶解氧状况、耗氧有机物状况和重金属污染状况 3 项赋分指标。根据河流健康评估水质准则层评估标准，以 3 个评估指标中最小分值作为水质准则层赋分。评估结果见表 8.39。

$$WQr = \min(DOr, OCPr, HMPr)$$

式中　DOr——溶解氧赋分；

　　　OCPr——耗氧有机物赋分；

　　　HMPr——重金属污染赋分。

表 8.39　　　　　　　　　　　永定河各监测断面水质准则层赋分表

序号	断面名称	溶解氧（DO）	耗氧有机物（OCP）	重金属（HMP）	赋分
1 号	付家夭	100	76.2	100	76.2
2 号	友谊水库坝上	86.9	94.5	100	86.93
3 号	牛家营村	100	100	100	100
4 号	东洋河村	96	100	100	96
5 号	第九屯村	90.5	91.1	100	90.53
6 号	马连堡村洋河大桥	100	97.4	100	97.4
7 号	上两间房村	100	81.6	100	81.6
8 号	张家口林场	0	0	0	0
9 号	新垣桥	100	41.1	100	41.1
10 号	太平寨村	27.2	63.8	100	27.2
11 号	响水铺	99.1	94.8	100	94.8
12 号	暖泉村-八号桥	74.8	51.1	100	51.1
13 号	水磨头村	86.8	95.3	97.1	86.8
14 号	东榆林水库坝前	100	73.5	100	73.5
15 号	西朱庄村	100	33.9	100	33.9
16 号	新桥村	32.0	10.9	68.9	10.9
17 号	固定桥	100	32.1	90.5	32.1
18 号	册田水库坝前	100	47.3	100	47.3
19 号	东册田村	0	0	0	0
20 号	揣骨疃大桥	92	18	88.8	18
21 号	大渡口村	100	96.8	100	96.8
22 号	朝阳寺村	100	98	100	98
23 号	保庄村	100	99.3	100	99.3
24 号	官厅水库坝上	100	80.1	100	80.1
25 号	三家店	100	50.5	100	50.5
26 号	卢沟桥	100	72.1	100	72.1
27 号	固安永定河大桥	0	0	0	0
28 号	罗古判村	0	0	0	0
29 号	屈家店闸下	100	75	98	75
30 号	大张庄	24.4	78	100	24.4
31 号	东堤头闸下	59.3	38.5	95.5	38.5
32 号	金钟河闸下	100	76.4	100	76.4
33 号	宁车沽闸下	100	72.09	98.5	72.09
34 号	永定新河闸上	100	62.3	97	62.3

根据健康划分等级，永定河水质健康状况为"亚健康"状态。根据各个河段河长，计算水质准则层赋为分值为 49.2，具体计算结果见表 8.40。

表 8.40　　　　　　　　　　　永定河水质准则层赋分表

序号	监测断面	水质断面赋分	代表河长/km	总得分
1 号	付家夭	76.2	3.0	
2 号	友谊水库坝上	86.9	6.5	
3 号	牛家营村	100.0	9.2	
4 号	东洋河村	96.0	36.8	
5 号	第九屯村	90.5	10.2	
6 号	马连堡村洋河大桥	97.4	14.0	
7 号	上两间房村	81.6	3.4	
8 号	张家口林场	0.0	6.8	
9 号	新垣桥	41.1	2.7	
10 号	太平寨村	27.2	25.6	
11 号	响水铺	94.8	28.0	
12 号	暖泉村-八号桥	51.1	41.0	
13 号	水磨头村	86.8	6.0	
14 号	东榆林水库坝前	73.5	5.8	
15 号	西朱庄村	33.9	71.1	
16 号	新桥村	10.9	14.3	
17 号	固定桥	32.1	44.7	
18 号	册田水库坝前	47.3	32.0	49.2
19 号	东册田村	0.0	42.0	
20 号	揣骨疃大桥	18.0	36.8	
21 号	大渡口村	96.8	57.1	
22 号	朝阳寺村	98.0	20.3	
23 号	保庄村	99.3	15.7	
24 号	官厅水库坝上	80.1	30.5	
25 号	三家店	50.5	92.0	
26 号	卢沟桥	72.1	57.6	
27 号	固安永定河大桥	0.0	46.0	
28 号	罗古判村	0.0	88.0	
29 号	屈家店闸下	75.0	22.0	
30 号	大张庄	24.4	14.5	
31 号	东堤头闸下	38.5	17.7	
32 号	金钟河闸下	76.4	17.2	
33 号	宁车沽闸下	72.1	10.4	
34 号	永定新河闸上	62.3	8.2	

8.3.4　生物

8.3.4.1　浮游植物指标

1. 种类组成

对永定河各监测断面于 2017 年 5 月和 8 月分别进行了两次浮游植物调查，通过调查永定河共采集浮游植物分属 6 门 51 种，其中绿藻门种类最多，共计 24 种，其次为硅藻门，共计 16 种，蓝藻门共计 5 种，裸藻门共 3 种，甲藻门、金藻门类种数较少，分别为 2 种、1 种。永定河各样点浮游植物种类数量组成见表 8.41，浮游植物组成分布见表 8.42。

表 8.41　　　　　　　　　　　　永定河各样点浮游植物种类数量组成表

编号	5月							8月						
	蓝藻门	硅藻门	金藻门	甲藻门	裸藻门	绿藻门	合计	蓝藻门	硅藻门	金藻门	甲藻门	裸藻门	绿藻门	合计
1号	1	7				2	10	2	8			1	6	17
2号	1	6			1	4	12	2	1	1			1	5
3号	1	7				1	9	2	7				1	10
4号	2	8				1	11	2	6					8
5号	1	2					3	2	4			1	3	10
6号	2	5			2	2	11	3	7			1	2	13
7号	2	9				6	17	5	2			1	4	12
8号	无样品							3	7				1	11
9号	2	3			1		7	2	4				3	9
10号	1	6			1	5	13	2	5			1	4	12
11号	1	7			1	2	11	2	8					10
12号	2	4				4	10	4	3			1	2	10
13号	4	3	1	1		7	16	3	4		1	2	4	14
14号	2	4	1		2	6	14	3	2			1	6	13
15号	3	4			1	4	12	3	3			1	8	15
16号	2	1		1	1	6	11	2	4			1	7	15
17号	4	2			1	4	11	4	2			2	7	15
18号	2	3				9	14	6	1			1	7	15
19号	无样品							4	1				9	14
20号	2	3			1	6	12	5	1			2	3	11
21号	3	7				2	12	3	5				5	13
22号	2	6				2	10	2	5				2	9
23号	1	6				1	8	2	5					7
24号	4	8		1		4	17	5	3		1		10	19
25号	2	4				1	7	6	1		1	1	5	14
26号	2	2		1	1	6	12	4					4	9
27号	无样品							无样品						
28号	1	2			1	1	5	无样品						
29号	1	2				3	6	5	3			1	10	19
30号	3	1	1			8	13	4	2			1	7	14
31号	2	6			1	3	12	5	2		1	3	11	22
32号	2	1			1	9	13	5	2		1	3	9	20
33号	2	2				7	11	3	2		1	0	5	11
34号	2						2	4	4		1	1	8	18

表 8.42　永定河浮游植物在永定河系分布状况

种类	1号	2号	3号	4号	5号	6号	7号	9号	10号	11号	12号	13号	14号	15号	16号	17号	18号	20号	21号	22号	23号	24号	25号	26号	28号	29号	30号	31号	32号	33号	34号
蓝藻门																															
微小平裂藻		+		+	+	+	+	+	+	+	+	+	+	+		+	+	+	+	+	+	+				+	+	+	+	+	+
铜绿微囊藻	+	+	+			+	+		+				+	+		+	+			+	+	+	+					+	+		
颤藻				+																				+							
小席藻		+			+							+		+		+						+		+			+	+	+	+	+
大螺旋藻																						+									
硅藻门																															
虫形藻					+																										
美丽星杆藻				+																											
圆筛藻			+																				+								
膨胀杯弯藻		+		+						+										+	+							+	+		
普通等片藻				+																											
羽纹脆杆藻																					+	+		+	+						
尖布纹藻		+		+	+	+			+									+	+		+	+	+		+			+		+	
楔形藻		+		+																				+	+						
颗粒直链藻		+		+													+													+	
短小舟形藻		+		+	+	+		+	+	+	+	+	+	+	+	+	+	+	+	+	+	+		+		+		+		+	
菱形藻		+		+	+	+		+		+	+	+	+	+		+															
弯羽纹藻		+		+		+				+						+		+		+		+		+				+	+	+	
尺骨针杆藻		+		+		+				+		+		+	+							+			+			+			
双头稻节藻		+		+		+		+				+										+		+	+						
尖针杆藻		+		+				+														+									+
平板藻												+				+						+									
金藻门																															
锥囊藻																								+				+			
甲藻门																															
飞燕角甲藻												+				+								+							
薄甲藻																											+				
裸藻门																															

续表

种类	1号	2号	3号	4号	5号	6号	7号	9号	10号	11号	12号	13号	14号	15号	16号	17号	18号	20号	21号	22号	23号	24号	25号	26号	28号	29号	30号	31号	32号	33号	34号
绿裸藻						+			+		+		+		+	+		+													
尖尾裸藻			+			+							+	+										+				+	+		
梭形裸藻		+																							+						
绿藻门																													+	+	
集星藻		+										+		+			+	+				+		+	+	+	+				+
狭形纤维藻															+															+	
卵形衣藻																+	+	+						+			+				
小球藻										+			+	+			+	+	+			+		+	+	+	+	+	+	+	
湖生小桩藻							+		+									+									+			+	
新月藻													+		+	+											+				
钝鼓藻		+														+															
四角十字藻		+				+					+	+	+	+	+	+	+	+	+			+		+		+	+	+	+	+	+
梅尼小环藻		+	+	+		+					+						+	+				+			+		+		+	+	+
空球藻		+		+					+								+	+				+							+	+	
微芒藻							+																								
湖生卵囊藻							+									+		+				+									
实球藻		+														+								+			+		+	+	
双射盘星藻							+	+		+			+	+		+	+	+	+			+		+			+		+	+	
二角盘星藻			+				+					+			+			+	+		+	+		+				+			
单角盘星藻							+	+					+					+	+			+					+				
四尾栅藻												+		+	+	+		+						+			+		+	+	
双列栅藻						+	+										+							+							
斜生栅藻							+							+	+		+							+					+		
金团藻							+																								
弓形藻						+							+		+	+						+				+	+	+	+	+	
水绵		+													+												+				
韦氏双星藻														+					+	+						+				+	
近十字双星藻												+	+																		
合计	10	12	9	11	3	11	17	7	13	11	10	16	14	12	12	11	14	12	12	10	8	17	7	12	5	6	13	12	13	11	2

2. 浮游植物污生指数 S 及赋分

根据永定河系评估指标赋分标准中的浮游植物生物多样性指数赋分标准,对永定河系两次浮游植物调查结果进行赋分,赋分值(PHP)见表8.43。

表 8.43 　　　　　　　　　　　永定河系各监测断面浮游植物污生指数 S 及赋分

序号	样　点	5月污生指数 S	5月赋分	8月污生指数 S	8月赋分	两次赋分最小值
1 号	付家天	2.25	56.25	2.06	61.03	56.25
2 号	友谊水库坝上	1.80	67.50	2.25	56.25	56.25
3 号	牛家营村	1.89	65.28	1.89	65.28	65.28
4 号	东洋河村	1.91	64.77	1.86	66.07	64.77
5 号	第九屯村	1.67	70.83	2.10	60.00	60.00
6 号	马连堡村洋河大桥	2.45	51.14	2.08	60.58	51.14
7 号	上两间房村	2.12	59.56	2.13	59.38	59.38
8 号	张家口林场	0.00	0.00	2.00	62.50	0.00
9 号	新垣桥	2.14	58.93	2.36	53.41	53.41
10 号	太平寨村	2.31	54.81	2.09	60.23	54.81
11 号	响水铺	2.36	53.41	2.00	62.50	53.41
12 号	暖泉村–八号桥	2.00	62.50	2.22	56.94	56.94
13 号	水磨头村	2.13	59.38	2.17	58.33	58.33
14 号	东榆林水库坝前	2.29	55.36	2.18	57.95	55.36
15 号	西朱庄村	2.42	52.08	2.15	58.65	52.08
16 号	新桥村	2.50	50.00	2.15	58.65	50.00
17 号	固定桥	2.42	52.08	2.25	56.25	52.08
18 号	册田水库坝前	2.36	53.57	2.31	54.81	53.57
19 号	东册田村	0.00	0.00	2.42	52.08	0.00
20 号	揣骨疃大桥	2.42	52.08	2.20	57.50	52.08
21 号	大渡口村	2.15	58.65	2.18	57.95	57.95
22 号	朝阳寺村	2.20	57.50	2.00	62.50	57.50
23 号	保庄村	1.88	65.63	2.00	62.50	62.50
24 号	官厅水库坝上	2.18	58.09	2.22	56.94	56.94
25 号	三家店	2.14	58.93	2.46	50.96	50.96
26 号	卢沟桥	2.42	52.08	2.25	56.25	52.08
27 号	固安永定河大桥	0.00	0.00	0.00	0.00	0.00
28 号	罗古判村	2.60	47.50	0.00	0.00	0.00
29 号	屈家店闸下	2.17	58.33	2.28	55.56	55.56
30 号	大张庄	2.00	62.50	2.46	50.96	50.96
31 号	东堤头闸下	2.17	58.33	2.50	50.00	50.00
32 号	金钟河闸下	2.33	54.17	2.47	50.66	50.66
33 号	宁车沽闸下	2.30	55.00	2.10	60.00	55.00
34 号	永定新河闸上	1.00	100.00	0.00	58.09	58.09

8.3.4.2 底栖动物指标

1. 种类组成

本次调查选择永定河系 34 个样点分别于非汛期（2017 年 5 月）和汛期（2017 年 8 月）进行采集工作，基本可以代表永定河水系的整体特征。从种类组成看，结果显示永定河水系共有底栖动物 42 种，其中节肢动物 34 种，包括水生昆虫 29 种；软体动物门 4 种；环节动物门 4 种。各监测点位底栖动物种类组成调查结果见表 8.44。

表 8.44 永定河水系底栖动物种类组成调查结果

序号	种 类	序号	种 类
	环节动物门 Annalida（4 种）	21	高山拟突摇蚊 Paracladius alpicola
1	日本刺沙蚕 Neanthes japonica	22	中华摇蚊 Chironomus sinicus
2	苏氏尾鳃蚓 Branchiura sowerbyi	23	德永雕翅摇蚊 Glyptotendipus tokunagia
3	霍甫水丝蚓 Limnodrilus hoffmesteri	24	步行多足摇蚊 Polypedilum pedestre
4	水蛭 Whitmania pigra	25	台湾长跗摇蚊 Tanytarsus formosanus
	软体动物门 Mallusca（4 种）	26	四节蜉科稚虫 Baetidae sp.
5	铜锈环棱螺 Bellamya aeruginosa	27	蜉蝣（稚虫）Ephemera sp.
6	纹沼螺 Parafossarulus striatulus	28	亚洲瘦螅（稚虫）Ischnura asiatica
7	椭圆萝卜螺 Radix swinhoei	29	黄蜻（稚虫）Pantala dyeri
8	白旋螺 Gyraulus albus	30	蓝纹螅 Coenagrion dyeri
	节肢动物门 Arthropoda（34 种）	31	混合蜓（稚虫）Aeshna mixta
9	中华新米虾 Caridina denticulate sinensis	32	长蝎蝽 Laccotrephes japonensis
10	中华小长臂虾 Palaemonetes sinesis	33	负子蝽 Belostomatidae
11	钩虾 Gammaridae	34	小划蝽 Sigra substraiata
12	日本新糠虾 Neomyisis japonica	35	纹石蛾（幼虫）Hydropsyche sp.
13	日本沼虾 Macrobranchium niponensis	36	牙甲 Hydrophilus sp.
14	项圈无突摇蚊 Ablabesmyia monilis	37	黄边龙虱 Cybister japonicus
15	花翅前突摇蚊 Procladius choreus	38	蚋（幼虫）Simulium sp.
16	刺铗长足摇蚊 Tanypus punctipennnis	39	朝大蚊（幼虫）Antocha sp.
17	林间环足摇蚊 Cricotopus sylvestris	40	水虻（幼虫）Stratiomyia sp.
18	三带环足摇蚊 Cricotopus triannulatus	41	须蠓 Palpomyia sp.
19	细真开氏摇蚊 Eukiefferiella gracei	42	食蚜蝇（幼虫）Syrphidae
20	红裸须摇蚊 Propsilocerus akamusi		

2. 分布特征

底栖动物的生存受水质、污染物类型、生境特征、沉积物类型和水文特征等因素的影响，本次调查充分考虑了季节因素和河流水文特征，在汛期和非汛期分别对底栖动物进行了调查。

永定河系位于海河流域，河流受人类活动的影响较大，生物多样性较低，大型底栖动物中耐污类群较多。结果显示，洋河、桑干河等永定河水系上游站点物种多样性较高，主要为水生昆虫类群，其次为环节动物，耐污种类出现频度较多，一些站点也有对环境条件敏感的螺类和虾类分布。

通过永定河系底栖动物调查结果，表明永定河系底栖动物种类较为丰富，且具有较高的生物多样性，节肢动物门以水生昆虫为主要类群，多为耐污类群，可以看出永定河系水体整体质量不高。

3. 生物指数（Botic Index）计算

基于 BI 指数的水质评价方法首先由 Hilsenhoff 提出并应用，杨莲芳等首次将耐污值（Tolerance Value）引入到国内。目前，国内已建立和核定的底栖动物有 370 余个分类单元的耐污值。本项目采集的底栖动物种类的耐污值见表 8.45。

表 8.45　　　　　　　　　　永定河系底栖动物耐污值表

序号	种　　类	耐污值	序号	种　　类	耐污值
1	日本刺沙蚕	5.0	22	中华摇蚊	6.1
2	苏氏尾鳃蚓	8.5	23	德永雕翅摇蚊	7.0
3	霍甫水丝蚓	9.4	24	步行多足摇蚊	7.5
4	水蛭	6.0	25	台湾长跗摇蚊	7.0
5	铜锈环棱螺	6.0	26	四节蜉科（稚虫）	2.5
6	纹沼螺	5.0	27	蜉蝣（稚虫）	4.0
7	椭圆萝卜螺	8.0	28	亚洲瘦蟌（稚虫）	5.5
8	白旋螺	7.0	29	黄蜻（稚虫）	4.5
9	中华新米虾	5.0	30	蓝纹蟌	4.5
10	中华小长臂虾	3.0	31	混合蜓（稚虫）	2.3
11	钩虾	2.5	32	负子蝽	6.0
12	日本新糠虾	4.5	33	长蝎蝽	5.0
13	日本沼虾	4.5	34	小划蝽	7.0
14	项圈无突摇蚊	5.0	35	纹石蛾（幼虫）	6.0
15	花翅前突摇蚊	7.5	36	牙甲	8.6
16	刺铗长足摇蚊	6.5	37	黄边龙虱	7.0
17	林间环足摇蚊	6.8	38	蚋（幼虫）	3.0
18	三带环足摇蚊	8.0	39	朝大蚊（幼虫）	1.5
19	细真开氏摇蚊	6.0	40	水虻（幼虫）	7.0
20	红裸须摇蚊	8.0	41	须蠓	6.2
21	高山拟突摇蚊	5.5	42	食蚜蝇（幼虫）	10.0

BI 指数的计算公式为

$$BI = \sum_{n=1}^{S} \frac{a_i n_i}{N}$$

式中　n_i——第 i 分类单元（属或种）的个体数；

　　　a_i——第 i 分类单元（属或种）的耐污值；

N——各分类单元（属或种）的个体总和；

S——种类数；

BI——底栖动物耐污值，BI$=0.00\sim3.50$，为极清洁；BI$=3.51\sim4.50$，为很清洁；BI$=4.51\sim5.50$，为清洁；BI$=5.51\sim6.50$，为一般；BI$=6.51\sim7.50$，为轻度污染；BI$=7.51\sim8.50$，为污染；BI$=8.51\sim10.00$，为严重污染。

BI 指数既考虑了底栖动物的耐污能力，又考虑了底栖动物的物种多样性，弥补了某些生物评价指数的不足。由于 BI 指数为各分类单元的加权平均求和，偶然因素影响较小，所以用于底栖动物水质评价比较客观。

4. 结果及评价

经计算，得出永定河系各站点的生物指数（BI）值。以 BI 值为 0 时赋分 100，BI 值为 10 时赋分为 0，采用内插法得出各站点分数，根据各站点代表河长，得出永定河系底栖动物指标得分为 38.04 分，见表 8.46。

表 8.46　　　　　　　　　　永定河系底栖动物赋分情况

序号	站点	BI 值	赋分	代表河长/km	整体得分
1 号	付家夭村	7.29	27.1	3	
2 号	友谊水库坝上	9.22	7.85	6.5	
3 号	牛家营村	5.44	45.6	9.2	
4 号	东洋河村	6.9	31	36.8	
5 号	第九屯村	6.06	39.4	10.2	
6 号	马连堡大桥	4.72	52.8	14	
7 号	上两间房村	7.02	29.8	3.4	
8 号	林场	8.38	16.2	6.8	
9 号	新垣桥	6.1	39	2.7	
10 号	太平寨村	5.76	42.4	25.6	
11 号	响水铺村	5.03	49.7	28	
12 号	水磨头村	5.35	46.5	6	38.04
13 号	东榆林水库坝上	5.89	41.1	5.8	
14 号	西朱庄村	6.23	37.7	71.1	
15 号	新桥村	7.49	25.1	14.3	
16 号	固定桥	6.61	33.9	44.7	
17 号	册田水库坝下	6.4	36	32	
18 号	东册田村	5.31	46.9	42	
19 号	揣骨疃大桥	6.17	38.3	36.8	
20 号	大渡口村	5.6	44	57.1	
21 号	朝阳寺村	6.69	33.1	20.3	
22 号	保庄村	4.46	55.4	15.7	
23 号	暖泉村八号桥	5.99	40.1	41	

序号	站　点	BI 值	赋分	代表河长/km	整体得分
24 号	官厅水库坝上	6.32	36.8	30.5	
25 号	三家店	6.01	39.9	92	
26 号	卢沟桥	5.47	45.3	57.6	
27 号	永定河大桥（河干）	0.00	0.00	46	
28 号	罗古判村	6.19	38.1	88	38.04
29 号	屈家店闸下	6.32	36.8	22	
30 号	大张庄	5.36	46.4	14.5	
31 号	东堤头闸下	7	30	17.7	
32 号	金钟河闸下	6.06	39.4	17.2	
33 号	宁车沽闸下	1.83	81.7	10.4	
34 号	永定新河闸	4.81	51.9	8.2	

8.3.4.3　鱼类指标

鱼类物种名录采用永定河系鱼类物种名录。

1. 历史鱼类种类

李思忠于 1981 年所著的中国淡水鱼类的分布区划记录了海河流域内河流的常见鱼类，但永定河水系的鱼类未进行详细叙述。

1983 年，王所安等分别对位于河北省境内的各河段进行了定点调查，从所获的 597 号鱼类标本中分析，共发现鱼类 34 种，隶属 3 目 7 科 27 属，以第三纪早期的鲤鱼、鲫鱼、棒花鱼、麦穗鱼等鲤亚科鱼类为主。

1986 年，李国良总结过去一百余年来有关河北淡水鱼类分类学资料，并根据天津自然博物馆历年所采集的标本，于 1975 年整理出《河北省淡水鱼类名录》，并在接下来几年中对永定河系进行鱼类考察和补充采集，共记录永定河鱼类为 36 种。

本书参考上述资料及其他文献资料，将历史永定河曾在文献资料中记录的鱼类汇总见表 8.47。

表 8.47　　　　　　　　　　　**永定河系历史鱼类种类组成表**

目 Order	科 Family	种 Species
鲤形目 Cypriniformes	鲤科 Cyprinidae	鲤 *Cyprinus carpio*
		中华细鲫 *Aphyocypris chnesnsis*
		鲫 *Carassius auratus*
		草鱼 *Ctenopharyngodon idellus*
		赤眼鳟 *Squaliobarbus curriculus*
		鳡鱼 *Elopichthys bambusa*
		长春鳊 *Parabramis bramuls*
		银飘 *Parapelecus argenteus*

目 Order	科 Family	种 Species
鲤形目 Cypriniformes	鲤科 Cyprinidae	鳘鲦 Hemiculter leucisculus
		贝氏鳘鲦 Hemiculter bleekeri
		三角鲂 Megalobrama terminalis
		团头鲂 Megalobrama amblycephala
		逆鱼 Acanthobrama simoni
		银鲷 Xenocypris argentea
		黄尾密鲷 Xenocypris davidi
		中华鳑鲏 Rhodeus sinensis
		高体鳑鲏 Rhodeus ocellatus
		彩石鲋 Pseudoperilampus lighti
		彩副鱊 Paracheilognathus imberbis
		大鳍刺鳑鲏 Acanthorhodeus macropterus
		斑条刺鳑鲏 Acanthorhodes taenianalis
		黑臀刺鳑鲏 Acanthorhodes argenten
		花鳕 Hemibarbus maculatus
		唇鳕 Hemibarbus labeo
		马口鱼 Opsariicjthys bidens
		瓦氏雅罗鱼 Leuciscus waleckii
		麦穗鱼 Pseudorasbora parva
		棒花鱼 Abbottina rivularis
		钝吻棒花 Abbottina obtusirostris
		蛇鮈 Saurogobio dabryi
		鳙 Aristichthys nobilis
		鲢 Hypophthalmichthys molitrix
		翘嘴红鲌 Erythroculter ilishaeformis
		蒙古红鲌 Erythroculter mongolicus
		红鳍鲌 Cultrichthys erythropteru
	鳅科 Cobitidae	泥鳅 Misgurnus anguillicaudatus
		大鳞泥鳅 Misgurnus mizolepis
		三色中泥鳅 Mesomisgrnus bipartitus
		董氏条鳅 Noemacheilus barbatula
		吉林条鳅 Noemacheilus kiriensis
		后鳍条鳅 Noemacheilus posteroventralis
		楔头巴鳅 Barbatula cuneicephala
		须鼻鳅 Lefua costata
		花鳅 Cobitinae loaches

续表

目 Order	科 Family	种 Species
鲇形目 Siluriformes	鲿科 Bagridae	黄颡 *Pelteobagrus fulvidraco*
		瓦氏黄颡鱼 *Pelteobaggrus vachelli*
	鲇科 Siluridae	鲇 *Parasilurus asotus*
合鳃目 Synbranchiformes	合鳃科 Synbranchidae	黄鳝 *Monopterus albus*
鲈形目 Perciformes	鰕虎鱼科 Gobiidae	吻鰕虎鱼 *Acentrogobius giurnus*
		真鰕虎鱼 *Acentrogobius similis*
	塘鳢科 Eleotridae	史氏黄黝鱼 *Hypseleotris swinhonis*
	丝足鲈科 Osphronemidae	圆尾斗鱼 *Macropodus ocellatus*
	刺鳅科 Mastacembelidae	刺鳅 *Mastacembelus aculeatus*
鳢形目 Ophiocephaliformes	鳢科 Ophiocephalidae	乌鳢 *Ophiocephalus argus*
鳉形目 Cyprinodontiformes	青鳉科 Cyprinodontidae	青鳉 *Oryzias latipes*
鲑形目 Salmoniformes	胡瓜鱼科 Osmeridae	池沼公鱼 *Hypomesus olidus*

2. 鱼类现存种类

为调查永定河系的目前的鱼类种群组成，于 2016—2017 年对永定河干流及上游两大支流分别进行了鱼类种类野外调查及走访当地渔民，并参考了农业部渔政管理局（2014）统计年鉴、永定河鱼类相关文献资料，经调查和统计，永定河系目前共有 5 目 8 科 29 种，见表 8.48。

表 8.48　　　　　　　　　　　　永定河系现状鱼类种类组成表

目 Order	科 Family	种 Species
鲤形目 Cypriniformes	鲤科 Cyprinidae	鲤 *Cyprinus carpio*
		鲫 *Carassius auratus*
		鳙 *Aristichthys nobilis*
		鲢 *Hypophthalmichthys molitrix*
		草鱼 *Ctenopharyngodon idellus*
		赤眼鳟 *Squaliobarbus curriculus*
		鳡 *Elopichthys bambusa*
		鳘鲦 *Hemiculter leucisculus*
		翘嘴红鲌 *Erythroculter ilishaeformis*
		马口鱼 *Opsariicjthys bidens*
		洛氏鱥 *Phoxinus lagowskii*
		长麦穗鱼 *Pseudorasbora elongata*
		麦穗鱼 *Pseudorasbora parva*

目 Order	科 Family	种 Species
鲤形目 Cypriniformes	鲤科 Cyprinidae	棒花鱼 *Abbottina rivularis*
		黄河鮈 *Gobio huanghensis*
		中华鳑鲏 *Rhodeus sinensis*
		瓦氏雅罗鱼 *Leuciscus waleckii*
	鳅科 Cobitidae	泥鳅 *Misgurnus anguillicaudatus*
		北方泥鳅 *Misgurnus bipartitus*
		达里湖高原鳅 *Triplophysa dalaica*
		隆头高原鳅 *Triplophysa alticeps*
		大鳞副泥鳅 *Paramisgurnus dabryanus*
		北鳅 *lefua costala*
鲇形目 Siluriformes	鲇科 Siluridae	鲇 *Parasilurus asotus*
	鮠科 Bagridae	黄颡鱼 *Pelteobagrus fulvidraco*
鳢形目 Ophiocephaliformes	鳢科 Ophiocephalidae	乌鳢 *Ophiocephalus argus*
鲈形目 Percoidei	鰕虎鱼科 Gobiidae	吻鰕虎鱼 *Acentrogobius giurnvs*
	塘鳢科 Eleotridae	史氏黄黝鱼 *Hypseleotris swinhonis*
鲑形目 Salmoniformes	胡瓜鱼科 Osmeridae	池沼公鱼 *Hypomesus olidus*

鲤科鱼类所占比例超过 50%，小型鱼类、小个体鱼类所占比例较大。整体来看其中鲤形目最多，鲇形目次之。现存种类与历史统计种类鱼类重合 21 种，新发现种类 8 种。

3. 鱼类损失指数赋分及完整性评估

本次评估中历史鱼类有 56 种，目前鱼类现状调查及整理共有 29 种，但现状调查的种类有 8 种未出现在历史记录数据中，可能为历史调查不全面，因此将不重合的种类也纳入历史数据中，根据评估标准计算如下：

$$FOE = \frac{FO}{FE} = \frac{29}{64} = 0.453$$

式中　FOE——鱼类生物损失指数；

　　　FO——评估河段调查获得的鱼类种类数量。

由鱼类生物损失指数赋分标准表进行内插法计算可知，永定河系鱼类指标赋分为 26.24，属于"不健康"等级。

随着永定河流域近年来的人口激增、经济发展迅速，水域环境承纳了大量的城市排污、工业排废和农田废水等，造成水域水质恶化、富营养严重、水华频发，同时也使永定河鱼类的栖息环境受到严重破坏，因此应加大永定河的生态保护力度，恢复鱼类的栖息地。

8.3.4.4　生物准则层赋分

根据赋分体系，生物准则层赋分公式如下：

$$ALr = \min(PHPr, BIr, FOEr)$$

式中　ALr——生物准则层赋分；

PHPr——浮游植物污生指数赋分；

BIr——底栖动物 BI 指数赋分；

FOEr——鱼类生物损失指数赋分。

永定河系各监测断面生物准则层赋分详细情况见表 8.49。

表 8.49   永定河系生物准则层赋分表

序号	断面名称	浮游植物污染指数赋分	底栖动物 BI指数赋分	鱼类生物损失指数	赋分
1 号	付家夭	56.3	27.1	26.2	26.2
2 号	友谊水库坝上	56.3	7.9	26.2	7.9
3 号	牛家营村	65.3	45.6	26.2	26.2
4 号	东洋河村	64.8	31.0	26.2	26.2
5 号	第九屯村	60.0	39.4	26.2	26.2
6 号	马连堡村洋河大桥	51.1	52.8	26.2	26.2
7 号	上两间房村	59.4	29.8	26.2	26.2
8 号	张家口林场	0.0	16.2	26.2	0.0
9 号	新垣桥	53.4	39.0	26.2	26.2
10 号	太平寨村	54.8	42.4	26.2	26.2
11 号	响水铺	53.4	49.7	26.2	26.2
12 号	暖泉村-八号桥	56.9	46.5	26.2	26.2
13 号	水磨头村	58.3	41.1	26.2	26.2
14 号	东榆林水库坝前	55.4	37.7	26.2	26.2
15 号	西朱庄村	52.1	25.1	26.2	25.1
16 号	新桥村	50.0	33.9	26.2	26.2
17 号	固定桥	52.1	36.0	26.2	26.2
18 号	册田水库坝前	53.6	46.9	26.2	26.2
19 号	东册田村	0.0	38.3	26.2	0.0
20 号	揣骨瞳大桥	52.1	44.0	26.2	26.2
21 号	大渡口村	58.0	33.1	26.2	26.2
22 号	朝阳寺村	57.5	55.4	26.2	26.2
23 号	保庄村	62.5	40.1	26.2	26.2
24 号	官厅水库坝上	56.9	36.8	26.2	26.2
25 号	三家店	51.0	39.9	26.2	26.2
26 号	卢沟桥	52.1	45.3	26.2	26.2
27 号	固安永定河大桥	0.0	0.0	26.2	0.0
28 号	罗古判村	0.0	38.1	26.2	0.0
29 号	屈家店闸下	55.6	36.8	26.2	26.2
30 号	大张庄	51.0	46.4	26.2	26.2
31 号	东堤头闸下	50.0	30.0	26.2	26.2
32 号	金钟河闸下	50.7	39.4	26.2	26.2
33 号	宁车沽闸下	55.0	81.7	26.2	26.2
34 号	永定新河闸上	58.1	51.9	26.2	26.2

据各个河段河长，计算生物准则层赋分值为 20.9，见表 8.50。

表 8.50   永定河系生物准则层赋分表

序号	监测断面	断面赋分	代表河长/km	总得分
1 号	付家夭	26.2	3.0	
2 号	友谊水库坝上	7.9	6.5	
3 号	牛家营村	26.2	9.2	
4 号	东洋河村	26.2	36.8	
5 号	第九屯村	26.2	10.2	
6 号	马连堡村洋河大桥	26.2	14.0	
7 号	上两间房村	26.2	3.4	
8 号	张家口林场	0.0	6.8	
9 号	新垣桥	26.2	2.7	
10 号	太平寨村	26.2	25.6	
11 号	响水铺	26.2	28.0	
12 号	暖泉村-八号桥	26.2	41.0	
13 号	水磨头村	26.2	6.0	
14 号	东榆林水库坝前	26.2	5.8	
15 号	西朱庄村	25.1	71.1	
16 号	新桥村	26.2	14.3	
17 号	固定桥	26.2	44.7	
18 号	册田水库坝前	26.2	32.0	20.9
19 号	东册田村	0.0	42.0	
20 号	揣骨疃大桥	26.2	36.8	
21 号	大渡口村	26.2	57.1	
22 号	朝阳寺村	26.2	20.3	
23 号	保庄村	26.2	15.7	
24 号	官厅水库坝上	26.2	30.5	
25 号	三家店	26.2	92.0	
26 号	卢沟桥	26.2	57.6	
27 号	固安永定河大桥	0.0	46.0	
28 号	罗古判村	0.0	88.0	
29 号	屈家店闸下	26.2	22.0	
30 号	大张庄	26.2	14.5	
31 号	东堤头闸下	26.2	17.7	
32 号	金钟河闸下	26.2	17.2	
33 号	宁车沽闸下	26.2	10.4	
34 号	永定新河闸上	26.2	8.2	

根据健康划分等级，永定河生物健康状况为"不健康"。

8.3.5 社会服务功能

分别从水功能区达标指标、水资源开发利用指标、防洪指标、公众满意度指标 4 个指标对永定河社会服务功能准则层进行评估。

8.3.5.1 水功能区达标指标

永定河水功能区个数 16 个，其中保护区 1 个，缓冲区 4 个，饮用水源地 2 个，工业用水区 1 个，农业用水区 7 个，过渡区 1 个。2016 年全年评估水功能区个数 16 个，有 6 个水功能区在评估年的达标频率超过 80%，河流水功能区水质达标率为 31.25%。

水功能区达标率指标赋分计算公式如下：

$$WFZPr = WFZP \times 100$$

式中　　WFZPr——评估河流水功能区水质达标率指标赋分；

　　　　WFZP——评估河流水功能区水质达标率。

因此，永定河水功能区水质达标率指标赋分为 31.25 分。永定河功能区达标情况具体见表 8.51。

表 8.51　　　　　　　　　　　永定河功能区达标情况一览表

序号	属地	水功能区名称	类型	监测断面	水质目标	年达标率	达标状况	主要超标项目
1	河北	洋河冀京缓冲区	缓冲区	八号桥	Ⅲ	9%	不达标	总磷、高锰酸盐、五日生化需氧量
2	内蒙古	二道河（东洋河）蒙冀缓冲区	缓冲区	友谊水库坝上	Ⅲ	89%	达标	
3	河北	东洋河河北张家口农业用水区	农业用水区	东洋河	Ⅳ	100%	达标	
4	河北	洋河河北张家口农业用水区	农业用水区	响水堡	Ⅳ	0%	不达标	氟化物
5	山西	桑干河晋冀缓冲区	缓冲区	东册田村北桥	Ⅲ	0%	不达标	化学需氧量、五日生化需氧量
6	山西	桑干河山西山阴应县农业用水区	农业用水区	东榆林水库	Ⅳ	67%	不达标	氨氮
7	山西	桑干河山西怀仁过渡区	过渡区	新桥	Ⅲ		断流	
8	山西	桑干河山西册田水库大同市饮用、工业水源区	饮用、工业水源区	册田水库	Ⅱ	0%	不达标	化学需氧量、五日生化需氧量、总磷
9	河北	桑干河河北张家口农业用水区	农业用水区	保庄	Ⅳ	91%	达标	
10	北京	官厅水库北京水源地保护区	保护区	官厅水库	Ⅱ	0%	不达标	高锰酸盐指数、总磷、氟化物
11	北京	永定河京冀津缓冲区	缓冲区	罗古判村	Ⅳ		无水	
12	北京	永定河山峡段饮用水源区	饮用水源区	三家店	Ⅱ	100%	达标	
13	北京	永定河平原段饮用水源区	饮用水源区	卢沟桥	Ⅲ	100%	达标	
14	天津	永定河天津农业用水区	农业用水区	屈家店闸上	Ⅳ	0%	不达标	总磷、总磷、氟化物

序号	属地	水功能区名称	类型	监测断面	水质目标	年达标率	达标状况	主要超标项目
15	天津	永定新河天津工业、农业用水区	工业、农业用水区	大张庄	Ⅳ	0%	不达标	氨氮、总磷、化学需氧量
16	天津	永定新河天津农业用水区	农业用水区	东堤头	Ⅳ	0%	不达标	氨氮、总磷、化学需氧量

8.3.5.2 水资源开发利用指标

永定河水资源开发利用指标采用永定河系水资源开发利用率。海河流域水资源公报数据表明，永定河流域年水资源总量32.1亿 m^3，总用水量28.1亿 m^3。根据《河流标准》计算，水资源开发利用率达到88%。水资源利用率计算公式如下：

$$WRU = \frac{WU}{WR} = \frac{28.1}{32.1} = 88\%$$

式中　WRU——评估河流流域水资源开发利用率；

WR——评估河流水资源总量；

WU——评估河流流域水资源开发利用量。

指标按《河流标准》水资源开发利用率指标健康评估概念模型来评估，水资源开发利用率评分为

$$
\begin{aligned}
WUr &= |a \times (WRU)^2 - b \times (WRU)| \\
&= |1111.11 \times 0.88^2 - 666.67 \times 0.88| \\
&= |860.44 - 583.66| \\
&= 273.73
\end{aligned}
$$

永定河系水资源开发利用率远远超过了国际公认40%的合理上限。因此，该指标不能利用健康评估概念模型来评估，基于永定河系水资源短缺，水资源利用率极高，远超出合理范围，经讨论确定永定河系水资源开发利用率赋分为40分。

8.3.5.3 防洪指标

防洪指标采用永定河系防洪体系指标。永定河系全长747km，流经内蒙古、山西、河北、北京、天津五省、市、自治区的43个县市，流域面积为47016km²，其中山区面积为45063km²，平原面积为1953km²。目前，永定河已经形成由官厅水库、卢沟桥、屈家店水利枢纽等组成的防洪工程体系，防洪标准基本达到100年一遇的设计标准。官厅水库已经达到1000年一遇洪水设计。永定河卢沟桥至梁各庄段防洪标准为100年一遇。永定新河设计行洪能力为1400～4640m³/s，现状行洪能力为900～3000m³/s。永定河流域骨干河道现状防洪标准见表8.52。

表8.52　　　　　　　　永定河流域骨干河道现状防洪标准（行洪能力）

河道名称	设计标准（行洪能力）	现状行洪能力
永定河卢沟桥至梁各庄	100年一遇，2500m³/s	2500m³/s
永定新河	1400～4640m³/s	900～3000m³/s

根据《海河流域防洪规划》（国函〔2008〕11 号），永定河系下游防洪标准采用 100 年一遇，上游桑干河和洋河防洪标准分别采用 10 年一遇和 20 年一遇。考虑到海河流域目前水资源短缺的现状，永定河上游水量大大减少，中下游部分河道干涸断流，永定河防洪设计标准较高，蓄滞洪区较完善，且防洪预案较完善，河道宽阔，中上游有众多的大中型水库蓄水调峰，因此可认为永定河系现行洪能力基本满足行洪需求。根据下列防洪指标公式计算：

$$\text{FLD}=\dfrac{\sum\limits_{n=1}^{NS}(\text{RIVL}n\times\text{RIVWF}n\times\text{RIVB}n)}{\sum\limits_{n=1}^{NS}(\text{RIVL}n\times\text{RIVWF}n)}$$

$$=\dfrac{57.6\times100\times1+90\times100\times1}{57.6\times100+90\times100}$$

$$=100\%$$

式中　FLD——河流防洪指标；

　　RIVLn——河段 n 的长度，评估河流根据防洪规划划分的河段数量；

　　RIVBn——根据河段防洪工程是否满足规划要求进行赋值，达标 RIVB$n=1$，不达标 RIVB$n=0$；

　RIVWFn——河段规划防洪标准重现期（如 100 年）。

根据防洪指标赋分标准表进行内插法计算可知，永定河干流防洪指标赋分为 100 分。

8.3.5.4　公众满意度指标

1. 公众满意度调查结果

在对公众进行满意度调查时，公众普遍认为河流对公众生活有非常重要的影响，河水水量一般，水质普遍较差，近水比较容易，部分河段河岸带有少量垃圾堆放并有农业耕种，附近没有与河流有关的文物古迹存在。公众希望河水水量更加充沛，水质更加清澈，河岸带景观更加优美

2. 公众满意度评估结果

本次永定河公众满意度调查，共收集了 50 份公众满意度调查表，有效公众满意度调查表 43 份。其中，沿河居民 13 份，平均赋分 31.6；河道管理者 5 份，平均赋分 58.3；河道周边从事生产活动 13 份，平均赋分 41.2；旅游经常来河流 6 份，平均赋分 65.4；旅游偶尔来河流 6 份，平均赋分 54.6。

永定河公众满意度调查综合赋分依据下列公式进行计算：

$$\text{pPr}=\dfrac{\sum\limits_{n=1}^{NPS}(\text{PER}r\times\text{pER}w)}{\sum\limits_{n=1}^{NPS}\text{pER}w}$$

$$=\dfrac{31.6\times13+58.3\times2+41.2\times1.5+65.4\times1+54.6\times0.5}{13+2+1.5+1+0.5}$$

$$=45.7$$

式中　pPr——公众满意度指标赋分；

PERr——不同公众类型有效调查评估赋分；

pERw——公众类型权重，其中，沿河居民权重为 3，河道管理者权重为 2，河道周边从事生产活动为 1.5，旅游经常来河道为 1，旅游偶尔来河道为 0.5。

调查计算结果表明：永定河公众满意度调查赋分值为 45.7。

8.3.5.5　社会服务功能准则层赋分

永定河社会服务功能准则层赋分包括 4 个指标，赋分计算公式如下：

$$SSr = WFZr \times WFZw + WRUr \times WRUw + FLDr \times FLDw + pPr \times PPw$$
$$= 31.25 \times 0.25 + 40 \times 0.25 + 100 \times 0.25 + 45.7 \times 0.25$$
$$= 54.2$$

式中　SSr——社会服务功能准则层赋分；

　WFZr——水功能区达标指标赋分；

　WRUr——水资源开发利用指标赋分；

　FLDr——防洪指标赋分；

　pPr——公众满意度赋分；

　WFZw——水功能区达标指标赋分权重，参考《河流标准》，4 个指标等权重设计，取 0.25；

　WRUw——水资源开发利用指标赋分权重，0.25；

　FLDw——防洪指标赋分权重，0.25；

　PPw——公众满意度赋分权重，0.25。

通过计算结果表明：永定河社会服务功能准则层赋分为 54.2 分。

8.3.6　永定河系健康总体评估

永定河系健康评估包括 5 个准则层，基于水文水资源、物理结构、水质和生物准则层评估河流生态完整性，综合河流生态完整性和河流社会功能准则层得到河流健康评估赋分。

8.3.6.1　各监测断面所代表的河长生态完整性赋分

评估各段河长生态完整性赋分按照以下公式计算各河段 4 个准则层的赋分：

$$REI = HDr \times HDw + PHr \times PHw + WQr \times WQw + AFr \times AFw$$

式中　REI——河段生态完整性状况赋分；

　HDr——水文水资源准则层赋分；

　HDw——水文水资源准则层权重，0.2；

　PHr——物理结构准则层赋分；

　PHw——物理结构准则层权重，0.2；

　WQr——水质准则层赋分；

　WQw——水质准则层权重，0.2；

　AFr——生物准则层赋分；

　AFw——生物准则层权重，0.4。

根据生态完整性 4 个准则层评估结果进行综合评估，永定河生态完整性状况赋分计算结果见表 8.53。

表 8.53　　　　　　　　　　永定河各监测断面生态完整性状况赋分表

序号	监测点位	水文水资源		物理结构		水质		生物		生态完整性状况赋分
		赋分	权重	赋分	权重	赋分	权重	赋分	权重	
1 号	付家夭	64.8	0.2	54.0	0.2	76.2	0.2	26.2	0.4	49.5
2 号	友谊水库坝上	64.8	0.2	50.0	0.2	86.9	0.2	7.9	0.4	43.5
3 号	牛家营村	64.8	0.2	55.9	0.2	100.0	0.2	26.2	0.4	54.6
4 号	东洋河村	64.8	0.2	42.5	0.2	96.0	0.2	26.2	0.4	51.1
5 号	第九屯村	64.8	0.2	71.9	0.2	90.5	0.2	26.2	0.4	55.9
6 号	马连堡村洋河大桥	64.8	0.2	50.0	0.2	97.4	0.2	26.2	0.4	52.9
7 号	上两间房村	64.8	0.2	53.0	0.2	81.6	0.2	26.2	0.4	50.4
8 号	张家口林场	64.8	0.2	55.2	0.2	0.0	0.2	0.0	0.4	24.0
9 号	新垣桥	64.8	0.2	58.4	0.2	41.1	0.2	26.2	0.4	43.3
10 号	太平寨	64.8	0.2	62.0	0.2	27.2	0.2	26.2	0.4	41.3
11 号	响水铺	64.8	0.2	23.4	0.2	94.8	0.2	26.2	0.4	47.1
12 号	暖泉村-八号桥	37.0	0.2	50.0	0.2	51.1	0.2	26.2	0.4	38.2
13 号	水磨头村	37.5	0.2	67.3	0.2	86.8	0.2	26.2	0.4	48.8
14 号	东榆林水库坝前	37.5	0.2	61.2	0.2	73.5	0.2	26.2	0.4	44.9
15 号	西朱庄村	37.5	0.2	44.3	0.2	33.9	0.2	25.1	0.4	33.2
16 号	新桥村	37.5	0.2	59.1	0.2	10.9	0.2	26.2	0.4	32.0
17 号	固定桥	37.5	0.2	69.1	0.2	32.1	0.2	26.2	0.4	38.3
18 号	册田水库坝前	37.5	0.2	44.4	0.2	47.3	0.2	26.2	0.4	36.3
19 号	东册田村	37.5	0.2	31.1	0.2	0.0	0.2	0.0	0.4	13.7
20 号	揣骨疃大桥	37.5	0.2	26.5	0.2	18.0	0.2	26.2	0.4	26.9
21 号	大渡口村	37.5	0.2	40.7	0.2	96.8	0.2	26.2	0.4	45.5
22 号	朝阳寺村	37.5	0.2	39.2	0.2	98.0	0.2	26.2	0.4	45.5
23 号	保庄村	37.5	0.2	45.4	0.2	99.3	0.2	26.2	0.4	46.9
24 号	官厅水库坝上	70.0	0.2	52.0	0.2	80.1	0.2	26.2	0.4	50.9
25 号	三家店	0.0	0.2	41.1	0.2	50.5	0.2	26.2	0.4	28.8
26 号	卢沟桥	0.0	0.2	47.2	0.2	72.1	0.2	26.2	0.4	34.4
27 号	固安永定河大桥	0.0	0.2	39.2	0.2	0.0	0.2	0.0	0.4	7.8
28 号	罗古判村	0.0	0.2	32.8	0.2	0.0	0.2	0.0	0.4	6.6
29 号	屈家店闸下	31.5	0.2	41.6	0.2	75.0	0.2	26.2	0.4	22.0
30 号	大张庄	31.5	0.2	62.1	0.2	24.4	0.2	26.2	0.4	14.5
31 号	东堤头闸下	31.5	0.2	61.9	0.2	38.5	0.2	26.2	0.4	17.7
32 号	金钟河闸下	31.5	0.2	53.9	0.2	76.4	0.2	26.2	0.4	17.2
33 号	宁车沽闸下	31.5	0.2	59.3	0.2	72.1	0.2	26.2	0.4	10.4
34 号	永定新河闸上	31.5	0.2	62.3	0.2	62.3	0.2	26.2	0.4	8.2

8.3.6.2　永定河生态完整性评估赋分

由于河段长度根据水功能区规划确定，所以部分河段内包括不止一个监测断面，同一河段内多个监测数据采取算术平均方法计算。然后，根据长度进行加权平均，计算评估河流生态完整性总赋分，公式如下：

$$REI = \sum_{n=1}^{Nsects} \left(\frac{REIn \times SLn}{RIVL} \right)$$

式中　REI——评估河流生态完整性赋分；

　　　REIn——评估河段赋分；

　　　SLn——评估河段河流长度，km；

　　　RIVL——参加评估河段总长度，km。

永定河生态完整性评估赋分相应计算结果见表 8.54。

表 8.54　　　　　　　　　永定河生态完整性评估赋分表

序号	监测断面	生态完整性状况赋分	长度/km	总得分
1 号	付家夭	49.5	3.0	
2 号	友谊水库坝上	43.5	6.5	
3 号	牛家营村	54.6	9.2	
4 号	东洋河村	51.1	36.8	
5 号	第九屯村	55.9	10.2	
6 号	马连堡村洋河大桥	52.9	14.0	
7 号	上两间房村	50.4	3.4	
8 号	张家口林场	24.0	6.8	
9 号	新垣桥	43.3	2.7	
10 号	太平寨	41.3	25.6	
11 号	响水铺	47.1	28.0	
12 号	暖泉村-八号桥	38.2	41.0	33.4
13 号	水磨头村	48.8	6.0	
14 号	东榆林水库坝前	44.9	5.8	
15 号	西朱庄村	33.2	71.1	
16 号	新桥村	32.0	14.3	
17 号	固定桥	38.3	44.7	
18 号	册田水库坝前	36.3	32.0	
19 号	东册田村	13.7	42.0	
20 号	揣骨疃大桥	26.9	36.8	
21 号	大渡口村	45.5	57.1	
22 号	朝阳寺村	45.5	20.3	
23 号	保庄村	46.9	15.7	

序号	监测断面	生态完整性状况赋分	长度/km	总得分
24 号	官厅水库坝上	50.9	30.5	
25 号	三家店	28.8	92.0	
26 号	卢沟桥	34.4	57.6	
27 号	固安永定河大桥	7.8	46.0	
28 号	罗古判村	6.6	88.0	
29 号	屈家店闸下	22.0	22.0	33.4
30 号	大张庄	14.5	14.5	
31 号	东堤头闸下	17.7	17.7	
32 号	金钟河闸下	17.2	17.2	
33 号	宁车沽闸下	10.4	10.4	
34 号	永定新河闸上	8.2	8.2	

8.3.6.3 永定河健康评估总体赋分

根据如下公式，综合计算永定河生态完整性评估指标赋分和社会服务功能指标评估总体赋分结果。

$$RHI = REI \times REw + SSI \times SSw$$
$$= 33.4 \times 0.7 + 54.2 \times 0.3$$
$$= 39.6$$

式中　RHI——河流健康总体赋分；

　　　REI——生态完整性状况赋分；

　　　REw——生态完整性状况赋分权重，0.7；

　　　SSI——社会服务功能赋分；

　　　SSw——社会服务功能赋分权重，0.3。

经计算可知永定河系健康赋分为 39.6 分，为"不健康"状态。

8.4　永定河健康评估结论与建议

8.4.1　永定河健康评估主要结论

永定河健康评估通过对永定河 34 个监测点位的 5 个准则层 15 个指标层调查评估结果进行逐级加权、综合评估，计算得到永定河健康赋分为 39.6 分。根据河流健康分级原则，永定河评估年健康状况结果处于"不健康"等级。永定河准则层健康赋分及等级见表 8.55，永定河准则层健康状况雷达如图 8.11 所示。

从永定河 5 个准则层的评估结果来看，目前永定河水文水资源准则层健康状况较差，处于"不健康"等级，主要由于永定河本身来水量减少，并且用水量不断增加，导致径流量远远小于天然还原径流量，生态流量保障程度差；永定河系物理结构由于闸坝阻隔状况

表 8.55 永定河准则层健康赋分及等级

准则层及目标层	赋分	健康等级
水文水资源	30.9	不健康
物理结构	45.0	亚健康
水质	49.2	亚健康
生物	20.9	不健康
社会服务功能	54.2	亚健康
永定河整体健康	39.6	不健康

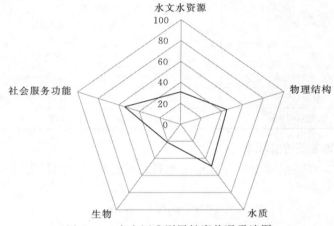

图 8.11 永定河准则层健康状况雷达图

较严重，以及现状水面较小，处于"亚健康"等级；永定河系由于生境破坏较严重，生物准则层健康状况较差，处于"亚健康"等级；永定河系水质和社会服务功能准则层健康状况相对稍差，处于"亚健康"等级。永定河系大部分监测点位处于亚健康状况，少数监测点位处于不健康状况，永定河系各监测点位健康状况如图 8.12 所示。

水文水资源准则层在洋河为"健康"状态，在桑干河为"不健康"状态，官厅水库为"健康"状态，永定河中游三家店站点以下为"病态"，永定新河为"不健康"状态，如图8.13 所示。

物理结构准则层大部分监测点位处于"亚健康"状态，少数监测点位处于"不健康"和"健康"状态，洋河多为"亚健康"状态，桑干河上游较好，中下游健康状况较差，永定河干流多处于"亚健康"状态，永定新河处于"健康"和"不健康"状态，如图 8.14所示。

水质准则层在洋河各样点多处于"理想"状态，桑干河中游多处于"病态"和"不健康"状态，上游及下游多处于"健康"状态，永定河干流干涸河段处于"病态"，永定新河处于"健康"和"不健康"状态，如图 8.15 所示。

生物结构准则层大部分样点处于"不健康"状态，少数样点处于"病态"，病态样点多处于断流样点，如图 8.16 所示。

社会服务功能准则层是从整个永定河系来考虑的，各个监测点位赋分均为 54.2 分，为"亚健康"状态，如图 8.17 所示。

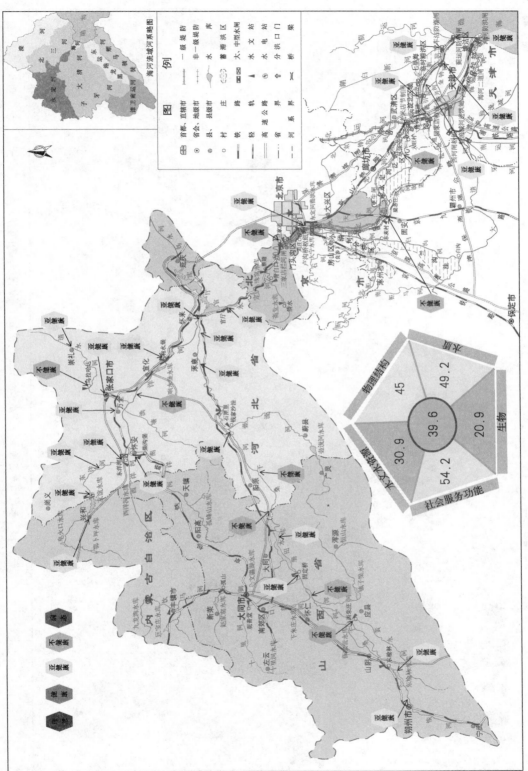

图 8.12 永定河系各监测点健康状况（后附彩图）

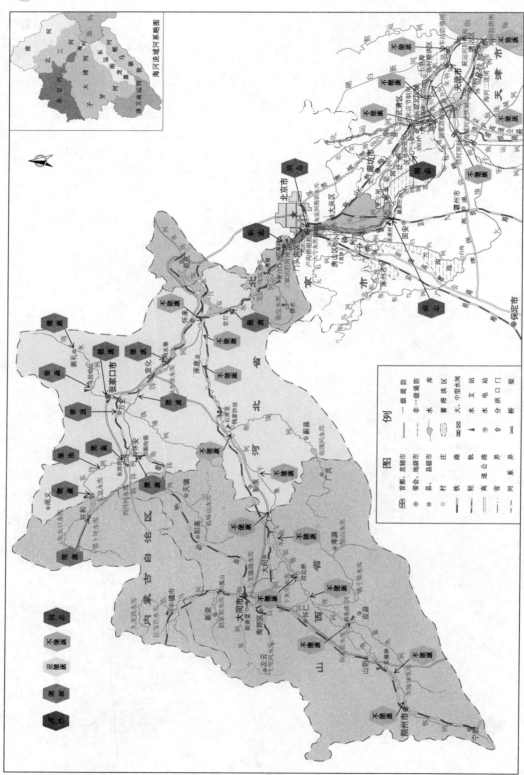

图 8.13　永定河系各监测点位水文水资源准则层健康状况（后附彩图）

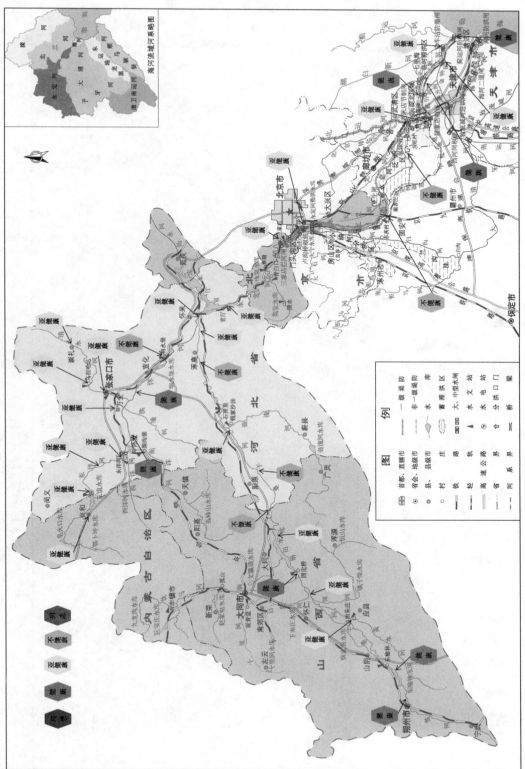

图 8.14　永定河系各监测点位物理结构准则层健康状况（后附彩图）

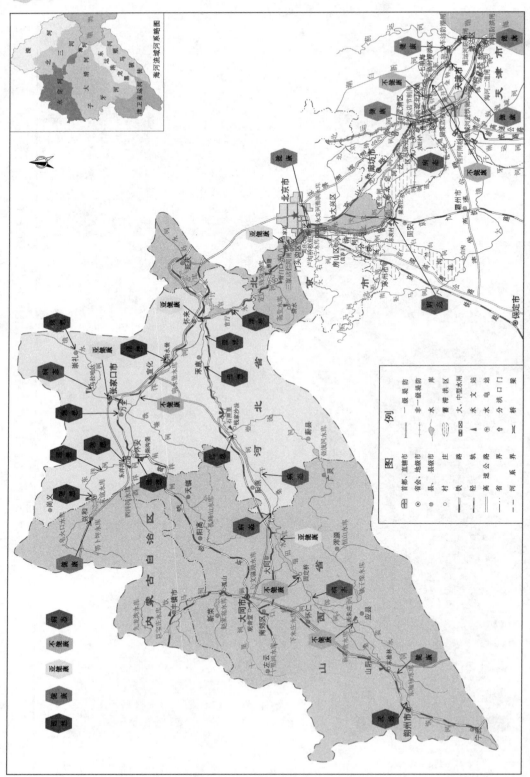

图 8.15　永定河系各监测点位水质准则层健康状况（后附彩图）

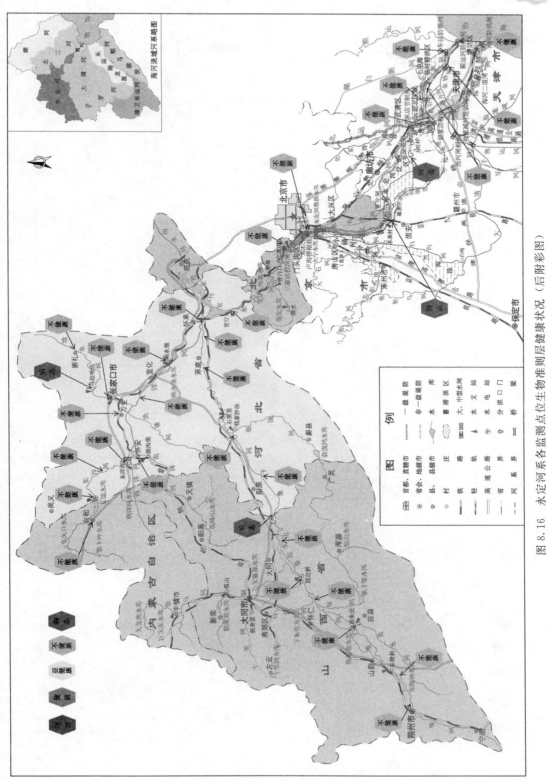

图 8.16 永定河系各监测点位生物准则层健康状况（后附彩图）

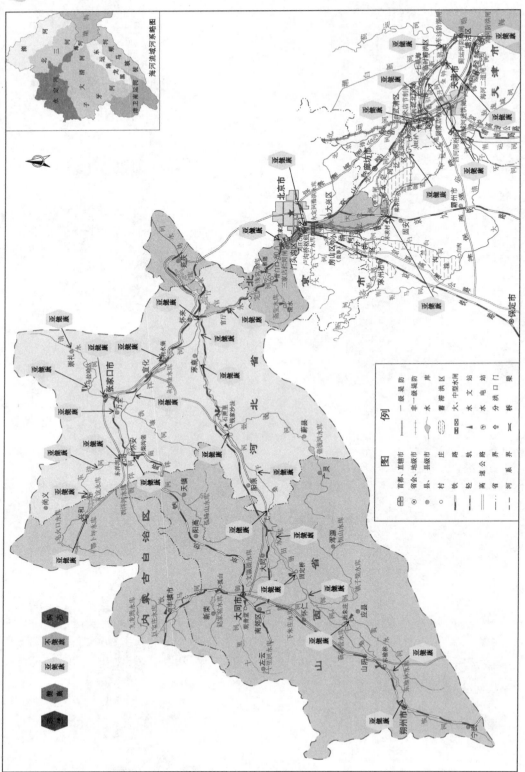

图 8.17 永定河系各监测点位社会服务功能准则层健康状况（后附彩图）

8.4.2　永定河不健康的主要表征

2017 年通过开展永定河 5 个准则层 15 个指标层的监测调查，根据得出的永定河健康评估结果表明，永定河不健康的主要表征有以下四点：

（1）水资源量减少，在三家店以下常年缺水，特别是卢沟桥河段以下全年几乎都处于干涸状态。

（2）河流连通性较差。永定河系有众多水库大坝、水闸、拦河坝和橡胶坝，使整个河系水体连通性较差，阻止了鱼类等生物的洄游等行为。

（3）水质逐渐恶化。永定河沿河工农业污水排放加剧，河水水质恶化，河道干涸，由于污染问题官厅水库逐渐退出北京市生活水资源供给的水源地之列。

（4）野生鱼类生物多样性减少。本次调查显示，永定河系野生鱼类物种多样性与以往调查结果相比明显下降，河道受水体污染及人工干扰影响，野生鱼类种类少，且数量较少。在部分自然河段有常见鱼类分布，在城镇橡胶坝区和河道挖沙产生的静水坑有少数小型鱼类生存，洄游性鱼类和一些大型经济性鱼类极其少见，原因可能为生境退化，使其数量下降。

8.4.3　永定河不健康的主要压力

（1）河流沿途需水量持续增大。实际地表径流与天然径流还原差异较大，生态流量严重不满足水生态的需求。近年来由于天然降水减少，随着永定河流域社会经济的不断发展，沿途工农业用水不断增加，截水和引水工程大量修建，永定河来水急剧衰减。

（2）大型水利工程的截留。永定河山区已经建成各类水库 240 座，中游官厅水库的大量蓄水造成下游水资源更加紧缺，而截留水资源很少放水补充下游河道生态流量，永定河除在三家店引入北京河水外极少向下游放水，造成下游几十公里的河道干涸，永定河中下游生态健康影响非常大。

（3）工业排污以及城市发展和人口增长带来的污染。永定河沿河有北京、天津等大型城市，人口增长迅速，所以污水排放量逐年增加，这是影响永定河水质，进而影响水生态系统的直接原因。

（4）生物多样性锐减。从浮游植物污生指数、底栖动物 BI 指数、鱼类物种数量及损失指数状况来看，永定河系水生生物多样性处于较低的水平，鱼类等生物资源数量锐减，是永定河系健康状况的主要压力之一。

8.4.4　永定河健康保护及修复目标

永定河是北京的母亲河，曾经为北京的发展建设提供大量水资源，是京津两地的生态屏障，同时也是北京、天津的主要景观河道。流域上游山区生态条件脆弱，加之人类多年垦殖，植被较差，致使该地区生态环境日趋恶化。水土流失、水质恶化、水资源量减少都是永定河健康面临的重大问题。

永定河健康保护显得尤为迫切，通过本次调查结果，提出三点修复目标。

（1）恢复永定河系生态基流和河道连通性。永定河系众多闸坝阻隔，阻止了河流的连通性，而众多闸坝既无鱼类通道，也无下泄生态基流，更无在鱼类的索饵、产卵洄游创造条件，因此恢复生态基流，保持河流连续性是水生态修复的主要目标和任务之一。

（2）恢复生物多样性。永定河河道鱼类和底栖动物种类稀少，河口鸟类和鱼类栖息地状况遭到破坏。应该采取措施，维持河道生态流量，增加入海水量，恢复河道和河口栖息地生境，使水生生物多样性得到恢复。

（3）改善水质。从永定河各监测点位溶解氧、耗氧有机物等水质状况评估结果中可以看出，永定河较多的监测点位健康状况处于病态、不健康或亚健康等级，主要原因在于随着永定河流域经济快速发展和人口数量激增，入河污水排入量逐年增多，部分河段常年断流、干涸。改善水质状况、控制污染物的排放是永定河系生态修复的目标之一。

8.4.5　永定河健康管理措施

通过对永定河分析，提出以下几点永定河管理对策：

（1）采取恢复生态基流措施，河流水资源统一调度和安排，恢复河流生态基流，并修建鱼类洄游通道，保持河流连续性，并在鱼类等水生生物的索饵、产卵洄游期间，创造通道，用以增加河流的水生生物多样性状况，增强水生态健康状况。

（2）加强对永定河的治理，提高河道管理水平，改造旧的水利工程设施，构建新的高水准水利工程管理体系，最大限度发挥永定河的供水、灌溉、工业和城市生活用水能力。

（3）建设节水型社会，量水而行。在经济规模、城镇布局和人口发展等各项社会发展规划中，充分考虑当地水资源条件，适时调整经济布局和产业结构。实行总量控制、定额管理，促进水资源的节约和保护。在水资源配置时，特别考虑经济发展与资源环境的相互协调。

（4）采取措施保护水质，防治水污染，控制污染物排放总量。污染治理要由末端处理改为源头控制，实行总量控制，加强对入河排污口的管理，不达标禁止排放。

参 考 文 献

[1] Prowse T D, Conly F M. Multiple - hydrologic stressors of a northern delta ecosystem [J]. Journal of Aquatic Ecosystem Stress and Recovery, 2000, 8 (1): 17 - 26.

[2] Shokoohi A, Amini M. Introducing a new method to determine rivers'ecological water requirement in comparison with hydrological and hydraulic methods [J]. International journal of environmental science and technology (Tehran), 2013, 11 (3): 747 - 756.

[3] 方子云. 中国水利与生态环境展望 [J]. 水资源保护, 1990 (2): 1 - 3.

[4] 方子云. 环境水利学在中国的兴起与发展 [J]. 水科学进展, 1990 (00): 55 - 59.

[5] 谢宝平, 张会言, 侯传河. 西北地区水资源利用与保护研究 [J]. 防渗技术, 2000 (4): 1 - 4.

[6] 梁瑞驹, 王芳, 杨小柳, 等. 中国西北地区的生态需水: 中国水利学会 2000 学术年会论文集 [C]. 北京: 中国三峡出版社, 2000.

[7] 潘启民, 任志远, 郝国占. 黑河流域生态需水量分析 [J]. 黄河水利职业技术学院学报, 2001 (1): 14 - 16.

[8] 刘霞, 王礼先, 张志强. 生态环境用水研究进展 [J]. 水土保持学报, 2001, 15 (6): 58 - 61.

[9] 王让会, 宋郁东, 樊自立, 等. 塔里木流域 "四源一干" 生态需水量的估算 [J]. 水土保持学报, 2001 (1): 19 - 22.

[10] 张鑫, 蔡焕杰. 区域生态需水量与水资源调控模式研究综述 [J]. 西北农林科技大学学报 (自然科学版), 2001 (S1): 84 - 88.

[11] 严登华, 何岩, 邓伟, 等. 东辽河流域河流系统生态需水研究 [J]. 水土保持学报, 2001 (1): 46 - 49.

[12] 丰华丽, 王超, 李剑超. 干旱区流域生态需水量估算原则分析 [J]. 环境科学与技术, 2002 (1): 31 - 33.

[13] 刘昌明. 二十一世纪中国水资源若干问题的讨论 [J]. 水利水电技术, 2002 (1): 15 - 19.

[14] 石伟, 王光谦. 黄河下游生态需水量及其估算 [J]. 地理学报, 2002, 57 (5): 595 - 602.

[15] 倪晋仁, 金玲, 赵业安, 等. 黄河下游河流最小生态环境需水量初步研究 [J]. 水利学报, 2002 (10): 1 - 7.

[16] 乔光建, 高守忠, 赵永旗. 邢台市生态环境需水量分析 [J]. 南水北调与水利科技, 2002 (6): 27 - 32.

[17] 张新海, 杨立彬, 王煜. 西北内陆河地区生态环境需水量初步分析 [J]. 人民黄河, 2002 (6): 13 - 14.

[18] 郑冬燕, 夏军, 黄友波. 生态需水量估算问题的初步探讨 [J]. 水电能源科学, 2002 (3): 3 - 6.

[19] 刘静玲, 杨志峰. 湖泊生态环境需水量计算方法研究 [J]. 自然资源学报, 2002, 17 (5): 604 - 609.

[20] 王玉敏, 周孝德. 流域生态需水量的研究进展 [J]. 水土保持学报, 2002 (6): 142 - 144.

[21] 丰华丽, 王超, 李剑超. 河流生态与环境用水研究进展 [J]. 河海大学学报 (自然科学版), 2002 (3): 19 - 23.

[22] 彭虹, 郭生练, 倪雅茜. 汉江中下游河道生态环境需水量研究: 中国水利学会 2002 学术年会论文集 [C]. 北京: 中国三峡出版社, 2002.

[23] 张远, 杨志峰. 林地生态需水量计算方法与应用 [J]. 应用生态学报, 2002 (12): 1566 - 1570.

[24] 唐数红. 新疆干旱区流域规划中生态需水问题研究 [J]. 新疆农业大学学报, 2002 (2): 63 - 65.

［25］ 朱秉启. 克里雅河流域水资源承载力分析计算［D］. 乌鲁木齐：新疆大学，2002.

［26］ 王让会，卢新民，宋郁东，等. 西部干旱区生态需水的规律及特点——以塔里木河下游绿色走廊为例［J］. 应用生态学报，2003（4）：520－524.

［27］ 杨志峰，张远. 河道生态环境需水研究方法比较［J］. 水动力学研究与进展（A辑），2003，18（3）：294－301.

［28］ 王西琴，张远，刘昌明. 河道生态及环境需水理论探讨［J］. 自然资源学报，2003，18（2）：240－246.

［29］ 拾兵，李希宁，朱玉伟. 黄河口滨海区生态需水量神经网络模型的建立［J］. 人民黄河，2005，27（10）：70－71，75.

［30］ 周彩霞，饶碧玉. 流域生态环境需水计算［J］. 海河水利，2006（2）：48－50.

［31］ 张弛，彭慧，周惠成，等. 河道内生态环境需水量研究［J］. 水力发电，2007（5）：20－22.

［32］ 梁友. 淮河水系河湖生态需水量研究［D］. 北京：清华大学，2008.

［33］ 傅尧，刘利，段亮，等. 蒲石河流域下游河道最小生态需水量研究［J］. 东北师大学报（自然科学版），2014，46（4）：147－151.

［34］ 余艳华. 河道生态需水量分析及计算方法研究［J］. 资源节约与环保，2015（11）：53－54.

［35］ 李丽华，水艳，喻光晔. 生态需水概念及国内外生态需水计算方法研究［J］. 治淮，2015（1）：31－32.

［36］ 胡波，郑艳霞，翟红娟，等. 生态需求流量与河道内生态需水量计算研究——以澜沧江、红河为例［J］. 长江科学院院报，2015，32（3）：99－106.

［37］ 郝金梅. 河流生态环境需水量计算方法的研究［J］. 水利天地，2015（1）：45－47.

［38］ 苏莞茹，许婉华，高东东. 流域生态需水量的研究——以德阳市绵远河为例［J］. 环境保护与循环经济，2015，35（10）：49－53.

［39］ 李昌文，康玲. 河流生态环境需水量及关键技术研究［J］. 安徽农业科学，2015，43（15）：222－225.

［40］ 吴秋琴，宋孝玉，秦毅. 再生水为水源的城市湖池生态环境需水量计算［J］. 水利与建筑工程学报，2016，14（6）：92－95.

［41］ 陈蕾，张珏，冯亚耐，等. 利用气象探空资料开展河道生态流量的研究［J］. 水利水电工程设计，2016，35（4）：28－30.

［42］ 史向前. 大洋河生态需水量分析与评价［J］. 水利规划与设计，2016（7）：39－41.

［43］ 李雪，彭金涛，童伟. 水利水电工程生态流量研究综述［J］. 水电站设计，2016，32（4）：71－75.

［44］ 牛夏，王启优. 疏勒河流域生态需水量研究［J］. 人民长江，2016，47（22）：21－25.

［45］ 李金燕. 宁夏中南部干旱区林草植被生态需水变化研究［J］. 人民黄河，2016，38（12）：116－121.

［46］ 马晓真，解宏伟. 基于遥感方法的三江源生态需水量计算［J］. 青海大学学报（自然科学版），2016，34（3）：24－30.

［47］ 任莉丽，李立. 黄旗海湿地生态环境需水量［J］. 内蒙古水利，2016（11）：31－32.

［48］ 刘强，周霄，陈琳. 浑河流域沈抚段区域植被生态需水量研究［J］. 河南水利与南水北调，2016（2）：41－42.

［49］ 许昆. 涞水河流域生态环境需水量计算和预测［J］. 灌溉排水学报，2016，35（11）：107－110.

［50］ 孙栋元，胡想全，金彦兆，等. 疏勒河中游绿洲天然植被生态需水量估算与预测研究［J］. 干旱区地理，2016，39（1）：154－161.

［51］ 王俊威. 辽宁省生态环境需水量预测［J］. 地下水，2016，38（6）：244，257.

［52］ 冯夏清，李剑辉. 基于河流健康的浑河中下游河道生态需水量计算［J］. 中国农村水利水电，2017（9）：118－121.

［53］ 何蒙，吕殿青，李景保，等. 水文变异下长江荆南三口河道内生态需水量变化及贡献因素［J］. 应用生态学报，2017，28（8）：2554－2562.

［54］ 杜懿，麻荣永. 广西澄碧河水库下游河道年生态需水量的计算对比研究［J］. 水资源与水工程学

报，2017，28（4）：97-102.

[55] 龙凡，梅亚东. 基于概率加权 FDC 法的河流生态需水量计算 [J]. 水文，2017，37（4）：1-5，28.

[56] 康思宇，周林飞，胡艳海. 基于景观变化的河口湿地生态环境需水量研究 [J]. 节水灌溉，2018（7）：51-55.

[57] 钟艳霞，陈锋，洪涛. 基于生态环境遥感解译的石河子市水资源优化配置研究 [J]. 哈尔滨工业大学学报（社会科学版），2018，20（2）：121-128.

[58] 蒙吉军，汪疆玮，王雅，等. 基于绿洲灌区尺度的生态需水及水资源配置效率研究——黑河中游案例 [J]. 北京大学学报（自然科学版），2018，54（1）：171-180.

[59] 马广军. 滹沱河流域（山西段）生态水量研究 [D]. 北京：华北电力大学，2018.

[60] 郭江. 天津市河湖生态需水量及配置方案研究 [D]. 天津：天津大学，2018.

[61] 刘文静. 基于生态需水量分析引黄入冀工程对廊坊受水区的影响 [J]. 水科学与工程技术，2020（3）：73-75.

[62] 杨阳，汪中华，王雪莲，等. 河流生态需水计算及空间满足率分析——以济南市为例 [J]. 地球科学进展，2020，35（5）：513-522.

[63] D. Pearson, P. D. Walsh. The Derivation and Use of Control Curves for the Regional Allocation of Water Resources [J]. Water Resources. Research. 1982（7）：907-912.

[64] 龙爱华，徐中民，张志强，等. 基于边际效益的水资源空间动态优化配置研究——以黑河流域张掖地区为例 [J]. 冰川冻土，2002（4）：407-413.

[65] 孙凡，解建仓，孔珂，等. 湟水河地区水资源优化配置研究 [J]. 西安理工大学学报，2007（2）：164-167.

[66] 常达，林德才. 以长湖为中心的水资源配置方案初步研究 [J]. 人民长江，2010，41（11）：70-72.

[67] 邓坤，张璇，谭炳卿，等. 多目标规划法在南四湖流域水资源优化配置中的应用 [J]. 水科学与工程技术，2010（5）：11-15.

[68] 陈昌才，朱青，洪倩，等. 安徽省长江流域水资源配置研究 [J]. 人民长江，2011，42（18）：34-37.

[69] 王学俭. 甘肃省庆阳市葫芦河流域水资源配置研究 [J]. 水利发展研究，2013，13（8）：70-72.

[70] 邵玲玲，牛文娟，唐凡. 基于分散优化方法的漳河流域水资源配置 [J]. 资源科学，2014，36（10）：2029-2037.

[71] 陈刚，杨霄，顾世祥，等. 基于河湖生态健康的滇池流域水资源总体配置 [J]. 水利水电技术，2016，47（2）：1-8.

[72] 杨朝晖，谢新民，王浩，等. 面向干旱区湖泊保护的水资源配置思路——以艾丁湖流域为例 [J]. 水利水电技术，2017，48（11）：31-35.

[73] 夏依买尔旦·沙特. 基于新疆塔里木河流域水资源配置研究 [J]. 陕西水利，2019（4）：62-63.

[74] 宫连英，罗其友，陶陶，等. 黄河流域农业水资源优化配置问题分析 [J]. 农业技术经济，1993（4）：37-40.

[75] 赵惠，武宝志. 东辽河流域水资源合理配置对工业用水的影响分析 [J]. 东北水利水电，2004（11）：37-40.

[76] 王珊琳，李杰，刘德峰. 流域水资源配置模拟模型及实例应用研究 [J]. 人民珠江，2004（5）：11-14.

[77] 王浩，常炳炎，秦大庸. 黑河流域水资源调配研究 [J]. 中国水利，2004（9）：18-21.

[78] 占车生，夏军，丰华丽，等. 中国西部生态系统的水问题综合评估研究——以三工河流域为例 [J]. 自然资源学报，2005（2）：250-257.

[79] 王慧敏，佟金萍，马小平，等. 基于 CAS 范式的流域水资源配置与管理及建模仿真 [J]. 系统工程理论与实践，2005，25（12）：118-124，137.

［80］ 姚荣，唐德善，张娜. 基于模糊理论的水资源合理配置研究［J］. 水电能源科学，2005（6）：5-7.

［81］ 王雁林，王文科，杨泽元，等. 渭河流域面向生态的水资源合理配置与调控模式探讨［J］. 干旱区资源与环境，2005（1）：14-21.

［82］ 任政，郑旭荣，夏明华，等. 玛纳斯河流域水资源优化配置模型研究［J］. 水资源与水工程学报，2005（3）：33-36.

［83］ 张自宽，顾世祥，谢波，等. 滇中洱海流域水资源配置初步研究［J］. 中国农村水利水电，2006（10）：34-37.

［84］ 高盼，叶水根，李淑芹. 徒骇马颊河流域水资源优化配置研究［J］. 水利与建筑工程学报，2008（1）：98-100.

［85］ 熊莹，张洪刚，徐长江，等. 汉江流域水资源配置模型研究［J］. 人民长江，2008，39（17）：99-102.

［86］ 李媛媛，杨辉辉. 汉江流域水资源配置模拟模型研究［J］. 人民珠江，2008（4）：3-7.

［87］ 黄少华，陈晓玲，王汉东，等. GIS 环境下的流域水资源优化配置模型［J］. 人民长江，2009，40（4）：65-67.

［88］ 陈文艳，王好芳. 基于模糊识别的流域水资源配置评价［J］. 水电能源科学，2009，27（4）：29-30，66.

［89］ 张金堂，王秀兰. 滦河流域水资源配置与合理利用［J］. 水科学与工程技术，2009（3）：4-6.

［90］ 井涌，巨兴顺. 西安市浐灞河流域水资源配置总体布局研究［J］. 水文，2009，29（4）：52-54.

［91］ 梁团豪，谢新民，崔新颖，等. 西辽河流域水资源合理配置研究［J］. 中国水利水电科学研究院学报，2009，7（4）：291-295.

［92］ 汪世国. 玛纳斯河流域水资源优化配置系统研究［J］. 水利建设与管理，2010，30（5）：72-75.

［93］ 冯艳，武鹏林. 蔚汾河流域水资源多目标优化配置方法探讨［J］. 地下水，2010，32（3）：124-127.

［94］ 张新海，赵麦换，杨立彬. 黄河流域水资源配置方案研究［J］. 人民黄河，2011，33（11）：41-44.

［95］ 张运超，栾兆辉，杨姝君. 面向生态基流的干旱区水资源配置研究［J］. 水电能源科学，2012，30（8）：33-36.

［96］ 张楠，顾圣平，贺军，等. 基于水资源配置方案的淮河流域水工程系统模拟研究［J］. 水电能源科学，2013，31（2）：183-185，49.

［97］ 王炯. 基于可持续发展和多目标规划的石羊河流域水资源合理配置［J］. 科技资讯，2014，12（17）：114-115.

［98］ 李鹏，肖飞，高海菊. 利用 MIKE BASIN 模型软件构建流域水资源配置模型［J］. 东北水利水电，2015，33（9）：35-37.

［99］ 黄强，赵冠南，郭志辉，等. 塔里木河干流水资源优化配置研究［J］. 水力发电学报，2015，34（4）：38-46.

［100］ 孙甜，董增川，苏明珍. 面向生态的陕西省渭河流域水资源合理配置［J］. 人民黄河，2015，37（2）：59-63.

［101］ 蔡祥. 塔里木河流域水资源合理配置探讨［J］. 陕西水利，2016（S1）：141-143.

［102］ 胡玉明，梁川. 岷江全流域水资源量化配置研究［J］. 水资源与水工程学报，2016，27（1）：7-12.

［103］ 曾祥云，李向阳，张旭. 流域/区域水资源配置模拟模型研究［J］. 人民珠江，2016，37（12）：61-64.

［104］ 于淑程. 辽河流域水资源配置探析［J］. 内蒙古水利，2016（1）：21-22.

［105］ 杨明杰，杨广，何新林，等. 基于多维临界调控模型的玛纳斯河流域水资源调控［J］. 石河子大学学报（自然科学版），2017，35（2）：241-246.

［106］ 卢梦雅，陆妍霏. 水资源配置在沂沭河流域水量分配中的应用研究［J］. 治淮，2017（11）：7-8.

［107］ 张敏. 汾河流域生态修复水资源优化配置浅析［J］. 山西水利，2017（1）：24-25，32.

［108］ 陆淑琴. 石羊河流域水资源配置有效性探析［J］. 农业科技与信息，2017（17）：99-100.

[109] 刘玒玒，崔尧，赵雪，等．基于用水户满意度准则的流域水资源合理配置研究［J］．水利经济，2019，37（6）：60-65.
[110] 何莉，杜煜，张照垄，等．基于农牧业需水特性的洋河流域农业水资源优化配置［J］．农业工程学报，2020，36（4）：72-81.
[111] 郭毅，陈璐，周建中，等．基于均衡发展的郁江流域水资源优化配置［J］．水电能源科学，2020，38（3）：42-45.
[112] 付青，吴险峰．考虑生态影响的缺水城市水资源优化调度模型［J］．水资源保护，2007（3）：17-19.
[113] 郑志飞．黄河下游水量水质与生态联合调度系统研究［D］．南京：河海大学，2007.
[114] 陈龙．景观河多水源水量水质优化调度研究［D］．天津：天津大学，2008.
[115] 舒丹丹．生态友好型水库调度模型研究与应用［D］．郑州：郑州大学，2009.
[116] 毕栋威．漳泽水库生态调度研究［D］．太原：太原理工大学，2009.
[117] 康玲，黄云燕，杨正祥，等．水库生态调度模型及其应用［J］．水利学报，2010，41（2）：134-141.
[118] 李艳平．浅谈桂林防洪及漓江补水工程的生态调度［J］．广西水利水电，2011（4）：26-29.
[119] 邱海岭．玉龙喀什水利枢纽生态供水调度初探［J］．内蒙古水利，2011（3）：8-10.
[120] 闫大鹏，王莉．黑河干流生态水量调度方案［J］．人民黄河，2011，33（1）：54-55.
[121] 刘龙丽．北洛河生态水量调度控制断面及指标分析［J］．陕西水利，2012（5）：119-122.
[122] 刘银迪．基于生态的浑太河流域水库群联合调度研究［D］．郑州：华北水利水电学院，2012.
[123] 陈端，陈求稳，陈进．基于改进遗传算法的生态友好型水库调度［J］．长江科学院院报，2012，29（3）：1-6.
[124] 韩艳利，王新功，葛雷．黄河水量调度对生态环境影响评估［J］．治黄科技信息，2013（5）：3-4.
[125] 乔晔，廖鸿志，蔡玉鹏，等．大型水库生态调度实践及展望［J］．人民长江，2014，45（15）：22-26.
[126] 毛陶金．面向鱼类资源保护的安康水库生态需水调度研究［D］．南京：南京信息工程大学，2014.
[127] 李晓春．渭河干流宝鸡段生态水量调度探讨［J］．陕西水利，2015（2）：9-11.
[128] 章文．基于可利用水资源系统的水利工程生态调度研究［J］．江西水利科技，2016，42（3）：195-197.
[129] 郭宝东．河流生态环境水调度方案研究［J］．农业与技术，2016，36（15）：68.
[130] 王道席，张婕，杜得彦．黑河生态水量调度实践［J］．人民黄河，2016，38（10）：96-99.
[131] 汪瑶．南水北调中线工程对海河流域的生态调度影响浅析［J］．低碳世界，2017（24）：70-71.
[132] 黄强，赵梦龙，李瑛．水库生态调度研究新进展［J］．水力发电学报，2017，36（3）：1-11.
[133] 梅超，尹明万，李蒙．考虑不同生态流量约束的黔中水库群优化调度［J］．中国农村水利水电，2017（5）：174-180.
[134] 谢洪．考虑生态需水量约束的汾河水库生态调度研究［D］．太原：太原理工大学，2017.
[135] 孙雅琦．黑河下游生态需水及生态调度研究［D］．西安：西北大学，2017.
[136] 司源，王远见，任智慧．黄河下游生态需水与生态调度研究综述［J］．人民黄河，2017，39（3）：61-64.
[137] 周涛，董增川，武婕，等．考虑生态需水量的汾河梯级水库联合调度研究［J］．人民黄河，2018，40（8）：62-65.
[138] 张柏山．黄河生态文明建设的探索与实践［J］．中国三峡，2018（11）：54-57.
[139] 冯硕．小凌河乌金塘水库生态调度方案研究［J］．中国水能及电气化，2019（5）：12-15.
[140] 纪海花．生态基流的合理确定和保障措施［J］．吉林水利，2019（11）：7-9.
[141] 乔钰，胡慧杰．黄河下游生态水量调度实践［J］．人民黄河，2019，41（9）：26-30.
[142] 刘钢，杜得彦，董国涛．黑河流域生态调水重大问题思考［J］．人民黄河，2019，41（7）：1-4.

[143] 刘铁龙. 渭河基流保障生态补偿及调度方案层次化分析 [J]. 人民黄河, 2020, 42 (3): 40-43.

[144] 黄志鸿, 董增川, 周涛, 等. 面向生态友好的水库群调度模型 [J]. 河海大学学报 (自然科学版), 2020, 48 (3): 202-208.

[145] 陈秀万. 常规资料短缺地区地下水遥感评价方法研究 [J]. 水资源与水工程学报, 1992 (3): 18-24.

[146] 陈秀万, 叶守泽, 魏文秋. 遥感技术下支持下区域水资源系统分析模型 [J]. 武汉水利电力大学学报, 1994 (2): 191-196.

[147] 冯筠, 黄新宇. 遥感技术在资源环境监测中的作用及发展趋势 [J]. 遥感技术与应用, 1999, 14 (4): 59-70.

[148] 李秀云, 傅肃性, 宋现锋, 等. 遥感枯水下垫面要素分析与估算应用研究——以澜沧江支流黑江的景谷河流域为例 [J]. 资源科学, 1999 (3): 3-5.

[149] 肖芊, 肖猛荣, 卢轶, 等. 遥感技术在水资源勘察中的应用 [J]. 中国煤田地质, 2001, 13 (4): 35-37, 40.

[150] 关惠平. 遥感技术在河西沙漠地区水资源研究中的应用 [J]. 兰州铁道学院学报, 2001, 20 (3): 35-39.

[151] 张兰兰, 赵文吉, 赵强. 基于 RS 与 GIS 的水资源环境监测评价方法研究——以石羊河流域为例 [J]. 首都师范大学学报 (自然科学版), 2004 (2): 89-93.

[152] 贺中华, 梁虹, 黄法苏, 等. 基于 DEM 的喀斯特流域地貌类型的识别 [J]. 大地测量与地球动力学, 2008 (3): 46-53.

[153] 刘明岗, 万东辉, 姬忠光. 遥感在水资源管理中的应用 [J]. 黑龙江水利科技, 2008, 36 (3): 82-83.

[154] 李昊, 张颖, 牛永生, 等. 利用遥感技术促进黄河水资源保护和管理 [J]. 人民黄河, 2009, 31 (3): 48-49.

[155] 张正萍, 马勇, 张正波. 基于卫星遥感的水文水资源监测预报系统原理 [J]. 农业科技与信息, 2009 (1): 57-58.

[156] 郝嘉凌, 夏昊凉, 段涛. 长江口水质遥感环境监测数据库系统建立与运用: 环境污染与大众健康学术会议 [C]. 武汉: 美国科研出版社, 2011.

[157] 邱蕾. 水质遥感监测在飞来峡水库水资源管理中的应用: 中国水利学会 2013 年学术年会论会集 [C]. 广州: 中国水利学会, 2013.

[158] 吴爱民. 地理信息系统在水文学和水资源管理中的应用 [J]. 农业与技术, 2014 (8): 254.

[159] 王晨, 姚延娟, 高彦华, 等. 北京市河流干涸断流遥感监测分析 [J]. 环境与可持续发展, 2016, 41 (6): 170-173.

[160] 王浩. 基于不可控蒸散的人类可持续耗水量遥感估算方法研究 [J]. 测绘学报, 2016, 45 (4): 504.

[161] 陈引锋. 基于遥感技术的地表水资源勘探研究 [J]. 自动化与仪器仪表, 2017 (9): 7-8.

[162] 许佳. 探究遥感技术在水利信息化中的应用 [J]. 陕西水利, 2017 (S1): 62-63, 71.

[163] 方臣, 胡飞, 陈曦, 等. 自然资源遥感应用研究进展 [J]. 资源环境与工程, 2019, 33 (4): 563-569.

[164] 杨定云. 资源环境监测中遥感技术的作用 [J]. 低碳世界, 2019, 9 (7): 26-27.

[165] 金建文, 李国元, 孙伟, 等. 卫星遥感水资源调查监测应用现状及展望 [J]. 测绘通报, 2020 (5): 7-10.

[166] 尹剑, 邱远宏, 欧照凡. 长江流域实际蒸散发的遥感估算及时空分布研究 [J]. 北京师范大学学报 (自然科学版), 2020, 56 (1): 86-95.

[167] 李传哲, 于福亮, 秦大庸, 等. 基于层次分析法的河流健康模糊综合评价: 全国第三届水问题研究学术研讨会论文集 [C]. 北京: 中国水利水电出版社, 2005.

[168] 边博，程小娟. 城市河流生态系统健康及其评价 [J]. 环境保护，2006 (4)：66-69.

[169] 殷会娟. 河流生态需水及生态健康评价研究 [D]. 天津：天津大学，2006.

[170] 曾小填，车越，吴阿娜. 3 种河流健康综合性评价方法的比较 [J]. 中国给水排水，2007，23 (4)：92-96.

[171] 高永胜，王浩，王芳. 河流健康生命评价指标体系的构建 [J]. 水科学进展，2007 (2)：252-257.

[172] 符传君，涂向阳. 海河流域典型河流健康状况评价与管理方法研究：中国水利学会第三届青年科技论坛文集 [C]. 郑州：黄河水利出版社，2007.

[173] 艾学山，王先甲，范文涛. 健康河流评价与水库生态调度模式集成研究：中国系统工程学会第十五届年会论文集 [C]. 上海系统科学出版社（香港），2008.

[174] 刘保. 南渡江下游河流生态系统健康评价研究 [J]. 人民珠江，2008 (6)：43-45，70.

[175] 杨馥，曾光明，刘鸿亮，等. 城市河流健康评价指标体系的不确定性研究 [J]. 湖南大学学报（自然科学版）2008，35 (5)：63-66.

[176] 文科军，马劲，吴丽萍，等. 城市河流生态健康评价体系构建研究 [J]. 水资源保护，2008，24 (2)：50-52，60.

[177] 涂敏. 基于水功能区水质达标率的河流健康评价方法 [J]. 人民长江，2008，39 (23)：130-133.

[178] 吴龙华，杨建贵. 基于系统对象的河流健康及其评价体系：中国水利学会 2008 学术年会论文集 [C]. 北京：中国水利水电出版社，2008.

[179] 胡晓雪，杨晓华，郦建强，等. 河流健康系统评价的集对分析模型 [J]. 系统工程理论与实践，2008，28 (5)：164-170，176.

[180] 解莹，唐婷芳子，林超，等. 海河流域河流生态健康评价及其软件应用：水生态监测与分析论文集 [C]. 济南：山东省地图出版社，2008.

[181] 刘瑛，高甲荣，崔强，等. 4 种国外河溪健康评价方法述评 [J]. 水土保持通报，2009，23 (3)：40-44.

[182] 尤洋，许志兰，王培京，等. 温榆河生态河流健康评价研究 [J]. 水资源与水工程学报，2009，20 (3)：19-24.

[183] 李向阳，林木隆，郑冬燕. 珠江河流健康评价方法初探 [J]. 人民珠江，2009 (2)：1-2，8.

[184] 汪兴中，蔡庆华，李凤清，等. 南水北调中线水源区溪流生态系统健康评价 [J]. 生态学杂志，2010，29 (10)：2086-2090.

[185] 黄艺，文航，蔡佳亮. 基于环境管理的河流健康评价体系的研究进展 [J]. 生态环境学报，2010，19 (4)：967-973.

[186] 熊文，黄思平，杨轩. 河流生态系统健康评价关键指标研究 [J]. 人民长江，2010，41 (12)：7-12.

[187] 李晓峰，刘宗鑫，彭清娥. TOPSIS 模型的改进算法及其在河流健康评价中的应用 [J]. 四川大学学报（工程科学版），2011，43 (2)：14-21.

[188] 王波，梁婕鹏. 基于不同空间尺度的河流健康评价方法探讨 [J]. 长江科学院院报，2011，28 (12)：32-35.

[189] 周林飞，左建军，陈发先. 基于模糊模式识别的城市河流生态系统健康评价研究 [J]. 中国农村水利水电，2011 (4)：41-44，49.

[190] 陈毅，张可刚，郭纯青，等. 河流生态健康评价研究——以潮白河为例 [J]. 水利科技与经济，2011，17 (2)：9-12.

[191] 何兴军，李琦，宋令勇. 河流生态健康评价研究综述 [J]. 地下水，2011，33 (2)：63-66.

[192] 王佳，郭纯青. 漓江城市段河流生态健康评价 [J]. 水科学与工程技术，2011 (5)：68-71.

[193] 张又，刘凌，闫峰. 基于模糊物元模型的河流健康评价研究 [J]. 安徽农业科学，2012，40 (1)：382-384，453.

[194] 高宇婷，高甲荣，顾岚，等. 基于模糊矩阵法的河流健康评价体系 [J]. 水土保持研究，2012，

19 (4)：196-199，211.

[195] 殷旭旺，渠晓东，李庆南，等.基于着生藻类的太子河流域水生态系统健康评价 [J].生态学报，2012，32 (6)：1677-1691.

[196] 张明，周润娟，和蕊.基于随机训练样本的河流系统健康状况评价 [J].南水北调与水利科技，2012，10 (2)：75-78.

[197] 龚蕾婷.太湖流域典型入湖河流的健康评价 [D].南京：南京大学，2012.

[198] 李兴德.小流域生态需水及生态健康评价研究 [D].泰安：山东农业大学，2012.

[199] 刘楠楠.水电项目建设对河流自然性和健康性影响评价 [J].东方企业文化，2012 (11)：183.

[200] 金鑫，郝彩莲，严登华，等.河流健康及其综合评价研究——以承德市武烈河为例 [J].水利水电技术，2012，43 (1)：38-43.

[201] 刘玉玉，许士国.可变模糊评价方法在浑河上游河段健康评价中的应用 [J].水利水电科技进展，2013，33 (3)：64-67，88.

[202] 王蒙蒙.基于 GIS 的山地城市河流健康评价系统开发研究 [D].重庆：重庆大学，2013.

[203] 马爽爽.基于河流健康的水系格局与连通性研究 [D].南京：南京大学，2013.

[204] 杜东.太湖主要入湖河流生态系统健康评价 [D].武汉：湖北大学，2013.

[205] 魏明华，郑志宏.滦河下游河流健康评价研究 [J].水利水电技术，2013，44 (7)：31-33.

[206] 刘倩，董增川，徐伟，等.基于模糊物元模型的滦河河流健康评价 [J].水电能源科学，2014，32 (9)：47-50.

[207] 茹彤，韦安磊，杨小刚，等.基于河流连通性的河流健康评价 [J].中国人口·资源与环境，2014，24 (S2)：298-300.

[208] 颜涛，李毅明，解军.基于环境管理的河流生态健康评价探讨：2014 中国环境科学学会学术年会 [C].成都：中国环境科学学会，2014.

[209] 郝利霞，孙然好，陈利顶.海河流域河流生态系统健康评价 [J].环境科学，2014 (10)：3692-3701.

[210] 孙大鹏.城市河流生态健康评价与环境污染修复技术研究进展 [J].环境保护与循环经济，2015 (1)：49-51.

[211] 李自明.基于多层次灰色聚类模型的河流健康综合评价研究 [D].重庆：交通大学，2015.

[212] 胡金，万云，洪涛，等.基于河流物理化学和生物指数的沙颖河流域水生态健康评价 [J].应用与环境生物学报，2015，21 (5)：783-790.

[213] 徐昕，董壮.改进的物元分析模型在河流健康评价中的应用 [J].水资源与水工程学报，2015 (6)：88-93，100.

[214] 王德鹏.甘南牧区水化学特征分析及水环境健康研究 [D].兰州：兰州大学，2015.

[215] 刘培斌，高晓薇，王利军，等.北京山区河流生态系统健康评价方法及其应用研究 [J].水利水电技术，2016，47 (1)：98-101.

[216] 刘金珍，李斐.嘉陵江中游段河流健康评价研究：中国水利学会 2016 学术年会论文集 [C].南京：河海大学出版社，2016.

[217] 李艳利，李艳粉，赵丽，等.基于不同生物类群的河流健康评价研究 [J].水利学报，2016，47 (8)：1025-1034.

[218] 张娟，鞠伟.基于层次分析法的城市河流健康评价研究：2016 第四届中国水生态大会论文集 [C].2016.

[219] 王蔚，徐昕，董壮，等.基于投影寻踪-可拓集合理论的河流健康评价 [J].水资源与水工程学报，2016，27 (2)：122-127.

[220] 刘麟菲，徐宗学，殷旭旺，等.应用硅藻指数评价渭河流域水生态健康状况 [J].北京师范大学学报（自然科学版），2016，52 (3)：317-321.

[221] 邱祖凯，黄天寅，胡小贞，等.洱海入湖河流白鹤溪健康状况评价 [J].水电能源科学，2016，

34（5）：34－37，72.

[222] 李瑶瑶，于鲁冀，吕晓燕，等.淮河流域（河南段）河流生态系统健康评价及分类修复模式[J].环境科学与技术，2016，39（7）：185－192.

[223] 王丹丹，冯民权，焦梦.基于支持向量机的汾河下游河流健康评价[J].黑龙江大学工程学报，2017，8（1）：17－24.

[224] 吕爽，齐青青，张泽中，等.基于突变理论的城市河流生态健康评价研究[J].人民黄河，2017，39（4）：78－81.

[225] 刘勇丽，刘录三，汪星，等.水生植物在河流健康评价中的应用研究进展[J].生态科学，2017，36（3）：207－215.

[226] 章晶晶，陈波，卢山.基于生态文化健康的城市河流健康评价指标体系探索[J].浙江农业科学，2018，59（4）：575－577.

[227] 刘娟，王飞，韩文辉，等.汾河上中游流域生态系统健康评价[J].水资源与水工程学报，2018，29（3）：91－98.

[228] 刘营.河流健康的模糊评价模型研究[J].广西水利水电，2018（2）：95－99.

[229] 李永光.朝阳市喀左县大凌河河道健康综合评价[J].黑龙江水利科技，2019，47（12）：248－251.

[230] 裴青宝，黄监初，桂发亮，等.海绵城市建设对萍乡市城区河流健康影响评价[J].南昌工程学院学报，2019，38（6）：69－74.

[231] 李海霞，王育鹏，徐笠，等.基于五元联系数法的辽河保护区沈阳段河流健康评价[J].环境工程技术学报，2020，10（4）：562－571.

[232] 李海霞，韩丽花，蔚青，等.基于灰色关联分析法的辽河保护区河流水生态健康评价[J].环境工程技术学报，2020，10（4）：553－561.

[233] 于英潭，王首鹏，刘琳，等.太子河本溪城区段河流水生态系统健康评价[J].气象与环境学报，2020，36（1）：89－95.

[234] 张宇航，渠晓东，王少明，等.浑河流域底栖动物生物完整性指数构建与健康评价[J].长江流域资源与环境，2020，29（6）：1374－1386.

[235] 何建波，李婕妤，单晓栋，等.浦阳江流域（浦江段）的河流生态系统健康评价[J].杭州师范大学学报（自然科学版），2020，19（2）：145－152.

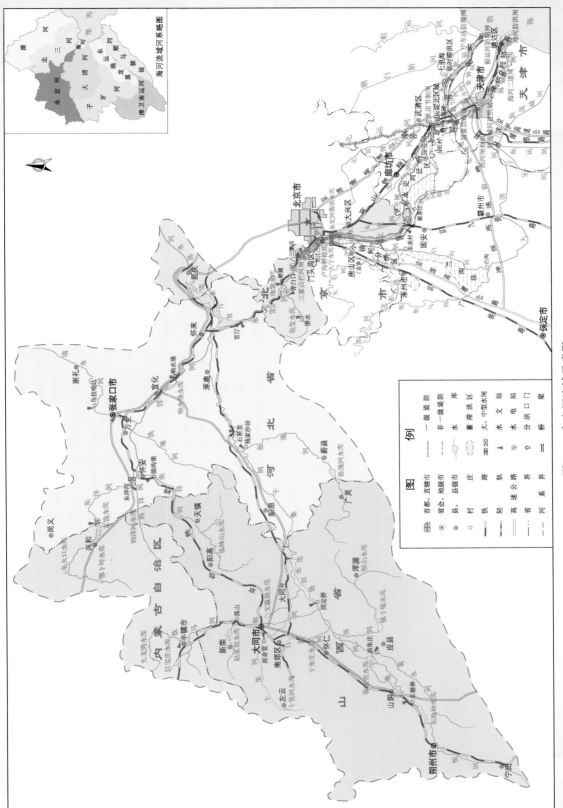

图 3.3 永定河流域示意图

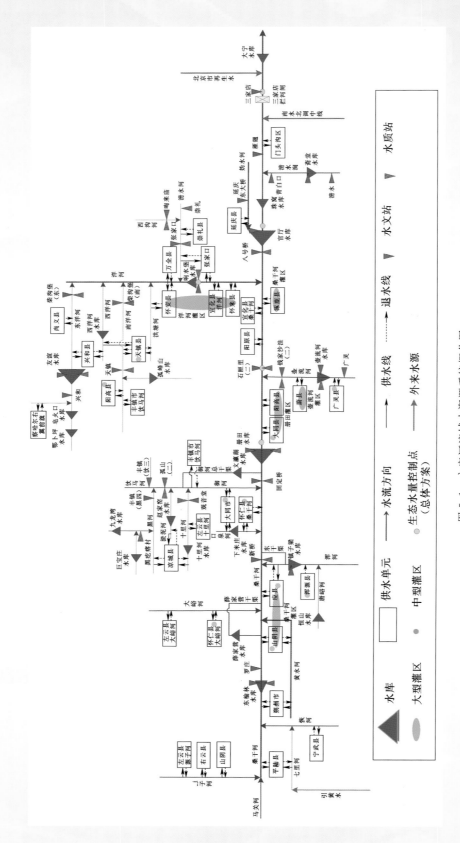

图 5.1 永定河流域水资源系统概化图

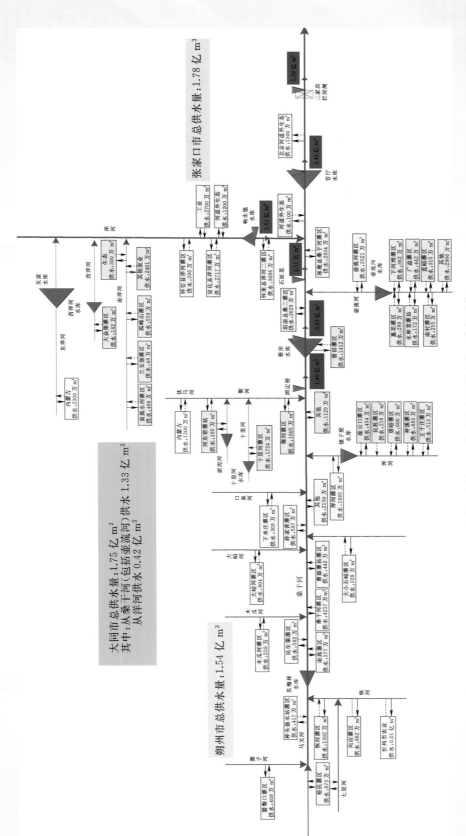

图 5.2 永定河流域 2020 年地表水配置方案（多年平均）

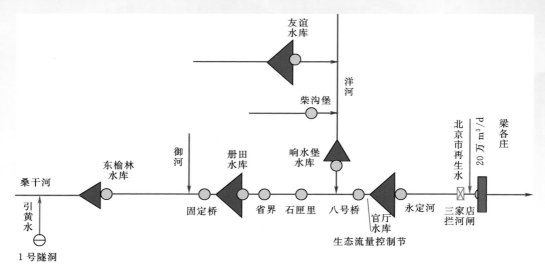

图 6.1　生态水量调度研究范围示意图

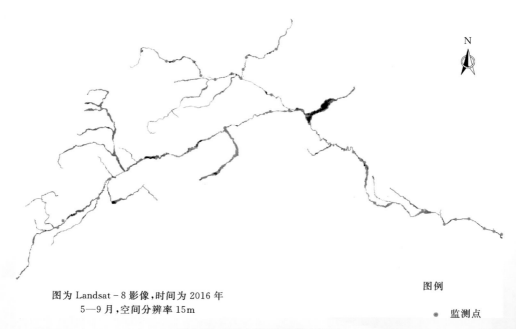

图为 Landsat - 8 影像，时间为 2016 年
5—9 月，空间分辨率 15m

图例

· 监测点

图 8.6　永定河河道影像专题图

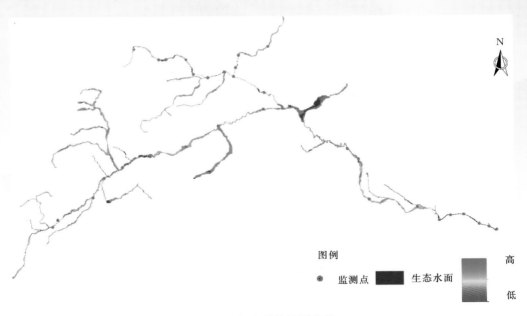

图 8.7　河岸带植被覆盖度

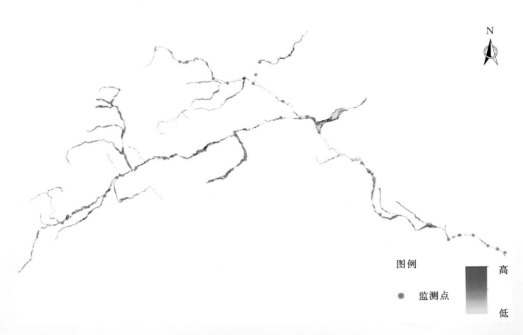

图 8.8　河岸带人类活动强度

图例

—— 水库大坝
—— 橡胶坝
● 监测点
—— 河流拦水坝
—— 水闸

图 8.9 永定河河道闸坝分布图

图例

● 监测点

高

低

图 8.10 永定河物理结构空间分布图

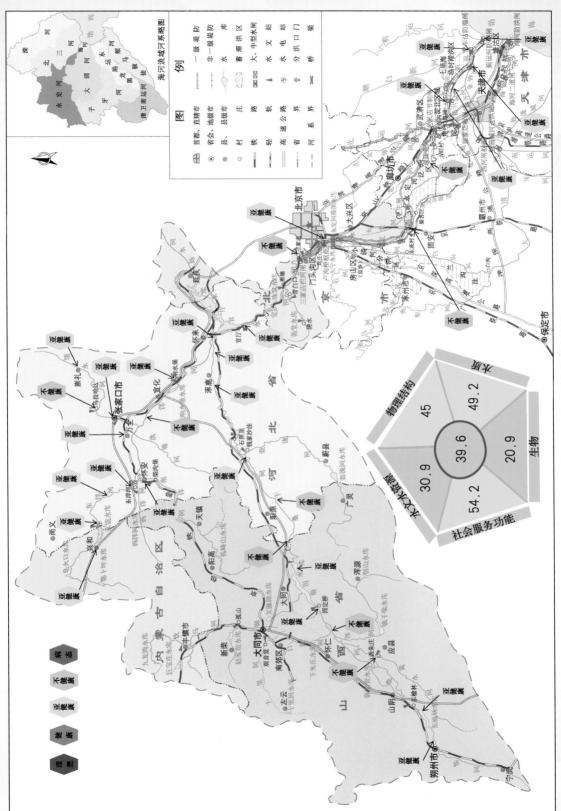

图 8.12　永定河系各监测点位健康状况

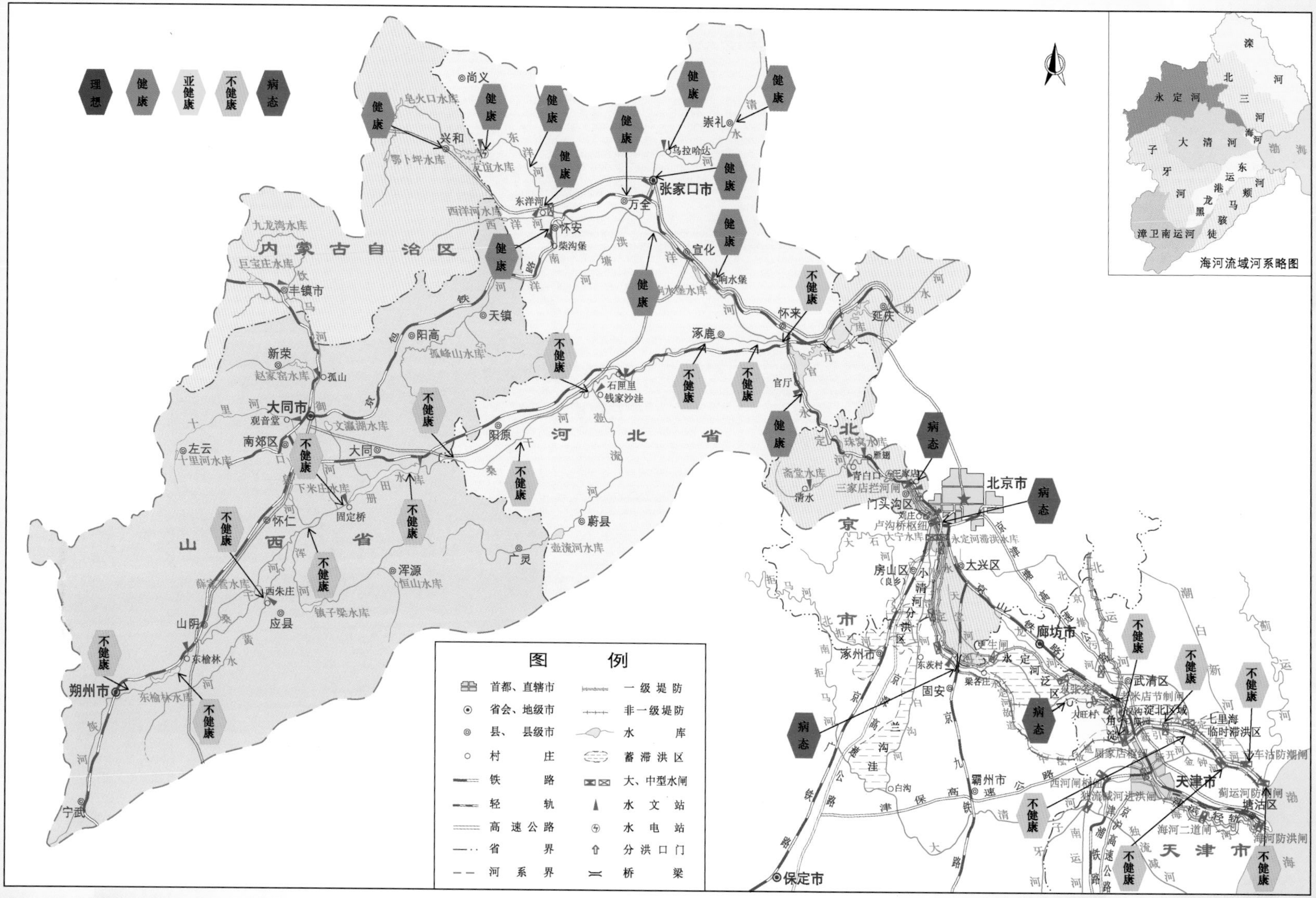

图 8.13 永定河系各监测点位水文水资源准则层健康状况

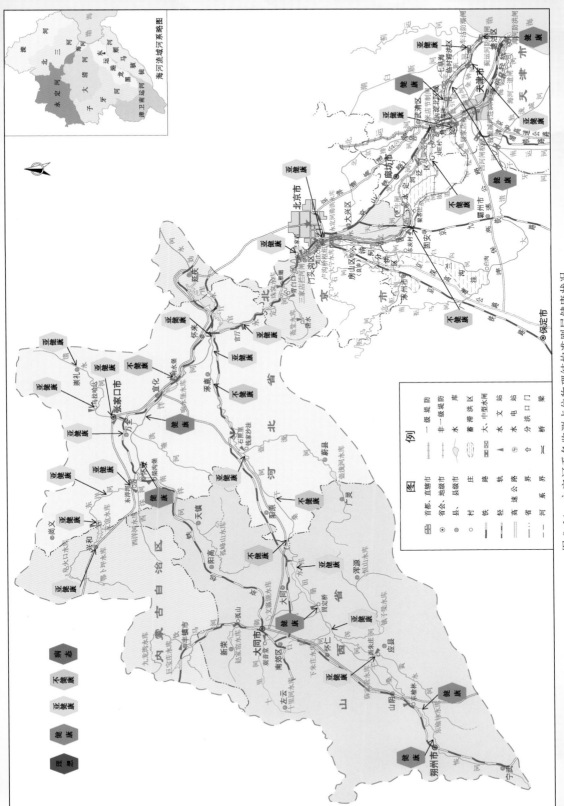

图 8.14 永定河系各监测点位物理结构准则层健康状况

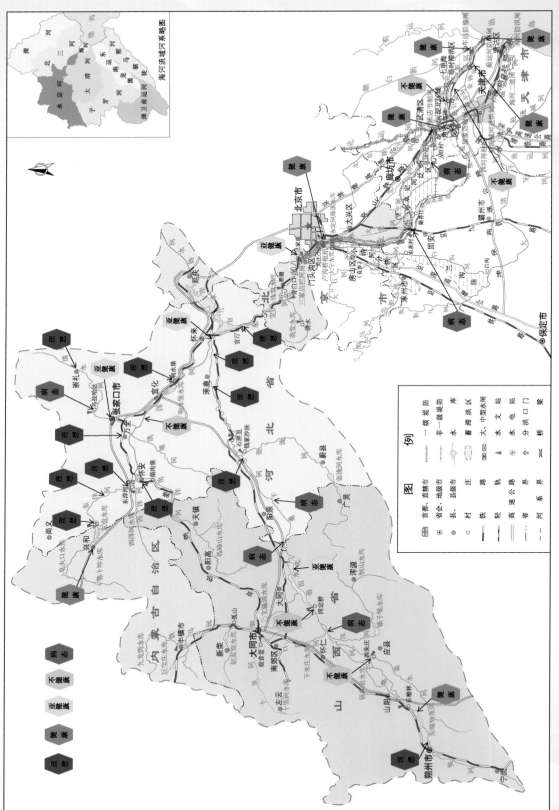

图 8.15　水定河系各监测点位水质准则层健康状况

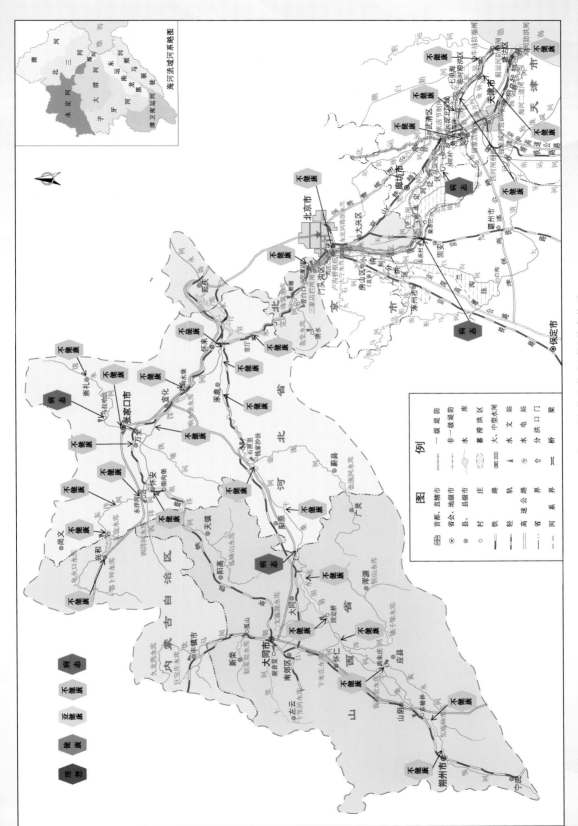

图 8.16　永定河系各监测点位生物准则层健康状况

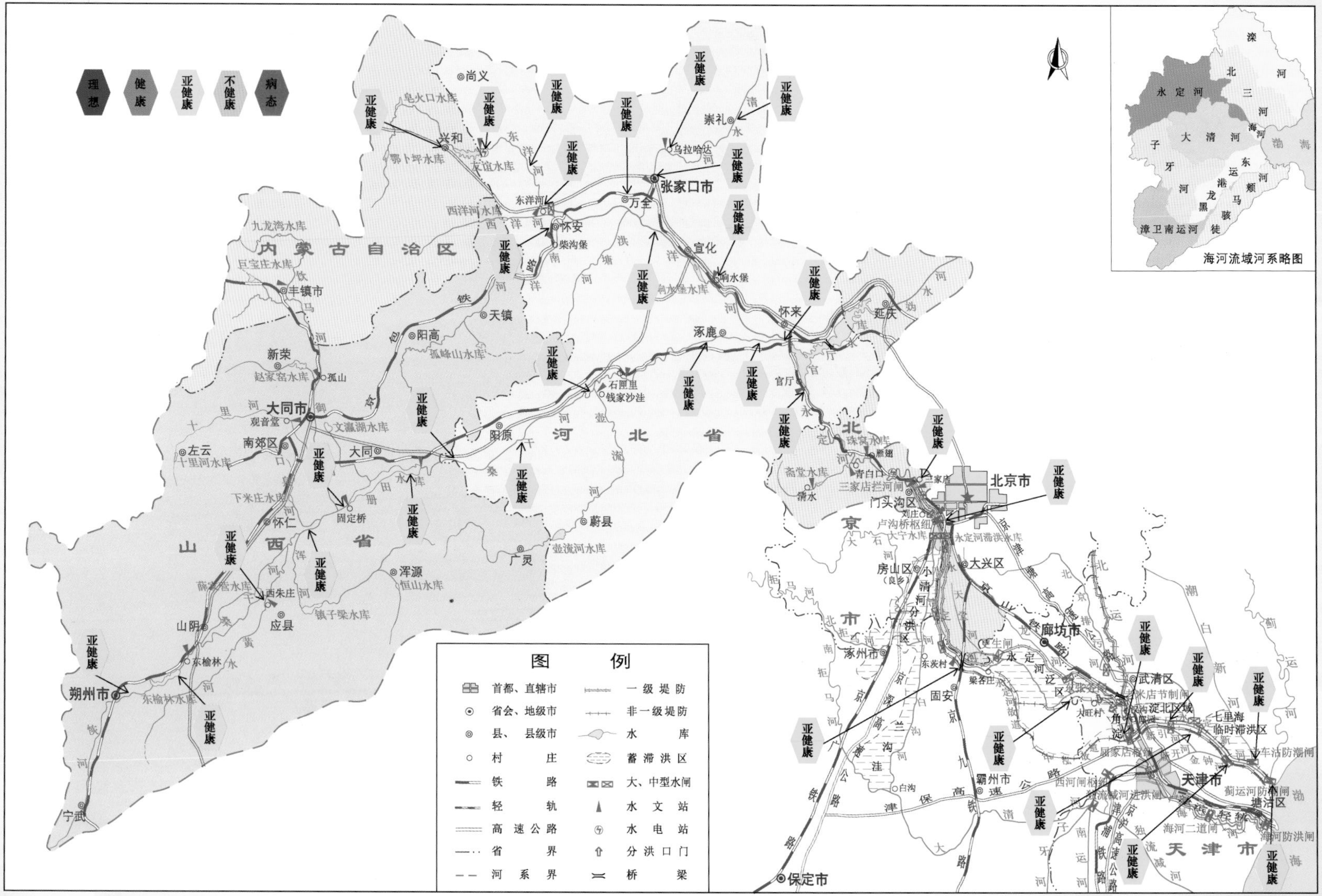

图 8.17　永定河系各监测点位社会服务功能准则层健康状况